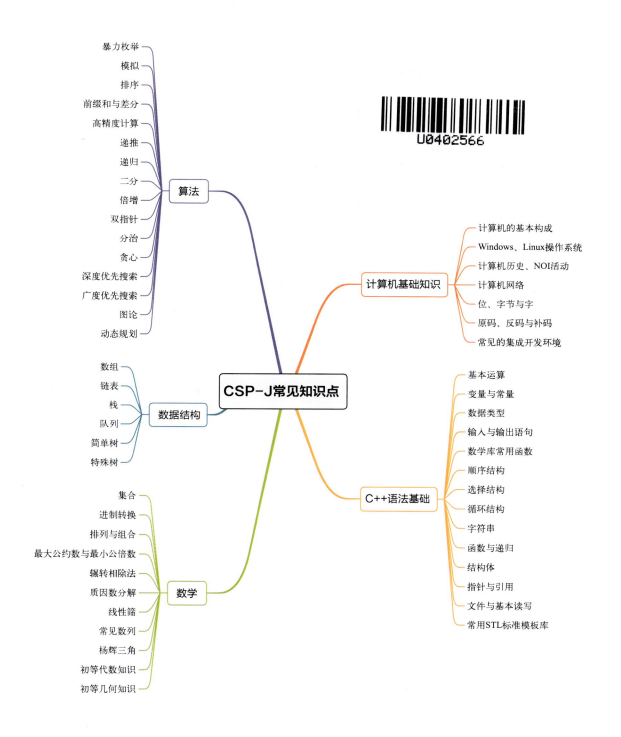

全国青少年 CSP-J 编程竞赛真题解析

（2025版）

核桃编程 著

人民邮电出版社

北京

图书在版编目（CIP）数据

全国青少年 CSP-J 编程竞赛真题解析：2025 版 / 核桃编程著. -- 北京：人民邮电出版社，2025. -- ISBN 978-7-115-66185-2

Ⅰ．TP311.561-44

中国国家版本馆 CIP 数据核字第 2025H7Y169 号

内 容 提 要

本书汇总了 CCF CSP 非专业级别的能力认证入门级（简称 CCF CSP-J）第一轮和第二轮认证的真题，并附带 3 套第一轮认证模拟试卷和 1 套第二轮认证模拟题。本书通过对计算机历史、C++语言的基础语法和基础算法的介绍，详细讲解自 2019 年以来的真题，帮助想要参加认证的选手熟悉常见的题型、知识点分布以及重点和难点，了解近几年 CCF CSP-J 认证的考查方向和变化趋势。书中提供的习题可以帮助参赛选手提升能力、查漏补缺。

本书既可以作为参赛选手的参考用书，也可以作为教师辅导用书。

◆ 著　　　核桃编程
　　责任编辑　吴晋瑜
　　责任印制　王　郁　胡　南

◆ 人民邮电出版社出版发行　北京市丰台区成寿寺路 11 号
　　邮编　100164　电子邮件　315@ptpress.com.cn
　　网址　https://www.ptpress.com.cn
　　三河市君旺印务有限公司印刷

◆ 开本：787×1092　1/16
　　印张：19.5　　　彩插：1
　　字数：293 千字　　2025 年 2 月第 1 版
　　　　　　　　　　　2025 年 7 月河北第 3 次印刷

定价：89.80 元

读者服务热线：(010)81055410　印装质量热线：(010)81055316
反盗版热线：(010)81055315

编委会

内容总策划： 王宇航

执行主编： 谭锐莘　伍建霖　何汪瀚冰
　　　　　　汪诗豪　代建杉

前　言

随着信息技术和人工智能的高速发展，越来越多的青少年朋友对计算机编程领域投入了大量的关注。CSP-J/S 作为中国计算机学会推出的非专业级别的软件能力认证，是目前中小学编程领域含金量非常高的比赛之一，其难度直接对标全国青少年信息学奥林匹克联赛（National Olympiad in Informatics in Provinces，NOIP）。同时，CSP-J/S 及后续竞赛作为教育部认可的"五大联赛"之一，也是高校强基计划的重要参考标准。

参加 CSP-J/S 的选手年龄跨度广，很多对计算机编程感兴趣的同学从初中甚至小学就接触了这一比赛。近年来，从 NOIP 到 CSP-J/S，竞赛的风格和题型发生了较大变化，但市面上相关图书的内容相对较少，而且多数不适合基础相对薄弱的考生学习。究其原因，多半是因为 C++ 语言细节繁杂，入门门槛高。一些书中习题的难度上升过快，缺少基础题，导致读者面临"听懂了，但实际编程过程中并不能真正独立实现"的问题，进而学习的成就感大幅下降，入门阶段的"劝退率"尤其高。CSP-J/S 自 2019 年推出以来，侧重考查选手对信息学内容掌握的全面程度，要求考生掌握丰富的计算机知识，具备熟练的代码阅读能力、深刻的算法理解能力等，从而导致以往很多选手采用的短期识记方法不再奏效，这体现了 CSP-J/S 具备很强的实用性，也是 CSP-J/S 在一系列信息学竞赛中受众面非常广的原因。

本书由核桃编程 C++ 教研团队的资深信息学老师编写，他们长期活跃在教学一线，其中不乏在学生时代就已经斩获信息学竞赛奖项的优秀教师。通过将多年的竞赛经验与近年的信息学发展趋势相结合，核桃编程 C++ 教研团队探索出了一条适合青少年学习信息学的路径。近年来，核桃编程的 C++ 学员在老师的指导下，通过科学的学习方法，在 CSP 认证中屡次取得耀眼的成绩，其中不乏 CSP-J 满分、CSP-S 一等奖等。

本书主要介绍 CSP-J 的相关内容：先用简短的篇幅介绍计算机基础知识，随后用详尽的语言讲授 C++ 语法知识，并借大量的实例阐释 C++ 算法思想。为了让考生能够形成有效的学习闭环，编委会成员将近几年的真题穿插在各个章节中，配以相应的习题供考生巩固知识点，并且精心编制了 3 套 CSP-J 第一轮综合模拟试卷和 1 套 CSP-J 第二轮模拟题，供考生检验自己的学习效果。

本书资源配置说明

为了帮助考生更好地备战 CSP-J 认证，核桃编程搭建了在线评测平台，并提供了"环境配置和使用""常用知识点文档"等资料。读者可登录 oj.hetao101.com 网站自行学习。

资源与支持

资源获取

本书提供如下资源：
- 异步社区 7 天 VIP 会员

要获得以上资源，扫描下方二维码，根据指引领取。

提交错误信息

作者和编辑尽最大努力来确保书中内容的准确性，但难免会存在疏漏。欢迎您将发现的问题反馈给我们，帮助我们提升图书的质量。

当您发现错误时，请登录异步社区（https://www.epubit.com），按书名搜索，进入本书页面，单击"发表勘误"，输入错误信息，单击"提交勘误"按钮即可（见下图）。本书的作者和编辑会对您提交的错误进行审核，确认并接受后，您将获赠异步社区的 100 积分。积分可用于在异步社区兑换优惠券、样书或奖品。

与我们联系

我们的联系邮箱是 wujinyu@ptpress.com.cn。

如果您对本书有任何疑问或建议,请您发邮件给我们,并请在邮件标题中注明本书书名,以便我们更高效地做出反馈。

如果您有兴趣出版图书、录制教学视频,或者参与图书翻译、技术审校等工作,可以发邮件给我们。

如果您所在的学校、培训机构或企业,想批量购买本书或异步社区出版的其他图书,也可以发邮件给我们。

如果您在网上发现有针对异步社区出品图书的各种形式的盗版行为,包括对图书全部或部分内容的非授权传播,请您将怀疑有侵权行为的链接发邮件给我们。您的这一举动是对作者权益的保护,也是我们持续为您提供有价值的内容的动力之源。

关于异步社区和异步图书

"异步社区"(www.epubit.com)是由人民邮电出版社创办的IT专业图书社区,于2015年8月上线运营,致力于优质内容的出版和分享,为读者提供高品质的学习内容,为作译者提供专业的出版服务,实现作者与读者在线交流互动,以及传统出版与数字出版的融合发展。

"异步图书"是异步社区策划出版的精品IT图书的品牌,依托于人民邮电出版社在计算机图书领域40余年的发展与积淀。异步图书面向IT行业以及各行业使用IT技术的用户。

目 录

第一部分　CSP-J 第一轮认证

第 1 章　计算机基础知识 ········· 002
- 1.1 计算机历史 ········· 002
  - 1.1.1 计算机的发展历史 ········· 003
  - 1.1.2 计算机领域的代表人物 ········· 003
  - 1.1.3 计算机的分类 ········· 004
  - 1.1.4 真题解析 ········· 005
  - 1.1.5 习题 ········· 005
- 1.2 计算机系统 ········· 006
  - 1.2.1 计算机硬件系统 ········· 006
  - 1.2.2 计算机软件系统 ········· 007
  - 1.2.3 真题解析 ········· 008
  - 1.2.4 习题 ········· 008
- 1.3 数据表示与计算 ········· 009
  - 1.3.1 数制转换 ········· 009
  - 1.3.2 进位计数制 ········· 010
  - 1.3.3 原码、反码与补码 ········· 012
  - 1.3.4 真题解析 ········· 013
  - 1.3.5 习题 ········· 014
- 1.4 信息编码 ········· 015
  - 1.4.1 ASCII 码 ········· 015
  - 1.4.2 内码和外码 ········· 016
  - 1.4.3 汉字信息编码 ········· 016
  - 1.4.4 真题解析 ········· 016
  - 1.4.5 习题 ········· 018
- 1.5 网络基础 ········· 019
  - 1.5.1 网络体系结构 ········· 019
  - 1.5.2 IP 地址 ········· 021
  - 1.5.3 域名系统 ········· 021
  - 1.5.4 HTML 基础知识 ········· 022

1.5.5　真题解析 023
1.5.6　习题 023
1.6　计算机语言 024
1.6.1　机器语言 024
1.6.2　汇编语言 025
1.6.3　高级语言 025
1.6.4　真题解析 027
1.6.5　习题 027

第 2 章　语法基础 029

2.1　顺序结构 029
2.1.1　变量 030
2.1.2　常量 031
2.1.3　运算符 031
2.1.4　数据输入/输出 033
2.1.5　顺序结构实例 034
2.1.6　变量的作用域 035
2.1.7　习题 035
2.2　选择结构 036
2.2.1　关系运算 037
2.2.2　逻辑运算 038
2.2.3　运算符优先级 039
2.2.4　if 语句 039
2.2.5　条件运算符 040
2.2.6　switch 语句 041
2.2.7　真题解析 042
2.2.8　习题 042
2.3　循环结构 043
2.3.1　while 语句 044
2.3.2　do…while 语句 044
2.3.3　for 语句 045
2.3.4　循环的嵌套 047
2.3.5　循环的控制 047
2.3.6　真题解析 048
2.3.7　习题 048
2.4　数组 050
2.4.1　一维数组 050
2.4.2　二维数组 051
2.4.3　习题 052

目录

- 2.5 字符串操作 ... 054
  - 2.5.1 字符串常量 ... 054
  - 2.5.2 字符数组 ... 054
  - 2.5.3 字符串函数 ... 055
  - 2.5.4 string ... 056
  - 2.5.5 真题解析 ... 058
  - 2.5.6 习题 ... 059
- 2.6 文件操作 ... 060
  - 2.6.1 文件系统 ... 060
  - 2.6.2 文件指针 ... 061
  - 2.6.3 文件流 ... 062
  - 2.6.4 文件重定向 ... 062
  - 2.6.5 习题 ... 064
- 2.7 指针变量 ... 065
  - 2.7.1 指针变量概述 ... 065
  - 2.7.2 真题解析 ... 066
  - 2.7.3 习题 ... 066
- 2.8 结构体 ... 067
  - 2.8.1 结构体的声明 ... 067
  - 2.8.2 结构体变量的定义 ... 068
  - 2.8.3 结构体变量的赋值 ... 068
  - 2.8.4 习题 ... 069
- 2.9 函数 ... 070
  - 2.9.1 函数概述 ... 071
  - 2.9.2 函数的定义 ... 071
  - 2.9.3 函数的调用 ... 073
  - 2.9.4 函数的声明 ... 074
  - 2.9.5 习题 ... 074
- 2.10 递归函数 ... 076
  - 2.10.1 函数的递归调用 ... 076
  - 2.10.2 递归调用的次序 ... 077
  - 2.10.3 函数中的变量作用域 ... 078
  - 2.10.4 真题解析 ... 079
  - 2.10.5 习题 ... 079

第 3 章 数据结构 ... 082
- 3.1 线性表 ... 082
  - 3.1.1 顺序表 ... 083
  - 3.1.2 链表 ... 083

　　　　3.1.3　真题解析 084
　　　　3.1.4　习题 085
　　3.2　栈与队列 086
　　　　3.2.1　栈 086
　　　　3.2.2　队列 086
　　　　3.2.3　真题解析 087
　　　　3.2.4　习题 088
　　3.3　树 089
　　　　3.3.1　树的基本概念和性质 089
　　　　3.3.2　二叉树的基本概念和性质 090
　　　　3.3.3　二叉树的遍历 091
　　　　3.3.4　二叉树的应用 091
　　　　3.3.5　真题解析 092
　　　　3.3.6　习题 096
　　3.4　图 097
　　　　3.4.1　图的基本概念和性质 098
　　　　3.4.2　拓扑排序 099
　　　　3.4.3　真题解析 099
　　　　3.4.4　习题 100

第 4 章　算法基础 102

　　4.1　时间复杂度 103
　　　　4.1.1　知识概述 103
　　　　4.1.2　真题解析 103
　　　　4.1.3　习题 103
　　4.2　模拟 104
　　　　4.2.1　知识概述 104
　　　　4.2.2　习题 105
　　4.3　排序算法 106
　　　　4.3.1　选择排序 107
　　　　4.3.2　冒泡排序 107
　　　　4.3.3　插入排序 108
　　　　4.3.4　计数排序 109
　　　　4.3.5　快速排序 110
　　　　4.3.6　归并排序 111
　　　　4.3.7　真题解析 112
　　　　4.3.8　习题 113
　　4.4　枚举 114
　　　　4.4.1　知识概述 114

		4.4.2 真题解析	115
		4.4.3 习题	115
	4.5	递归与递推	116
		4.5.1 知识概述	116
		4.5.2 真题解析	118
		4.5.3 习题	118
	4.6	二分法	120
		4.6.1 二分法的思想	120
		4.6.2 二分法的实现	120
		4.6.3 真题解析	121
		4.6.4 习题	121
	4.7	搜索算法	122
		4.7.1 广度优先搜索	122
		4.7.2 深度优先搜索	124
		4.7.3 真题解析	126
		4.7.4 习题	126
第 5 章	排列组合与数论		129
	5.1	排列组合	130
		5.1.1 加法原理	130
		5.1.2 乘法原理	130
		5.1.3 排列数	130
		5.1.4 组合数	130
		5.1.5 计数问题	131
		5.1.6 真题解析	132
		5.1.7 习题	134
	5.2	数论	135
		5.2.1 数论的基本概念	135
		5.2.2 唯一分解定理	136
		5.2.3 欧几里得算法	136
		5.2.4 鸽巢原理	137
		5.2.5 真题解析	137
		5.2.6 习题	138
第 6 章	程序阅读		140
	6.1	2019 年真题解析	140
		6.1.1 第一题	140
		6.1.2 第二题	141
		6.1.3 第三题	143
	6.2	2020 年真题解析	145

		6.2.1 第一题	145
		6.2.2 第二题	146
		6.2.3 第三题	148
	6.3	2021 年真题解析	150
		6.3.1 第一题	150
		6.3.2 第二题	151
		6.3.3 第三题	153
	6.4	2022 年真题解析	156
		6.4.1 第一题	156
		6.4.2 第二题	157
		6.4.3 第三题	163
	6.5	2023 年真题解析	165
		6.5.1 第一题	165
		6.5.2 第二题	166
		6.5.3 第三题	168
	6.6	2024 年真题解析	169
		6.6.1 第一题	169
		6.6.2 第二题	171
		6.6.3 第三题	172
第 7 章	程序完善		174
	7.1	2019 年真题解析	174
		7.1.1 第一题	174
		7.1.2 第二题	175
	7.2	2020 年真题解析	177
		7.2.1 第一题	177
		7.2.2 第二题	178
	7.3	2021 年真题解析	180
		7.3.1 第一题	180
		7.3.2 第二题	181
	7.4	2022 年真题解析	184
		7.4.1 第一题	184
		7.4.2 第二题	185
	7.5	2023 年真题解析	187
		7.5.1 第一题	187
		7.5.2 第二题	188
	7.6	2024 年真题解析	190
		7.6.1 第一题	190
		7.6.2 第二题	191

第 8 章　综合模拟试卷 ·· 193
8.1　综合模拟试卷 1 ·· 193
8.2　综合模拟试卷 2 ·· 198
8.3　综合模拟试卷 3 ·· 203
8.4　参考答案 ·· 208
8.4.1　综合模拟试卷 1 答案 ··· 208
8.4.2　综合模拟试卷 2 答案 ··· 211
8.4.3　综合模拟试卷 3 答案 ··· 213

第二部分　CSP-J 第二轮认证

第 9 章　第二轮认证真题讲解 ··· 218
9.1　2019 年真题讲解 ·· 218
9.2　2020 年真题讲解 ·· 229
9.3　2021 年真题讲解 ·· 240
9.4　2022 年真题讲解 ·· 254
9.5　2023 年真题讲解 ·· 263
9.6　2024 年真题讲解 ·· 274

第 10 章　模拟题 ··· 286
10.1　题目 ·· 286
10.2　参考答案 ·· 290

第一部分　CSP-J 第一轮认证

CSP-J 第一轮认证的参赛形式为笔试。考试内容均为客观题，一般由三部分组成：第一部分是选择题，涉及计算机基础知识、C++ 基础语法、常见数据结构、算法和数论等内容；第二部分是阅读程序题，含选择题和判断题，考查选手对程序功能的理解能力、输入/输出的模拟能力、复杂度的计算能力等；第三部分是完善程序题，由选择题组成，考查选手对程序功能的理解能力、算法设计的抽象能力、程序设计的技巧性等。

这一部分将详细介绍 CSP-J 第一轮认证涉及的常见知识点，通过讲解历年真题介绍常用的解题技巧和方法。

第 1 章　计算机基础知识

在 2019—2024 年这 6 年的 CSP 初级软件能力认证考试中，涉及计算机基础知识的选择题有 4～12 道，具体考点的分布及对应的分值见表 1.1。

表 1.1

时间 / 年	计算机历史 / 道	计算机系统 / 道	数据表示与计算 / 道	信息编码 / 道	网络基础 / 道	计算机语言 / 道
2019	2	—	2	2	2	—
2020	—	2	2	2	—	2
2021	2	2	2	—	—	2
2022	—	—	2	—	—	2
2023	—	2	4	2	—	—
2024	—	2	2	6	—	2

图 1.1 所示为本章思维导图。

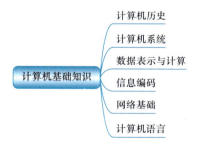

图 1.1

1.1　计算机历史

在本节中，我们会介绍计算机历史的相关内容，包括计算机的发展历史、计算机领域的代表人物和计算机的分类，如图 1.2 所示。

1.1 计算机历史

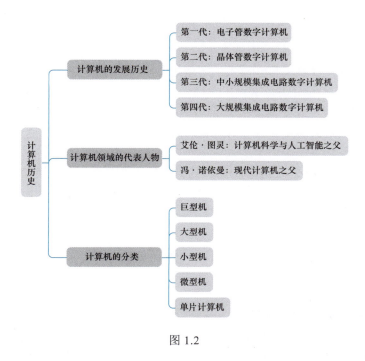

图 1.2

1.1.1 计算机的发展历史

人们常说的"计算机",是指"电子数字计算机"。1946 年,美国宾夕法尼亚大学的物理学家莫克利和工程师埃克特研制出了 ENIAC 计算机,它是世界上第一台通用电子数字计算机。

以计算机采用的元器件作为划分依据,迄今为止计算机的发展已经经历了四代,目前正在向第五代过渡,各代的发展概况见表 1.2。

表 1.2

代别	逻辑元件	特点	应用领域
第一代(1946—1957)	电子管	体积大、耗电多、可靠性差、价格昂贵	科学和工程计算
第二代(1958—1964)	晶体管	体积缩小、耗电减少、可靠性提高、性能提高	数据处理领域
第三代(1965—1970)	中小规模集成电路	体积更小、耗电更少、可靠性更好、性能更高	科学计算、数据处理、工业控制等领域
第四代(1971 年至今)	大规模集成电路	微型化、耗电极少、可靠性很高	深入各行各业,家庭和个人开始使用计算机

1.1.2 计算机领域的代表人物

在计算机的发展过程中,涌现出了许多杰出的人物,如艾伦·图灵、冯·诺依曼等。

1. 艾伦·图灵

艾伦·图灵（见图1.3）是英国计算机科学家、数学家、逻辑学家、密码分析学家和理论生物学家，被誉为"计算机科学与人工智能之父"，以他的名字命名的"图灵奖"是计算机领域的最高奖项。

艾伦·图灵对于人工智能的发展有诸多贡献，比如图灵机模型和图灵测试，其中，图灵测试是一种用于判定机器是否具有人工智能的测试方法。

2. 冯·诺依曼

冯·诺依曼（见图1.4）是理论计算机科学与博弈论的奠基者，被誉为"现代计算机之父"。计算机系统的冯·诺依曼结构，采用存储程序以及二进制编码等思想，至今仍为电子计算机设计者所遵循。

3. 丹尼斯·里奇和肯·汤普森

丹尼斯·里奇和肯·汤普森（见图1.5）都是美国的计算机软件工程师，他们共同创建了UNIX操作系统和C语言，并因此在1983年同时获得图灵奖。

图1.3

图1.4

图1.5

1.1.3 计算机的分类

按照计算机的性能和规模的不同，我们可以将计算机分为巨型机、大型机、小型机、微型机和单片计算机，其特点和应用领域见表1.3。

表1.3

具体分类	特点	应用领域
巨型机	运算速度快、存储容量大	核武器研制、空间技术、大规模天气预报等
大型机	通用性强、综合处理能力强、性能覆盖面广	银行、政府部门、社会管理机构等
小型机	规模小、易于操作、便于维护	中小型企业事业单位
微型机	价格低廉、性能强、体积小、功耗低	日常办公、生活、学习
单片计算机	体积小、质量轻、结构简单	控制家电、广告牌等智能电气设备

1.1.4 真题解析

1. 【2019 年第 15 题】以下哪个奖项是计算机科学领域的最高奖？（   ）
    A．图灵奖 　　　　　　　　　　B．鲁班奖
    C．诺贝尔奖 　　　　　　　　　D．普利策奖

【解析】图灵奖是由美国计算机协会（Association for Computing Machinery，ACM）于 1966 年设立的计算机奖项，旨在奖励对计算机事业做出重要贡献的个人。图灵奖是计算机领域的国际最高奖项，被誉为"计算机界的诺贝尔奖"。
【答案】A

2. 【2021 年第 2 题】以下奖项与计算机领域最相关的是（   ）。
    A．奥斯卡奖 　　　　　　　　　B．图灵奖
    C．诺贝尔奖 　　　　　　　　　D．普利策奖

【解析】同第 1 题的【解析】。
【答案】B

1.1.5 习题

1. （   ）提出了"存储程序"的计算机工作原理。
    A．克劳德·香农 　　　　　　　B．查尔斯·巴比奇
    C．艾伦·图灵 　　　　　　　　D．冯·诺依曼

【解析】冯·诺依曼提出的冯·诺依曼体系结构，采用存储程序以及二进制编码等思想，至今仍为电子计算机设计者所遵循。
【答案】D

2. 从 ENIAC 到当前最先进的计算机，冯·诺依曼体系结构始终占有重要地位，那么冯·诺依曼体系结构的核心内容是（   ）。
    A．采用开关电路 　　　　　　　B．采用半导体器件
    C．采用存储程序和程序控制原理　D．采用键盘输入

【解析】冯·诺依曼体系结构的核心内容是采用存储程序和程序控制原理。
【答案】C

3. 1946 年，诞生于美国宾夕法尼亚大学的 ENIAC 属于（   ）计算机。
    A．电子管 　　　　　　　　　　B．晶体管
    C．集成电路 　　　　　　　　　D．超大规模集成电路

【解析】ENIAC 属于电子管计算机。
【答案】A

4. 计算机最早的应用领域是（   ）。
    A．数值计算 　　　　　　　　　B．人工智能
    C．电子游戏 　　　　　　　　　D．电子商务

【解析】计算机最早的应用领域是数值计算。
【答案】A

5. 下列关于计算机历史的叙述中，正确的是（　　）。
   A．第一代计算机采用的元器件是晶体管
   B．计算机按照性能和规模可分为巨型机、大型机、小型机、微型机和单片计算机
   C．个人计算机属于小型机
   D．艾伦·图灵提出了存储程序以及二进制编码等思想

【解析】第一代计算机采用的元器件是电子管，第二代计算机采用的元器件是晶体管，选项A错误；个人计算机属于微型机，选项C错误；存储程序以及二进制编码等思想是由冯·诺依曼提出的，选项D错误。

【答案】B

1.2　计算机系统

随着计算机技术的不断发展，微型计算机已经成为计算机世界的主流计算机之一。日常生活中常用的桌面计算机、笔记本计算机等众多设备都属于微型计算机。本节将主要以微型计算机为原型，介绍计算机系统的组成，如图1.6所示。

计算机硬件是看得见摸得着的设备，是计算机进行工作的基础，例如常见的主机、鼠标、键盘等；计算机软件是在硬件设备上运行的各种程序及其文档，例如Windows系统、Office办公软件等。

1.2.1　计算机硬件系统

按照冯·诺依曼计算机体系结构，计算机硬件系统由五部分组成：运算器、控制器、存储器、输入设备和输出设备。

1．运算器

运算器是计算机中执行各种算术运算和逻辑运算操作的部件。运算器的核心部件是算术逻辑部件（ALU），并包含若干通用寄存器，用来暂时存放操作数和中间结果。

2．控制器

控制器是指挥计算机各个部件按照指令的功能和要求协调工作的部件，是计算机的"神经中枢"和"指挥中心"，完成协调和指挥整个计算机系统的操作。

运算器和控制器通常集成在一块半导

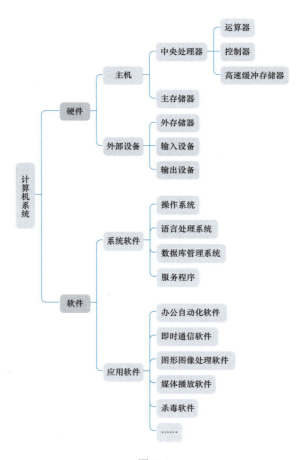

图1.6

体芯片上，称为中央处理器（Central Processing Unit）或微处理器，简称 CPU。CPU 是整个计算机的核心部件。

3．存储器

存储器是计算机系统中的记忆设备，用来存放程序和数据。存储器包括主存储器、外存储器以及 CPU 内部的高速缓冲存储器（Cache）。

数据存取速度：Cache > 主存储器 > 外存储器

（1）**Cache**：其工作原理是将 CPU 频繁用到的程序和数据从主存储器送到 Cache，这样 CPU 就能直接从 Cache 中取得指令和数据，达到加速程序运行的效果。

（2）**主存储器**：又称为内存，计算机中所有程序的运行都是在内存中进行的，内存的核心在于地址和内容。地址是指每个存储单元对应的序号，一般是从 0 开始逐个编制；而内容是指存储单元中存放的信息。

（3）**外存储器**：又称为辅助存储器，作为主存储器的辅助存储部件，外存储器大大扩充了存储器的容量。目前常用的辅助存储器有 U 盘、硬盘、光盘及网络存储器。

4．输入设备

输入设备是指向计算机输入信息的设备。常用的输入设备有键盘、鼠标、扫描仪、传声器（麦克风）、触摸屏等。

5．输出设备

输出设备是指从计算机输出信息的设备。常用的输出设备有显示器、打印机、绘图仪和扬声器等。

1.2.2 计算机软件系统

如图 1.7 所示，软件系统一般分为系统软件和应用软件，用户主要通过软件和计算机进行交流。软件运行需要的程序和数据都是存放在计算机内存里的。

图 1.7

1.2.3 真题解析

1. 【2020 年第 1 题】在内存储器中每个存储单元都被赋予唯一的序号，称为（　　）。
   A．地址　　　　　B．序号　　　　　C．下标　　　　　D．编号

   【解析】在内存储器中每个存储单元都被赋予了唯一的地址。

   【答案】A

2. 【2021 年第 3 题】目前主流的计算机存储数据最终都是转换成（　　）数据进行存储。
   A．二进制　　　　B．十进制　　　　C．八进制　　　　D．十六进制

   【解析】主流的计算机存储数据最终都是转换成二进制数据进行存储。

   【答案】A

3. 【2023 年第 15 题】以下哪个不是操作系统？（　　）
   A．Linux　　　　　B．Windows　　　C．Android　　　　D．HTML

   【解析】Windows、Linux、Android 都是操作系统，HTML 是超文本标记语言。

   【答案】D

4. 【2024 年第 10 题】下面哪一个不是操作系统名字？（　　）
   A．Notepad　　　　B．Linux　　　　C．Windows　　　　D．macOS

   【解析】Windows、Linux、macOS 都是操作系统，Notepad 是一款记事本软件名称。

   【答案】A

1.2.4 习题

1. 一个完整的计算机系统应包括（　　）。
   A．系统硬件和系统软件
   B．硬件系统和软件系统
   C．应用层系统、逻辑层系统及物理层系统
   D．运算器、控制器、存储器、输入设备、输出设备

   【解析】一个完整的计算机系统由硬件系统和软件系统组成。

   【答案】B

2. 下列各项中，哪一项不是 CPU 的组成部分？（　　）
   A．运算器　　　　B．控制器　　　　C．寄存器　　　　D．显示器

   【解析】显示器是输出设备，不是 CPU（中央处理器）的组成部分。

   【答案】D

3. 在微型计算机中，运算器的基本功能是（　　）。
   A．控制机器各个部件协调工作　　　　B．实现算术运算和逻辑运算
   C．获取外部信息　　　　　　　　　　D．存放程序和数据

   【解析】运算器是计算机中执行各种算术运算和逻辑运算操作的部件。

   【答案】B

4. 下列软件中不是计算机操作系统软件的是（　　）。
   A．Windows　　　　　　　　　　　　B．NOI Linux
   C．WPS　　　　　　　　　　　　　　D．DOS

【解析】Windows、NOI Linux、DOS 都是操作系统，WPS 是一款办公软件。
【答案】C

小技巧：名称中带有 Linux 和 OS 的，很有可能是操作系统软件，但这并不是绝对的。

5. 以下哪一个软件不是常用的关系型数据库软件？（　　）
    A．MySQL   B．Oracle Database
    C．PostgreSQL   D．Microsoft Office

【解析】MySQL、Oracle Database、PostgreSQL 都是常用的关系型数据库软件，Microsoft Office 是微软发行的一款办公软件。
【答案】D

小技巧：名称中带有 SQL、data、base 和 DB 的，很有可能是数据库软件，但这并不是绝对的。

1.3 数据表示与计算

数据表示与计算的主要内容如图 1.8 所示。

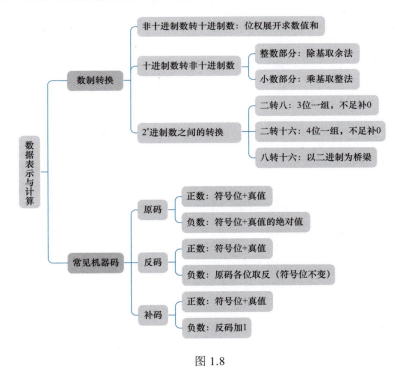

图 1.8

1.3.1 数制转换

数制也称计数制，是用一组固定的符号和统一的规则来表示数值的方法。日常生活中最常用的是十进制，而在计算机中，多采用二进制，有时也采用八进制和十六进制。

1.3.2 进位计数制

进位计数制简称进位制,是按进位方式实现计数的一种规则,其特点是数码的数值大小与它所在的位置有关。每一数位的数值是由该位数码的值乘以处在该位的一个固定常数,这个常数称为位权或权值。例如,在十进制中,个位的位权是 10^0,十位的位权是 10^1,百位的位权是 10^2,以此类推。

- **十进制**:是基数为 10 的数制,它有 0~9 共 10 个数码,进位规则是"逢 10 进 1"。
- **二进制**:是基数为 2 的数制,它只有 0 和 1 两个数码,进位规则是"逢 2 进 1"。
- **八进制**:是基数为 8 的数制,它有 0~7 共 8 个数码,进位规则是"逢 8 进 1"。
- **十六进制**:是基数为 16 的数制,有 0~9 和 A、B、C、D、E、F 共 16 个数码,其中 A~F 代表的数值依次是 10~15,进位规则是"逢 16 进 1"。

1. **常用数制的书写方式**

为了区分不同的数制,我们可以采用以下两种方式表示。

(1)**字母表示法**:可在数据后面加一个特定的字母来表示它所采用的进制。通常以字母 B 表示二进制、字母 O 表示八进制、字母 D 表示十进制、字母 H 表示十六进制。例如,11B(二进制)、11O(八进制)、11D(十进制)、11H(十六进制)。

(2)**下标表示法**:在数据的右下角加上相应进制的基数。例如,$(11)_2$、$(11)_8$、$(11)_{10}$、$(11)_{16}$。

2. **不同进制之间的转换**

(1)**非十进制数转换十进制数**:将非十进制数按位权展开,求出各位数值之和,就可以得到对应的十进制数。

【示例】请将二进制数 $(1011.01)_2$ 转换成十进制数。

【解答】按位权展开:$(1011.01)_2 = 1 \times 2^3 + 0 \times 2^2 + 1 \times 2^1 + 1 \times 2^0 + 0 \times 2^{-1} + 1 \times 2^{-2} = 8 + 2 + 1 + 0.25 = (11.25)_{10}$。

(2)**十进制数转换非十进制(R 进制)数**:将十进制数的整数部分和小数部分分别转换成 R 进制数,再把结果合并起来,就可以得到对应的 R 进制数。其中十进制数的整数部分采用"除基取余法"进行转换,小数部分采用"乘基取整法"进行转换。

- **整数部分的转换——除基(R)取余法**:除基取余法是用十进制数除以目的数制的基数 R,所得余数作为最低位,把得到的商再除以 R,所得余数作为次低位,以此类推,直至商为 0 时,所得余数作为最高位。

【示例】请将十进制数 $(29)_{10}$ 转换为二进制数。

【解答】把 $(29)_{10}$ 转换为二进制数,逐次除以 2 取余数:

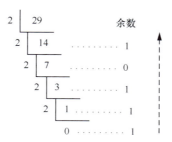

然后,从下往上写出余数,就可以得到 $(29)_{10} = (11101)_2$。

- **小数部分的转换——乘基（R）取整法**：乘基取整法是用目的数制的基数 R 乘以十进制数，对于第一次相乘得到的结果，将整数部分作为最高位，把结果的小数部分再乘以 R，所得结果的整数部分作为次高位，以此类推，直至小数部分为 0，或者达到要求的精度为止。

【示例】将十进制数 $(0.625)_{10}$ 转换为二进制数。

【解答】把 $(0.625)_{10}$ 转换为二进制数，逐次乘以 2 取整：

$$
\begin{array}{ll}
& \text{整数} \\
0.625 \times 2 = 1.25 & 1 \\
0.25 \times 2 = 0.50 & 0 \\
0.50 \times 2 = 1.0 & 1 \\
\end{array}
$$

然后，依次写出整数，可以得到 $(0.625)_{10} = (0.101)_2$。

注意，若要把十进制数 $(29.625)_{10}$ 转换成二进制数，只需要把上面求出的整数部分和小数部分合并起来，可以得到 $(29.625)_{10} = (11101.101)_2$。

3. 二、八、十六进制数的互相转换

（1）**二进制数和八进制数之间的转换**：由于八进制数的基数 $8 = 2^3$，因此 3 位二进制数可以构成 1 位八进制数。如果要将二进制数转换成八进制数，只需要将二进制数的整数部分自右向左每 3 位一组，最后一组不足 3 位时以 0 补足；小数部分自左向右每 3 位一组，最后一组不足 3 位时以 0 补齐；再把每组对应的八进制数写出即可。

【示例】将二进制数 $(1100110.0101)_2$ 转换为八进制数。

【解答】按照上述方法分组：

$$
\underline{001}\ \underline{100}\ \underline{110}\ .\ \underline{010}\ \underline{100} \\
\ \ 1\ \ \ \ \ 4\ \ \ \ \ 6\ \ .\ \ 2\ \ \ \ \ 4
$$

由此可知，$(1100110.0101)_2 = (146.24)_8$。

反之，如果要将八进制数转换成二进制数，只要将每 1 位八进制数写成 3 位二进制数，再按顺序排列起来即可。

（2）**二进制数和十六进制数之间的转换**：由于十六进制数的基数 $16 = 2^4$，因此 4 位二进制数可以构成 1 位十六进制数。如果要将二进制数转换成十六进制数，只需要将二进制数的整数部分自右向左每 4 位一组，最后一组不足 4 位时以 0 补足；小数部分自左向右每 4 位一组，最后一组不足 4 位时以 0 补齐；再把每组对应的十六进制数写出即可。

【示例】将二进制数 $(1100110.10101)_2$ 转换为十六进制数。

【解答】按照上述方法分组：

$$
\underline{0110}\ \underline{0110}\ .\ \underline{1010}\ \underline{1000} \\
\ \ 6\ \ \ \ \ \ 6\ \ .\ \ A\ \ \ \ \ \ 8
$$

由此可知，$(1100110.10101)_2 = (66.A8)_{16}$。

反之，如果要将十六进制数转换成二进制数，只要将每 1 位十六进制数写成 4 位二进制数，再按顺序排列起来即可。

（3）**八进制数和十六进制数之间的转换**：八进制数和十六进制数之间的转换以二进制数为桥梁，先转换为二进制数，再将二进制数转换为相应的进制数。

【示例】 将八进制数 (57.16)$_8$ 转换为十六进制数。

【解答】 先转换成二进制数：

$$\underline{101}\,\underline{111}.\,\underline{001}\,\underline{110}$$
$$57.16$$

再转换成十六进制数：

$$\underline{0010}\,\underline{1111}.\,\underline{0011}\,\underline{1000}$$
$$2F.38$$

由此可知，(57.16)$_8$ = (101111.00111)$_2$ = (2F.38)$_{16}$。

1.3.3 原码、反码与补码

在计算机中，正数和负数的表示方法是：把一个数的最高位作为符号位，用"0"表示"正"，用"1"表示"负"，数值位连同符号位一起作为一个数，称为机器数。带符号位的机器数对应的数值称为机器数的真值。例如，正数 X = +1101011，负数 Y = −1101011，表示成机器数就是 X = 01101011，Y = 11101011。原码、反码和补码是计算机存储具体数字时常用的三种机器数。

1. 原码

原码是符号位加上真值的绝对值，最高位表示符号，其余位表示真值的绝对值。

【示例】 以 8 位二进制数举例，+1 和 −1 的原码分别如下：

$$[+1] = [00000001]_\text{原}，\ [-1] = [10000001]_\text{原}$$

2. 反码

正数的反码就是原码，负数的反码是在原码的基础上符号位不变，其余各位取反。

【示例】 以 8 位二进制数举例，+1 和 −1 的反码可用如下过程表示出来：

$$[+1] = [00000001]_\text{原} = [00000001]_\text{反}$$
$$[-1] = [10000001]_\text{原} = [11111110]_\text{反}$$

如果一个反码表示的是负数，可以先转换成原码，然后再看它的真值是多少。

3. 补码

正数的补码就是原码，负数的补码是在原码的基础上符号位不变，其余各位取反，最后 +1，也就是在反码的基础上 +1。

【示例】 以 8 位二进制数举例，+1 和 −1 的补码可用如下过程表示出来：

$$[+1] = [00000001]_\text{原} = [00000001]_\text{反} = [00000001]_\text{补}$$
$$[-1] = [10000001]_\text{原} = [11111110]_\text{反} = [11111111]_\text{补}$$

如果一个补码表示的是负数，可以将其先转换成反码，再转换成原码，然后看它的真值是多少。也可以使用这样的规则进行转换：符号位不变，其他位取反，然后再 +1。

【示例】 以 8 位二进制数举例，补码 11110001 所表示的真值推导方法如下：

$$[11110001]_\text{补} = [10001110+1]_\text{原} = [10001111]_\text{原}，\text{所以 } [11110001]_\text{补}\text{表示的真值是 } -15。$$

1.3.4 真题解析

1. 【2019 年第 2 题】二进制数 11101110010111 和 01011011101011 进行逻辑与运算的结果是（　　）。
   A．01001010001011　　　　　　　　B．01001010010011
   C．01001010000001　　　　　　　　D．01001010000011

【解析】两个二进制数进行逻辑与运算的规则：依次计算每一个二进制位，如果两个数相同位上的数字都是 1，则这一位的结果为 1，否则结果为 0。本题的运算见表 1.4。

表 1.4

第一个数	1	1	1	0	1	1	1	0	0	1	0	1	1	1
第二个数	0	1	0	1	1	0	1	1	1	0	1	0	1	1
逻辑与结果	0	1	0	0	1	0	1	0	0	0	0	0	1	1

【答案】D

2. 【2020 年第 9 题】二进制数 1011 转换成十进制数是（　　）。
   A．11　　　　　B．10　　　　　C．13　　　　　D．12

【解析】将二进制数中的每一位数码与其相对应的位权相乘后再相加：$2^3+2^1+2^0 = 8+2+1 = 11$。

【答案】A

3. 【2021 年第 7 题】二进制数 101.11 对应的十进制数是（　　）。
   A．6.5　　　　　B．5.5　　　　　C．5.75　　　　　D．5.25

【解析】将二进制数中的每一位数码与其相对应的位权相乘后再相加：
$$1\times2^2+ 0\times2^1+1\times2^0+1\times2^{-1}+1\times2^{-2} = 5.75$$

【答案】C

4. 【2022 年第 13 题】八进制数 32.1 对应的十进制数是（　　）。
   A．24.125　　　　　B．24.250　　　　　C．26.125　　　　　D．26.250

【解析】将八进制数中的每一位数码与其相对应的位权相乘后再相加：
$$3\times8^1+2\times8^0+ 1\times8^{-1} = 26.125$$

【答案】C

5. 【2023 年第 2 题】八进制数 12345670_8 和 07654321_8 的和为（　　）。
   A．22222221_8　　　　　　　　B．21111111_8
   C．22111111_8　　　　　　　　D．22222211_8

【解析】八进制数的加法规则是"逢 8 进 1"，注意保持对齐计算。

【答案】D

6. 【2023 年第 9 题】数 101010_2 和 166_8 的和为（　　）。
   A．10110000_2　　　B．236_8　　　C．158_{10}　　　D．$A0_{16}$

【解析】本题考查的是"进制转换"这一知识点。就本题来说，解题过程如下。
   （1）将二进制数 101010 转换为十进制得到 42，将八进制数 166 转换为十进制得到 118。
   （2）两数相加得到 160，转换为十六进制，得到 $A0_{16}$。

【答案】D

7.【2024 年第 2 题】计算 $(14_8-1010_2) \times D_{16}-1101_2$ 的结果，并选择答案的十进制值：（　　）
　　A．13　　　　　　B．14　　　　　　C．15　　　　　　D．16

【解析】本题考查的是"进制转换"这一知识点。就本题来说，原式化成十进制后为 (12-10)×13-13，计算后得 13。

【答案】A

1.3.5 习题

1．以下哪一项是二进制数 10010010 对应的十进制数？（　　）
　　A．73　　　　　　B．96　　　　　　C．122　　　　　　D．146

【解析】二进制数 10010010 对应的十进制数为 $2^7+2^4+2^1 = 146$。

【答案】D

2．以下哪一项是十进制数 109 对应的二进制数？（　　）
　　A．1100101　　　B．1100111　　　C．1101001　　　D．1101101

【解析】本题的运算详见表 1.5。十进制数 109 对应的二进制数为 1101101。

表 1.5

被除数	除数	商	余数	结果
109	2	54	1	
54	2	27	0	
27	2	13	1	
13	2	6	1	自下而上记录每个余数
6	2	3	0	
3	2	1	1	
1	2	0	1	

【答案】D

3．以下哪一项是八进制数 2330 对应的十六进制数？（　　）
　　A．230　　　　　B．3EB　　　　　C．4D8　　　　　D．4E0

【解析】八进制数转十六进制数，可以先将八进制数的每一位转换成 3 个二进制位，再将二进制数的每 4 位转换成一个十六进制位，即八进制数 2 3 3 0 = 二进制数 10 011 011 000 = 二进制数 100 1101 1000 = 十六进制数 4D8。

【答案】C

4．整数 56 的八位补码是（　　）。
　　A．01001000　　B．01011100　　C．00111000　　D．11100011

【解析】因为非负整数的原码 = 反码 = 补码，所以 56 的八位补码是 00111000。

【答案】C

5．八位补码 10100110 对应的十进制整数是（　　）。
　　A．-11　　　　　B．37　　　　　　C．-37　　　　　D．-90

【解析】该补码符号位为 1，可以确定是一个负数。对于负数来说，通过补码 (10100110) → 反码 (10100101) → 原码 (11011010) 的方式，再计算真值的绝对值 $(1011010)_2$ 得到其对应的十进制数是 90，最后添加上负号就是 −90。

【答案】D

1.4 信息编码

信息编码是指将信息从一种形式或格式转换为另一种形式或格式，按照预先规定的方法将文字、数字或其他对象转换成数码，或将信息、数据转换成规定的电脉冲信号。本节的主要内容如图 1.9 所示。

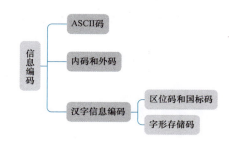

图 1.9

1.4.1 ASCII 码

ASCII 码是由美国国家标准委员会制定的一种包括数字、字母、通用符号和控制符号在内的字符编码集，其全称为美国信息交换标准代码（American Standard Code for Information Interchange，ASCII），见表 1.6。ASCII 码是一种 7 位二进制编码，能表示 $2^7 = 128$ 种国际上最通用的西文字符，是目前计算机特别是微型计算机中使用最普遍的字符编码集。

表 1.6

ASCII 控制符								ASCII 打印字符							
十进制	字符	十进制	字符	十进制	字符	十进制	字符	十进制	字符	十进制	字符	十进制	字符	十进制	字符
0	(null)	16	►	32	(space)	48	0	64	@	80	P	96	`	112	p
1	☺	17	◄	33	!	49	1	65	A	81	Q	97	a	113	q
2	☻	18	↕	34	"	50	2	66	B	82	R	98	b	114	r
3	♥	19	‼	35	#	51	3	67	C	83	S	99	c	115	s
4	♦	20	¶	36	$	52	4	68	D	84	T	100	d	116	t
5	♣	21	§	37	%	53	5	69	E	85	U	101	e	117	u
6	♠	22	▬	38	&	54	6	70	F	86	V	102	f	118	v
7	•	23	↨	39	'	55	7	71	G	87	W	103	g	119	w
8	◘	24	↑	40	(	56	8	72	H	88	X	104	h	120	x
9	○	25	↓	41	)	57	9	73	I	89	Y	105	i	121	y
10	◙	26	→	42	*	58	:	74	J	90	Z	106	j	122	z
11	♂	27	←	43	+	59	;	75	K	91	[	107	k	123	{
12	♀	28	∟	44	,	60	<	76	L	92	\	108	l	124	|
13	♪	29	↔	45	-	61	=	77	M	93	]	109	m	125	}
14	♫	30	▲	46	.	62	>	78	N	94	^	110	n	126	~
15	☼	31	▼	47	/	63	?	79	O	95	_	111	o	127	⌂

ASCII 码包括以下 4 类最常用的字符。

（1）**数字 0～9**。ASCII 码值为 0110000B～0111001B，对应的十六进制数为 30H～39H。

（2）**26 个英文字母**。大写字母 A ～ Z 的 ASCII 码值为 41H ～ 5AH，小写字母 a ～ z 的 ASCII 码值为 61H ～ 7AH。

（3）**通用符号**。如 +、-、=、* 和 / 等共 32 个。

（4）**控制符号**。如空格符和回车符等共 34 个。

1.4.2 内码和外码

内码是计算机内部进行存储和运算使用的数字编码。对于输入计算机的文本文件，机器是存储其相应的字符的 ASCII 码，如输入字符"A"，计算机将其转换成内码 65 后存储在内存中。

外码是相对内码而言，指经过"外在的"学习之后，计算机可直接认识的编码形式，如字符"A"的外码是"A"。通常一个西文字符占 1 字节，一个中文字符占 2 字节。

1.4.3 汉字信息编码

1. 区位码和国标码

区位码把常用的汉字、数字和符号分类编在了一个方阵里，方阵的每一行称为"区"，每一列称为"位"，区码和位码均采用从 01 到 94 的十进制表示。方阵里的每个字符用 4 位十进制数表示，前两位是它的区码，后两位是它的位码。

国标码以 GB/T 2312—1980 为标准，包括 6763 个汉字及 682 个标点符号、西文字母、图形、数码等符号。国标码采用十六进制的 21H 到 73H 表示。

区位码和国标码之间的换算关系：区码和位码分别加上十进制数 32，即可得到对应的国标码。例如，"大"字的区位码为 2083，对应的国标码就是 3473H。

2. 字形存储码

字形存储码是指供计算机输出（显示或打印）汉字时用的二进制信息，也称为字模，常见的是数字化点阵字模。

一般的点阵规模大小有 16×16、24×24 等，每一个点在存储器中用一个二进制位（bit）存储，如图 1.10 所示。在 16×16 的点阵中，需 16×16 bit 的存储空间，也就是 16×16÷8 = 32 字节的存储空间。在相同点阵中，不管其笔画繁简，每个汉字所占的字节数相等。为了节省存储空间，普遍采用字形数据压缩技术，例如矢量汉字就是用矢量方法将汉字点阵字模进行压缩后得到的汉字字形的数字化信息。

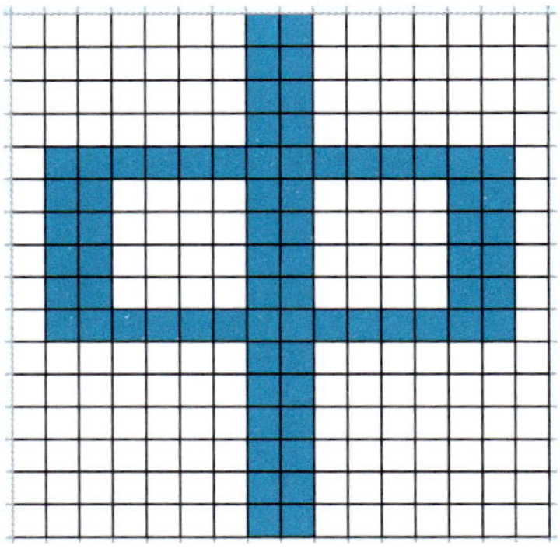

图 1.10

1.4.4 真题解析

1.【2019 年第 3 题】一个 32 位整型变量占用（　　）字节。

　　A．32　　　　　　B．128　　　　　　C．4　　　　　　D．8

【解析】1 字节 = 8 位，因此 32 位整型变量占用 4 字节。

【答案】C

2.【2020年第4题】现有一张分辨率为2048像素×1024像素的32位真彩色图像。请问要存储这张图像，需要多大的存储空间？（   ）

A．16MB　　　　　B．4MB　　　　　C．8MB　　　　　D．2MB

【解析】该图片一共需要2048×1024×32位二进制，因为1字节（byte）等于8位（bit）二进制，1MB = 1024KB = 1024×1024B，所以需要2048×1024×32/(8×1024×1024) MB，即8MB。

【答案】C

3.【2023年第13题】在计算机中，以下哪个选项描述的数据存储容量最小？（   ）

A．字节（byte）　　　　　B．比特（bit）

C．字（word）　　　　　D．千字节（kilobyte）

【解析】本题考查的是"计算机存储单位"这一知识点。比特是计算机中最基本的存储单位，用来表示二进制数据的单个位，可以取0或1两个值。比特也是计算机中最小的存储单位。字节是计算机中常用的数据存储单位，由8个比特组成，可以用来表示一个字符或8个二进制位。字节是相对于比特来说更常用的单位。字通常指计算机中一个机器字的大小，表示计算机一次能够处理的二进制位数，其大小由机器的架构决定。千字节是计算机中常用的数据存储单位，用来表示较小的数据量，1千字节等于1024字节。

【答案】B

4.【2024年第4题】以下哪个序列对应数组0至8的4位二进制格雷码（Gray code）？（   ）

A．0000,0001,0011,0010,0110,0111,0101,1000

B．0000,0001,0011,0010,0110,0111,0100,0101

C．0000,0001,0011,0010,0100,0101,0111,0110

D．0000,0001,0011,0010,0110,0111,0101,0100

【解析】格雷码是一种特殊的二进制编码方式，其相邻的两个数之间只有一位不同。这种编码在减少误差或者传输过程中很有用，因为相邻的数字只会有一个位元的差异。

格雷码可以通过对二进制数进行如下变换得到：将该数的二进制表示与其二进制表示右移一位后的结果按位异或。

格雷码的生成也可以通过递归方式，将n−1位的格雷码首位添加0或1并调整顺序得到几位格雷码。标准4位格雷码序列（前8个）：

- 0000
- 0001
- 0011
- 0010
- 0110
- 0111
- 0101
- 0100

由此可知，选项A（0000,0001,0011,0010,0110,0111,0101,1000）错误，第8个应该是0100，而不是1000。

选项B（0000,0001,0011,0010,0110,0111,0100,0101）错误，0100和0101的位置不正确，0100应该在最后。

选项 C（0000,0001,0011,0010,0100,0101,0111,0110）错误，从 0100 开始顺序就错了，应该是 0110。

选项 D（0000,0001,0011,0010,0110,0111,0101,0100）正确，这是标准的 4 位格雷码序列。

【答案】D

5. 【2024 年第 5 题】记 1KB 为 1024 字节（byte），1MB 为 1024KB，那么 1MB 是多少二进制位（bit）？（　　）
   A．1000000　　　　　　　　　B．1048576
   C．8000000　　　　　　　　　D．8388608

【解析】一个字节占用 8 个 bit，因此 1MB 共占用 1024×1024×8 = 8388608 个 bit。

【答案】D

6. 【2024 年第 8 题】在 C/C++ 中，(char)('a'+13) 与下面的哪一个值相等？（　　）
   A．'m'　　　　B．'n'　　　　C．'z'　　　　D．'3'

【解析】'a' 的 ASCII 码为 97，'a'+13 为 110，其 ASCII 字符为 'n'。

【答案】B

1.4.5　习题

1. ASCII 码的含义是（　　）。
   A．一个简单的中文信息编码　　　　B．通用字符编码
   C．计算机信息交换标准代码二代　　D．美国信息交换标准代码

【解析】ASCII 码的全称是"美国信息交换标准代码"。

【答案】D

2. 已知大写字母 A 的十进制 ASCII 码为 65，则大写字母 K 的十进制 ASCII 码为（　　）。
   A．72　　　　B．73　　　　C．75　　　　D．76

【解析】在 ASCII 码表中，字母字符的 ASCII 码是连续的，所以大写字母 K 的 ASCII 码为 65+10 = 75。

【答案】C

3. 字符 0 的 ASCII 码为 48，则字符 8 的 ASCII 码为（　　）。
   A．8　　　　　　　　　　　　B．56
   C．128　　　　　　　　　　　D．视具体的计算机而定

【解析】在 ASCII 码表中，因为数字字符的 ASCII 码是连续的，所以 8 的 ASCII 码为 48+(8−0) = 56。

【答案】B

4. 关于 ASCII 码，下面哪个说法是正确的？（　　）
   A．ASCII 码表共包含 256 个不同的字符
   B．ASCII 码方案最初由英国人图灵提出
   C．最新扩展的 ASCII 码方案包含了汉字、阿拉伯语的字符编码
   D．一个 ASCII 码使用一字节的内存空间就能够存放

【解析】ASCII 码表中共有 128 个不同的编码，最初由美国电气和电子工程师协会制定，不能表示中文。

【答案】D

5. 已知大写英文字母 A 的 ASCII 码比小写英文字母 a 的 ASCII 码小 32，则大写英文字符 Q 的 ASCII 码比小写英文字母 n 的 ASCII 码（　　）。
   A．大 3　　　　　　B．小 3　　　　　　C．小 29　　　　　　D．小 35

【解析】26 个大写英文字母的 ASCII 码是连续的，26 个小写英文字母的 ASCII 码也是连续的，所以可以根据 A 的 ASCII 码得到 Q 的 ASCII 码为 81，根据 a 的 ASCII 码得到 n 的 ASCII 码为 110，所以 Q 的 ASCII 码比 n 的 ASCII 码小 29。

【答案】C

1.5　网络基础

本节的主要内容如图 1.11 所示。

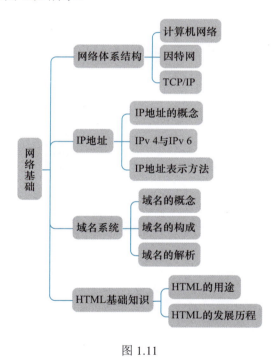

图 1.11

1.5.1　网络体系结构

1. 计算机网络

计算机网络是用来连接多台计算机的一套体系（见图 1.12），主要用来解决"多台计算机之间如何互相传输数据"这个问题。就像世界上不同的国家分布在不同的位置，有不同的语言和文化，多台计算机也可能分布在不同的位置，有不同的型号。为了让计算机之间能传输数据，人们便制定了一些标准的传输数据的规则，这些规则被称为网络协议。在传输数据的基础上，计算机网络就有了资源共享、信息传输、分布处理、综合信息服务等功能。

图 1.12

2．因特网

计算机网络按照其覆盖的范围，可以简单分为局域网（Local Area Network，LAN）和广域网（Wide Area Network，WAN），如图 1.13 所示。局域网与广域网按照一定的通信协议组成国际计算机网络，便是目前人们使用的国际互联网了，又称为因特网（Internet）。因特网中最基础的协议是 TCP/IP（Transmission Control Protocol/Internet Protocol）。

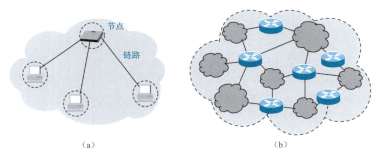

图 1.13

3．TCP/IP

TCP/IP 包含了很多网络协议，见表 1.7，其中 TCP 和 IP 最具代表性，所以被称为 TCP/IP。

表 1.7

协议类型	协议名称
文件传输协议	FTP
远程登录协议	Telnet
电子邮件协议	SMTP、POP3、IMAP
传输协议	TCP、UDP
网际互联协议	IP

1.5.2 IP 地址

1. IP 地址的概念

IP 地址是因特网中每个节点的地址,相当于现实世界中的门牌号码,如图 1.14 所示。计算机之间传输信息,必须先知道对方在哪儿,IP 地址就是因特网中的每个网络和每台机器的地址。

图 1.14

2. IPv 4 与 IPv 6

IPv 4 与 IPv 6 是目前常用的两种 IP 地址版本。其中,IPv 4 已经得到了广泛支持,它使用一个 32 位二进制数来表示地址,最多只能有 2^{32}(约 20 亿)个地址。因为网络中的每台计算机都需要唯一的 IP 地址,所以在信息化的现代社会,IPv 4 的地址逐渐不够用了。IPv 6 使用的是一个 128 位的二进制数,最多有 2^{128}(约 10^{39})个地址,足够为世界上的每台计算机都分配一个 IP 地址,目前大部分的计算机都支持 IPv 6,未来 IPv 6 会成为因特网中主要使用的 IP 地址版本。

3. IP 地址表示方法

IPv 4 的 32 位地址由两部分组成,一部分表示网络号,另一部分表示机器号。按照表示网络号和机器号的长度不同分为 A、B、C、D、E 五类,如图 1.15 所示。不同类的 IP 地址能容纳的网络数量和机器数量各不相同。

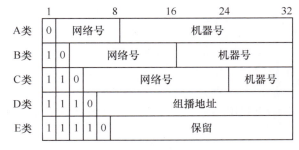

图 1.15

不管是哪一类的 IP 地址,都是一个 32 位的二进制数,计算机能很轻松地读取这个地址,但是人们很难书写和记忆。因此人们通常采用点分十进制法,将这 32 位分为 4 组,每组 8 位。然后把每组转换为对应的十进制数并用点号分隔。例如,32 位的二进制 IP 地址 <u>01111011 10001011 10011111 11010101</u> 用点分十进制法表示为 123.139.159.213。

1.5.3 域名系统

1. 域名的概念

域名是 IP 地址的代称,访问一个域名就相当于访问它对应的 IP 地址。除了数字,域名还可以包含字母、连字符(-)等。这使得人们可以设计一些带有具体含义的域名。

域名里的英文字母没有大小写的区分，同一个域名写成大写和小写是等效的。另外，还有一种包含非英文字符的域名，叫作国际化域名，比如". 中国"。

2. 域名的构成

一个完整的域名由多个部分组成，这些部分之间用点（.）隔开，每个部分不超过 63 个字符。其中，末尾的部分叫作顶级域名。

顶级域名可以分为两大类，其中一类叫作通用顶级域名，主要包括 .com、.edu、.gov 等。每个通用顶级域名都有各自的用途，常见通用顶级域名及用途见表 1.8。

表 1.8

域名	用途
.com	个人、机构、学校等均可使用
.edu	仅限特定教育机构使用
.gov	仅限政府使用
.info	一般供资讯性网站使用，没有严格限制
.org	一般由非营利组织使用，没有严格限制

另一类顶级域名叫作国家和地区顶级域名，这些域名一般由两个字符构成，表示对应国家或地区的名称缩写。表 1.9 列出了几个国家的域名。

表 1.9

域名	对应国家	域名	对应国家
.cn	中国	.us	美国
.uk	英国	.fr	法国
.jp	日本	.kr	韩国

顶级域名的下一级是二级域名，它位于顶级域名之前。二级域名和顶级域名之间用一个点隔开，比如在 www.×××××.com 中，"×××××"是二级域名。二级域名前面是三级域名，三级域名前面是四级域名，以此类推。域名的级别数量一般没有限制，不过一个完整的域名的总长度不能超过 253 个 ASCII 码字符的总长度。

3. 域名解析

域名解析是指把网络里的域名和 IP 地址建立对应关系，这项工作由域名系统（Domain Name System，DNS）完成。提供域名解析服务的服务器叫作 DNS 服务器（DNS Server）。

1.5.4 HTML 基础知识

1. HTML 的用途

HTML 是超文本标记语言（Hyper Text Markup Language）的缩写，可用于创建互联网上的网页。计算机上的浏览器可以识别 HTML 文档，并将其转化成人们最终看到的网页。

HTML 文档由 HTML 标签构成，标签包含在尖括号"< >"中。比如 <title> 是用来表示网页标题的标签，<body> 是用来表示网页内容的标签。一个简单的 HTML 文档如图 1.16 所示。

2．HTML 的发展历程

HTML 最早由物理学家蒂姆·伯纳斯 - 李于 1991 年提出。1993 年，他与丹·康纳利共同撰写并发布了首个 HTML 规范的提案。1995 年，HTML 的新版本 HTML 2.0 发布。后续版本不断更新，目前最新版本是 HTML 5，它能够更灵活地处理网页上的多媒体视频和图片。HTML 各版本的发布时间见表 1.10。

```
1  <!DOCTYPE html>
2  <html>
3    <head>
4      <title>网页标题</title>
5    </head>
6    <body>
7      <p>网页正文</p>
8    </body>
9  </html>
```

图 1.16

表 1.10

HTML 版本	发布时间 / 年
HTML	1993
HTML 2	1995
HTML 3	1997
HTML 4	1997
HTML 5	2014

1.5.5 真题解析

【2019 年第 1 题】中国的顶级域名是（　　）。
　　A．.cn　　　　　　B．.ch　　　　　　C．.chn　　　　　　D．.china
【解析】中国的顶级域名为 .cn。
【答案】A

1.5.6 习题

1. 下列几个 32 位 IP 地址中，书写错误的是（　　）。
　　A．192.168.0.101　　　　　　B．177.168.233.1
　　C．255.255.255.255　　　　　D．127.0.0.256
【解析】IP 地址中的每一个数字都应该在 0 ～ 255 内。
【答案】D

2. 以下哪个协议是目前互联网上常用的 E-mail 服务协议？（　　）
　　A．SSH　　　　　　B．POP3　　　　　　C．HTTP　　　　　　D．FTP
【解析】常用的电子邮件（E-mail）传输协议有 POP3、SMTP、IMAP。
【答案】B

3. FTP 可以用于（　　）。
　　A．发送电子邮件　　B．在线直播　　C．远程传输文件　　D．量化交易

【解析】FTP 的全称是文件传输协议（File Transfer Protocol），主要用于进行客户端和网络端的文件传输。
【答案】C

1.6 计算机语言

计算机语言是用于人和计算机沟通的语言，所有的软件包括操作系统和编译器都是由各种计算机语言编写的程序生成的。计算机语言按产生的时间顺序，一般分为三大类：机器语言、汇编语言和高级语言，如图 1.17 所示。

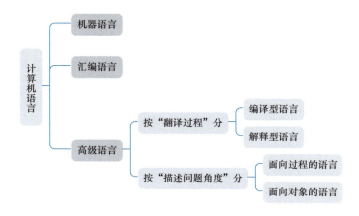

图 1.17

1.6.1 机器语言

机器语言是计算机可以直接识别并运行的语言，它由一系列指令构成，每条指令完成一个具体操作，比如加法指令、减法指令、跳转指令等。

计算机内部的一切数据都是由二进制数表示的，指令也不例外。例如，0100 0001 0010 可以作为一条机器指令，如图 1.18 所示，其中 0100 表示这条指令是加法指令，0001 表示 R1 寄存器，0010 表示 R2 寄存器，这条指令的功能是将 R1 寄存器中的数和 R2 寄存器中的数相加，结果存到 R1 寄存器中。

使用机器语言编写的程序是一个巨大的由 0 和 1 组成的串码。早期的程序员将这些串码标记在打孔纸带上，数字 1 打孔，数字 0 不打孔，如图 1.19 所示。打孔纸带最终经过光电输入机将数据输入计算机，以供运行。

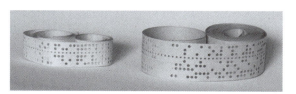

图 1.18　　　　　　　　　　图 1.19

复杂的计算机会有成百上千条指令，要记住这些指令的功能和每条指令的二进制格式，不是一件简单的事情。现在除了计算机生产厂商中的少数专业人员，几乎没有人需要用机器语言编写程序。

1.6.2 汇编语言

汇编语言是机器语言的另外一种形式，它用英文字母或单词的缩写作为指令，也可以认为汇编语言给每条指令起了一目了然的名字。例如，机器指令 0100 0001 0010 可以用 ADD R1 R2 代替，其中 ADD 代表加法指令，R1 和 R2 是参与运算的两个寄存器的名字。

用汇编语言编写的程序不能在计算机上直接运行，需要先由编译器"翻译"成机器语言，再让计算机运行。这个翻译的过程通常称为编译，编译后的程序称为可执行程序，如图 1.20 所示。

图 1.20

1.6.3 高级语言

高级语言是多种编程语言的统称，它的语言风格更接近于人类的自然语言。用高级语言编写代码时可以使用英文字母、英文单词和一些数学符号。编程人员可以在不了解计算机的硬件和 CPU 结构的情况下编写程序。例如，计算两个数的和，在许多高级语言中可以写成 a = a+b，这里的 a 和 b 是两个变量，至于这两个变量在计算机中是怎么处理的、怎么存储的，编程人员不需要知道，全部交给计算机去处理即可。

图 1.21 展示了用机器语言（左）、汇编语言（中）和高级语言（右）编写的计算两数之和的程序。

图 1.21

1. 编译型语言与解释型语言

用高级语言编写的程序不能在计算机上直接运行，需要将其编译成计算机可以识别的机器语言才行。按照编译的方式不同，高级语言又可以分为编译型语言和解释型语言。

编译型语言需要用编译器将源程序一次性编译成机器语言，然后在计算机上运行。例如，NOI 选手在 Windows 系统上用 C++ 语言编写的源程序，需要经过编译器（Dev-C++、

CodeBlocks 等)的编译,生成一个扩展名为 .exe 的文件,才能在计算机上运行。编译型语言主要有 C、C++、Pascal、Object Pascal(Delphi)等。这种编译好的可执行程序实际上就是由机器指令组成的二进制程序,由于不同类别计算机的机器指令集是不同的,因此这个可执行程序不能在其他类别计算机上直接运行。

解释型语言不需要将源程序一次性编译出一个可执行文件,而是在运行的时候,由一个解释程序边解释边运行,逐条将源代码翻译成机器语言来运行。例如,Python 就是典型的解释型语言,要在一台计算机上运行 Python 程序,必须要安装 Python 解释器。运行一个 Python 程序,实际上就是运行这个 Python 源程序,然后由 Python 解释器逐条扫描 Python 源程序,边扫描、边翻译、边运行。解释型语言主要有 Python、PHP、ASP、JavaScript、VBScript、Perl、Ruby、MATLAB 等。

编译型语言和解释型语言的区别见表 1.11。

表 1.11

区别项	编译型语言	解释型语言
是否需要编译	是	否
运行过程	直接运行编译好的可执行程序	由解释器直接运行源代码
运行时环境要求	无	需要安装解释程序
能否跨平台	不能	能
代码效率	高	低
主要语言	C、C++、Pascal、Object Pascal(Delphi)	Python、PHP、ASP、JavaScript、VBScript、Perl、Ruby、MATLAB

2. 面向过程的语言与面向对象的语言

按照解决问题的方法步骤的不同,高级语言又分为面向过程的语言和面向对象的语言。

面向过程的语言在解决问题时,会将整个问题划分成若干个步骤,然后从第一步开始,一步步地将问题解决。

面向对象的语言在解决问题时,会将整个问题分解成若干个对象——每个对象都有自己的属性和行为方式,然后将这些对象逐一实现,最后再按这些对象的关系组合在一起将问题解决。

面向过程的语言与面向对象的语言的区别见表 1.12。

表 1.12

区别项	面向过程的语言	面向对象的语言
核心思想	解决问题时,将问题分解成步骤	解决问题时,将问题分解成对象
代码效率	高	低
代码体积	小	大
可维护性	低	高
使用范围	硬件配置低,对效率要求高的小系统	规模庞大的复杂系统
主要语言	C、Pascal、Fortran	C++、C#、Python、Java、Object Pascal(Delphi)

3．NOI 系列比赛中的高级语言

在以往的 NOI 系列比赛中，选手可以使用的语言有 C、C++ 和 Pascal。从 2022 年开始，只能使用 C++ 语言。

1.6.4 真题解析

1．【2020 年第 2 题】编译器的主要功能是（　　）。
   A．将源程序翻译成机器指令代码　　　B．将源程序重新组合
   C．将低级语言翻译成高级语言　　　　D．将一种高级语言翻译成另一种高级语言

【解析】编译器用来将源程序翻译成机器指令代码。
【答案】A

2．【2021 年第 1 题】以下不属于面向对象程序设计语言的是（　　）。
   A．C++　　　　　B．Python　　　　C．Java　　　　D．C

【解析】C 语言是面向过程的语言。
【答案】D

3．【2022 年第 1 题】以下哪种功能没有涉及 C++ 语言的面向对象特性支持？（　　）
   A．C++ 中调用 printf 函数
   B．C++ 中调用用户定义的类成员函数
   C．C++ 中构造一个 class 或 struct
   D．C++ 中构造来源于同一个基类的多个派生类

【解析】C++ 中类、基类、派生类相关特性都与 C++ 语言的面向对象特性有关。
【答案】A

4．【2024 年第 15 题】编译器的主要作用是什么？（　　）
   A．直接执行源代码
   B．将源代码转换为机器代码
   C．进行代码调试
   D．管理程序运行时的内存

【解析】编译器的功能是进行翻译，就是把高级语言编写的源代码进行翻译，翻译成计算机可以执行的机器代码。
【答案】B

1.6.5 习题

1．关于程序设计语言，下面哪种说法是正确的？（　　）
   A．高级语言比汇编语言更"高级"，是因为它的程序运行效率更高
   B．高级语言相对于低级语言更容易实现跨平台的移植
   C．加了注释的程序一般会比没有加注释的程序运行速度慢
   D．C 语言是一种面向对象的高级计算机语言

【解析】相比汇编语言，高级语言的语法特性更容易理解和实现；高级语言比汇编语言更容易移植；程序的注释并不影响程序的运行效率，因为注释的内容并不会被编译器或解释器

执行；C 语言是面向过程的编程语言。

【答案】B

2．Python 语言、C 语言和 C++ 语言都属于（　　）。
   A．面向对象语言　　　　　　　　B．脚本语言
   C．解释型语言　　　　　　　　　D．以上 3 个选项都不对

【解析】三种编程语言中，C 语言不是面向对象的，所以选项 A 错误；C 语言和 C++ 语言都不是脚本语言，也不是解释型的，故 B、C 错误，答案应为 D。

【答案】D

3．下列不属于解释型程序设计语言的是（　　）。
   A．Python　　　　B．C++　　　　C．JavaScript　　　　D．PHP

【解析】C++ 语言是编译型语言。

【答案】B

4．编译器的主要功能是（　　）。
   A．将两个源文件合并成一个新的文件
   B．将低级语言翻译成高级语言
   C．将源程序翻译成机器指令代码
   D．将汇编语言翻译成高级语言

【解析】编译器的主要功能是将源程序翻译成机器指令代码。

【答案】C

5．以下哪个选项不属于面向对象编程语言的特性？（　　）
   A．封装性　　　　B．便携性　　　　C．多态性　　　　D．继承性

【解析】便携性不是面向对象编程语言的特性。

【答案】B

第 2 章 语法基础

　　CSP-J 认证考试中常考的语法基础包括程序的三大结构（顺序结构、选择结构和循环结构）、数组、字符串操作、文件操作和递归函数等，如图 2.1 所示。试卷的第二部分"阅读程序"和第三部分"完善程序"会重点考查这部分知识。在 2019—2024 年这 6 年的 CSP-J 认证考试中，涉及语法基础的第一部分题目较少。2019 年出现了 1 道，涉及的知识点是"循环结构"。2020 年出现了 1 道，涉及的知识点是"逻辑运算"。2022 年出现了 3 道，涉及的知识点分别是"指针变量""字符串操作"和"递归函数"。2024 年出现了 1 道，涉及的知识点是"循环结构"。

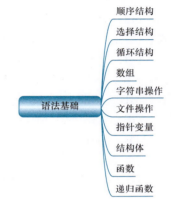

图 2.1

2.1　顺序结构

　　在默认情况下，C++ 程序都是按顺序结构运行的，计算机会依照语句顺序一条一条地执行。顺序结构的知识点如图 2.2 所示。

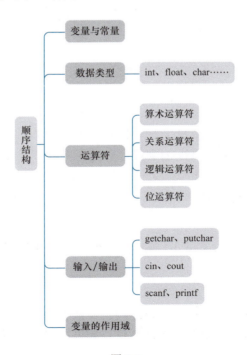

图 2.2

2.1.1 变量

计算机将数据存储在内存单元中，变量就像内存单元的别名，我们可以通过变量读取和修改内存中的数据。变量必须要先定义再使用，定义变量的时候需要明确数据的类型和变量名称。其中数据的类型决定了分配给数据的内存空间大小。

1. 存储单位

常见的内存存储单位有 bit、byte、KB、MB、GB、TB 等。

bit：称为"位"，是计算机内存中的最小单位，因为数据在计算机内部是以二进制形式存储的，所以 1 位内存的存储内容要么是 1，要么是 0。

byte：称为"字节"，是计算机存储的基本单位，1 字节通常由 8 位组成。

KB：$1KB = 2^{10}$ byte = 1024 byte。

MB：$1MB = 2^{10}$ KB = 1024 KB。

GB：$1GB = 2^{10}$ MB = 1024 MB。

TB：$1TB = 2^{10}$ GB = 1024 GB。

2. 数据类型

C++ 语言提供了丰富的数据类型，其几种常用的基本数据类型见表 2.1。

表 2.1

数据类型	定义标志符	占据内存大小	数值范围
整型	int	4 字节（32 bit）	$-2^{31} \sim 2^{31}-1$
超长整型	long long	8 字节（64 bit）	$-2^{63} \sim 2^{63}-1$
字符型	char	1 字节（8 bit）	$-2^{7} \sim 2^{7}-1$
单精度浮点型	float	4 字节（32 bit）	$-3.4 \times 10^{38} \sim 3.4 \times 10^{38}$
双精度浮点型	double	8 字节（64 bit）	$-1.7 \times 10^{308} \sim 1.7 \times 10^{308}$
布尔型	bool	1 字节（8 bit）	true 或 false

3. 变量名

一个程序可能要使用若干个变量，要对其加以区分，就要给每个变量命名。变量名只能以字母或下画线（ _ ）开头，后面的字符可以是字母、下画线或者数字。例如，month、_age、s2s 是合法的变量名，m.k、a<b、9y 是不合法的变量名。

C++ 中定义一个变量的格式如下：

```
类型标识 变量名;
```

例如，定义一个 int 类型的变量 a，就可以写成 int a，变量定义好之后，就可以编写赋值语句修改它的值：

```
a=123;
```

上述语句表示变量 a 存储的数据被修改为 123，或者说把 123 存储在名为 a 的内存单元中。程序使用变量 a 时，a 就会被当作 123 对待。如果在程序后面的某个地方编写了新的赋值语句：

```
a=456;
```

那么 a 会被赋值为 456，此后 a 就被当作 456 对待了。也可以在定义变量时直接为其赋值，比如：

```
int a=1,b=2;
```

2.1.2 常量

常量是指在程序中使用的一些具体的数、字符。在程序运行过程中，常量的值不变，比如数字 456、字符串"hello"等。在用 C++ 进行程序设计时，有时我们希望某个值不会被误改，这时就需要用到常量。C++ 中定义一个常量的格式如下：

```
const 类型标识 常量名 = 常量值;
```

比如：

```
const double pi = 3.14;
```

上面的代码定义了一个常量 pi，值为 3.14。如果在后面的代码里尝试修改 pi 的值，比如又编写了 pi = 3.1415926; 这行语句，则程序将会出错。

2.1.3 运算符

1. 算术运算符

算术运算符用于各类数值运算，包括加（+）、减（-）、乘（*）、除（/）、求余（或称模运算 %）、自增（++）、自减（--）。值得注意的是，求余运算符"%"要求两个操作数都必须是整型，其他运算符对 int、float、double、char 等类型都适用。

C++ 的除法运算符有一些特殊之处，如果 a 和 b 是两个整数类型的常量或变量，那么 a/b 表示 a 除以 b 的商。例如，5/2 的值是 2，而不是 2.5，而 5.0/2 或者 5/2.0 的值才是 2.5。

下面是这些算术运算符的使用方法示例：

```
int a=2,b=5,c,d,e,f,g;
c=a+b;
d=b-a;
e=a*b;
f=b/a;
g=b%a;
a++;
b--;
```

运行上面的代码，f 的值是 2，g 的值是 1（5 除以 2 的余数为 1），a++ 表示 a 的值增加 1，结果是 3，b-- 表示 b 的值减 1，结果是 4。值得注意的是，在赋值语句中使用自增或自减运算符时，符号位置的不同可能会产生不同的结果，比如下面的代码：

```
int a=1,b;
b=a++;
```

上面的赋值语句表示将 a 的值赋给 b，然后 a 的值增加 1，最终 b 的值是 1，a 的值是 2，如果写成

```
b = ++a;
```
则表示将 a 的值增加 1，然后再把 a 的值赋给 b，最终 a 和 b 的值都是 2。同理，自减运算符（--）也遵从这样的规则。

在赋值运算中，算术运算符还有一些简写方式，比如 a = a+b 可以简写为 a+ = b，a = a–b 可以简写为 a– = b，a = a*b 可以简写为 a* = b，a = a/b 可以简写为 a/ = b。

2．关系运算符

关系运算符用于数值的大小比较，包括大于（>）、大于等于（>=）、小于（<）、小于等于（<=）、等于（==）和不等于（!=）。关系运算符运算的结果是布尔型，值只有 true 或者 false。true 表示"真"（关系成立），false 表示"假"（关系不成立）。

3．逻辑运算符

逻辑运算符用于逻辑运算，包括与运算（&&）、或运算（||）和非运算（!）。逻辑运算的结果只有真或假两种，分别用"1"和"0"表示，其运算规则见表 2.2。

表 2.2

a	b	a && b	a || b	! a
0	0	0	0	1
0	1	0	1	1
1	0	0	1	0
1	1	1	1	0

4．位运算符

位运算符用于二进制位运算，包括位与（&）、位或（|）、位异或（^）、位非（~）、左移（<<）和右移（>>）六种。位运算符的运算规则见表 2.3。

表 2.3

运算符	功能说明	举例说明
&	把参与运算的两个数对应的二进制数进行按位与，对应位都是 1 时，结果对应位是 1，否则是 0	11&6 相当于 0000 1011 & 0000 0110，结果是 0000 0010，也就是 2
|	把参与运算的两个数对应的二进制数进行按位或，对应位都是 0 时，结果对应位是 0，否则是 1	11|6 相当于 0000 1011 | 0000 0110，结果是 0000 1111，也就是 15
^	把参与运算的两个数对应的二进制数按位异或，对应位都是 0 或者都是 1 时，结果对应位是 0，否则是 1	11^6 相当于 0000 1011 ^ 0000 0110，结果是 0000 1101，也就是 13
~	把运算数的二进制数按位取反	~ 11 相当于 ~（0000 1011），运算结果是 1111 0100，也就是 244
<<	把"<<"左边的运算数的各二进制位向左移，"<<"右边的数是指定移动的位数，高位丢弃，低位补 0	设 a = 3，那么 a<<4 相当于 0000 0011 向左移动 4 位得到 0011 0000，也就是 48
>>	把">>"左边的运算数的各二进制位向右移，">>"右边的数是指定移动的位数	设 a = 15，那么 a>>3 相当于 0000 1111 向右移动 3 位得到 0000 0001，也就是 1

2.1.4 数据输入/输出

1. 字符输入/输出

getchar() 的功能是接收从键盘输入的单个字符，通常是把输入的字符赋给一个字符变量。例如：

```
char c;
c = getchar();
```

putchar() 的功能是向标准输出设备输出单个字符。例如：

```
char c = '*';
putchar(c);
```

2. 标准输入/输出流

流读取运算符 >> 和 cin 结合使用，可从键盘输入数据。格式如下：

```
cin >>变量1>>变量2>>……;
```

上面的代码表示把键盘输入的、用分隔符分开的多个数据依次赋给变量1、变量2等，分隔符可以是一个或多个空格等。

流插入运算符 << 和 cout 结合使用，可向输出设备输出数据。格式如下：

```
cout <<表达式1<<表达式2<<……;
```

上面的代码表示把表达式1、表达式2……的值依次输出到屏幕上，表达式可以是常量、变量或者各种运算表达式。

3. 格式化输入/输出

scanf() 的功能是格式化输入任意数据列表，一般的调用格式如下：

```
scanf(格式控制符，地址列表);
```

其中，格式控制符由 % 和格式符组成，地址列表由若干个变量地址组成，它们之间由逗号分隔，从键盘输入的内容将依次存入这些变量地址中。假设 a 是整型变量，&a 表示取 a 的地址，字符数组的首地址可以直接用变量名表示。scanf() 常见的格式控制符及其使用说明见表 2.4。

表 2.4

格式控制符	使用说明
%d	输入十进制整数，例如 int a; scanf("%d",&a);
%c	输入单个字符，例如 char ch; scanf("%c",&ch);
%s	输入字符串（非空格开始，空格结束），例如 char str[100]; scanf("%s",str);
%f	输入实数（小数或者指数），例如 float g; scanf("%f", &g);

printf() 的功能是格式化输出任意数据列表，常见格式如下：

```
printf(格式控制符，输出列表);
```

输出列表由若干个变量组成，它们之间由逗号分隔，表示将在屏幕上依次输出它们的值。printf() 的常见格式控制符及其使用说明见表 2.5。

表 2.5

格式控制符	使用说明
%d	输出十进制带符号整数，例如 int a; printf("%d",a);
%md	输出十进制带符号整数，其中 m 为输出的宽度，右对齐（不足补空格，大于 m 位按实际输出），例如 int a = 1; printf("a = %3d",a); 的输出内容是 a = 1
%c	输出单个字符，例如 char a; printf("%c",a);
%s	输出字符串，例如 string a; printf("%s",a);
%f	按实数格式输出，整数部分按实际位数，小数 6 位，例如 double a; printf("%f",a);
%m.nf	总位数 m（含小数点），其中有 n 位小数；m 省略时，整数部分按实际位数，小数 n 位，例如 double a = 3.14; printf("%1.1f",a); 的输出内容是 3.1

2.1.5 顺序结构实例

在用 C++ 编写的简单程序里，每条语句按照从上而下的顺序依次执行一次，这种自上而下依次执行的程序结构叫作顺序结构。下面我们举两个例子，以帮助读者理解顺序结构。

【示例】输入一个 4 位整数，并输出它的前两位和后两位，以空格分隔。

程序如下：

```
#include<iostream>
using namespace std;
int nain()
{
    int n, ab, cd;                    //定义三个整型变量
    cin >> n;                         //输入这个四位数
    ab = n/100;                       //计算前两位
    cd = n%100;                       //计算后两位
    cout<< ab <<' '<< cd;             //按要求输出
    return 0;
}
```

其中，第 1 行代码给程序加入了 iostream 这个头文件，它跟第 2 行代码一起保证了程序能够进行正常的数据输入/输出操作。第 3 行代码是程序的主函数，也称为 main 函数，函数里的所有代码用一对大括号 {} 括起来。其中，return 0; 表示函数返回整数类型的值 0。这些代码组成了一个 C++ 程序的基本框架。语句 return 0; 上方有 5 行代码，每行代码"//"后面的文字表示对代码的注释内容，用于解释本行代码主要实现的功能，"//"和它后面的内容不会作为编译内容被计算机进行编译。用大括号 {} 括起来的所有代码称为一个代码块。

【示例】输入两个实数，计算它们的和，保留两位小数并输出。

程序如下：

```
#include<iostream>
```

```
using namespace std;
int main()
{
    float a, b, sum;                    //定义三个浮点类型变量
    scanf("%f%f", &a, &b);              //输入两个实数
    sum = a + b;                        //计算两个实数的和,并赋给变量sum
    printf("%.2f", sum);                //保留两位小数输出
    return 0;
}
```

2.1.6 变量的作用域

在函数或者代码块里被声明的变量叫作局部变量,在所有函数外部声明的变量叫作全局变量。局部变量只能被函数或者代码块内部的语句使用,而全局变量在整个程序中都是可用的。比如在下面的代码中:

```
#include<iostream>
using namespace std;
int g;
int main()
{
    int a = 1;
    {
        int b = 2;
        g = a+b;
    }
    cout<< b <<endl;
    return 0;
}
```

整型变量 g 是全局变量,可以在 main 函数中被使用。整型变量 a 是 main 函数的局部变量,在 return 0; 语句之前都可以被使用。int b = 2; 和 g = a+b; 这两行代码用一对大括号括起来,组成了一个代码块,而整型变量 b 是这个代码块的局部变量,只能在这个代码块使用,所以这个代码块下方的语句 cout<<b<<endl; 是错误的。如果运行这个程序,就会出现编译错误。

2.1.7 习题

1. 已知变量 a = 2,b = 3,c = 4,则表达式 (a*2+b)*c 的结果为(   )。
   A. 22   B. 24   C. 26   D. 28

【解析】(2*2+3)*4 = 28。

【答案】D

2. 下列关于 C++ 中各数据类型的变量占用内存空间大小的描述中错误的是(   )。
   A. 一个 int 类型变量占用 4 字节内存
   B. 一个 long long 类型变量占用 8 字节内存
   C. 一个 double 类型变量占用 8 字节内存
   D. 一个 bool 类型变量占用 1 位内存

【解析】虽然 bool 类型只有 true 和 false 两个值,是可以使用 1 位来表示的,但是"字节"是 C++ 中表示数据的最小单位,所以一个 bool 类型的变量占用的内存空间是 1 字节。

【答案】D

3. 下列代码段的输出结果为（　　）。

```
int a = 3, b = 5, c = 6, d = a;
a = b;
b = d;
d = c;
c = b;
printf("%d,%d,%d,%d\n", a, b, c, d);
```

A．3,3,5,6　　　　B．5,3,3,6　　　　C．5,3,6,3　　　　D．6,5,3,5

【解析】变量数值变化过程见表 2.6。

表 2.6

执行语句	a 值	b 值	c 值	d 值
int a = 3, b = 5, c = 6, d = a	3	5	6	3
a = b	5	5	6	3
b = d	5	3	6	3
d = c	5	3	6	6
c = b	5	3	3	6

【答案】B

4. 下列关于 C++ 语言的说法错误的是（　　）。

　　A．可以使用 double 类型的变量保存 1.23 的值
　　B．可以使用 int 类型的变量保存字符型常量 Q 的值
　　C．可以使用 char 类型的变量保存整数 65 的值
　　D．可以使用 long long 类型的变量保存 3×10^{-2} 的值

【解析】$3 \times 10^{-2} = 0.03$，long long 类型的变量无法保存实数的小数部分。

【答案】D

5. 以下哪个表达式可以获得 int 类型变量 a 在十进制下的十位上的数字？（　　）

　　A．a%10/10　　　　　　　　　　B．a%100/10
　　C．a/10%100　　　　　　　　　　D．a/100%10

【解析】选项 A，a%10 获得 a 的个位，再除以 10 结果是 0；选项 B，a%100 获得 a 的后两位（十位和个位），再除以 10 得到 a 的十位；选项 C，a/10 获得 a 的十位及更高位所有数字，再求余 100 获得 a 的百位和十位；选项 D，a/100 获得 a 的百位及更高位所有数字，再求余 10 获得 a 的百位。因此选项 B 正确。

【答案】B

2.2　选择结构

选择结构部分的知识点如图 2.3 所示。

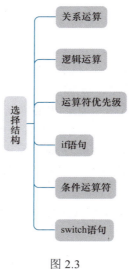

图 2.3

C++ 提供两类选择结构：if 选择结构和 switch 选择结构。

2.2.1 关系运算

1. 关系运算符

C++ 提供了 6 种关系运算符，用于比较数值之间的大小关系，见表 2.7。

表 2.7

运算符	含义
<	小于
<=	小于等于
>	大于
>=	大于等于
==	等于
!=	不等于

2. 关系表达式

用关系运算符将两个数值或数值表达式连接起来，所得到的式子称为关系表达式。

【示例】下面都是合法的关系表达式：

（1） b>a

（2） (a+b)! = (c+d)

（3） 'a'<'c'

（4） (a = 3)>(b = 5)

在 C++ 中，关系表达式的结果是 bool 类型的，若关系表达式成立，则结果为真（true）；若不成立，则结果为假（false）。

2.2.2 逻辑运算

1. 逻辑运算符

有时,对于需要判断的情况,我们并不能直接用一个简单表达式列出,例如想要判断"整型变量a是否为3～15内的整数",就需要判断"a≥3"和"a≤15"是否同时成立,这在逻辑上是一种与(AND)的关系。又如,想要判断"整型变量a是否不在5到12范围内",就需要判断"a<5"或者"a>12"是否至少有一个成立,这在逻辑上是一种或(OR)的关系。除此之外,有时我们还想要判断某个条件是否不成立,即当该条件成立时,对应的结果是假(false);而当该条件不成立时,对应的结果是真(true),这在逻辑上是一种非(NOT)的关系。

C++ 提供了3种逻辑运算符,用于解释上述的逻辑关系,它们分别是逻辑与&&、逻辑或||和逻辑非!,见表2.8。

表 2.8

运算符	含义	举例	说明
&&	逻辑与(AND)	a&&b	如果a和b都为真,则结果为真;否则,结果为假
||	逻辑或(OR)	a||b	如果a和b至少有一个为真,则结果为真;否则,结果为假
!	逻辑非(NOT)	!a	如果a为真,则!a为假;如果a为假,则!a为真

"&&"和"||"是双目运算符,要求有两个运算对象或操作数,例如,(a>3)&&(b<5),(a<b)||(c<d)。"!"是单目运算符,只要求有一个运算对象,如 !(a == b)。

表2.9所示为逻辑运算的真值表,展示了当a和b的值为不同组合时各种逻辑运算的结果。

表 2.9

a	b	!a	!b	a&&b	a||b
真	真	假	假	真	真
真	假	假	真	假	真
假	真	真	假	假	真
假	假	真	真	假	假

2. 逻辑表达式

由逻辑运算符结合操作数组成的表达式称作逻辑表达式。在C++中,逻辑表达式的结果是bool类型的,若逻辑表达式成立,则结果为真(true);若不成立,则结果为假(false)。

逻辑运算符结合的操作数可以是非bool类型的,逻辑表达式将任何非零值都视为真,将0视为假。

例如,若 a = 5,则 !a 的值为假,因为a是一个非零值,视为真,对其进行非运算,得到的结果为假;若 a = 5,b = 8,则 a&&b 的结果为真,因为a和b均为非零值,在逻辑上均为真,所以表达式 a&&b 等价于 true && true,结果为 true。

2.2.3 运算符优先级

C++ 在执行算术运算时,遵循"先乘除,后加减"的运算法则,这是因为 C++ 中的运算符有优先级顺序,当表达式中的两个运算符具有不同的优先级时,优先级较高的运算符所连接的内容将会优先执行。

算术运算符、关系运算符和逻辑运算符之间的优先级大小关系见表 2.10,其中优先级数字越小的,表示优先级越高。对于相同优先级的运算符,算术运算符、关系运算符和逻辑与、逻辑或运算符遵从由左至右结合的规则,逻辑非遵从由右至左结合的规则。

表 2.10

优先级	运算符
1	逻辑非(!)
2	乘(*)、除(/)、求余(%)
3	加(+)、减(-)
4	关系运算符(<、<=、>、>=、==、!=)
5	逻辑与(&&)
6	逻辑或(||)

根据优先级,计算表达式 3>2 || 4==1 && 5<2 的结果时,首先会执行其中的 3 个关系运算,3>2 的结果为 true,4==1 的结果为 false,5<2 的结果为 false,所以该表达式等价于 true || false && false,而 && 的优先级高于 ||,所以会先计算后面的 false && false,结果为 false,最后计算 true || false,得到整个表达式的结果为 true。

小括号的优先级高于所有算术运算符、关系运算符及逻辑运算符,因此适当地在表达式中添加小括号,不仅可以让表达式看起来更加清晰,也可以改变运算符之间的运算顺序。例如,表达式 2>=3&&4 的结果是 false,而 2>=(3&&4) 的结果是 true。因为默认情况下 >= 运算符的优先级高于 && 运算符,所以会先计算 2>=3,结果是 false,再与 4 进行逻辑与运算,结果是 false,而对 3&&4 加上小括号之后,则会优先计算 3&&4,结果是 true,再与 2 进行关系运算,结果是 true。

2.2.4 if 语句

在 C++ 程序设计中,我们经常需要根据是否满足某个条件来决定是否执行指定的操作,或者从给定的两种或多种操作中选择一些操作执行。这就是选择结构(或称分支结构)要解决的问题。

if 语句是常见的分支结构语句,其一般格式如下:

```
if (表达式)
    语句1
```

if 语句中的"表达式"可以是关系表达式、逻辑表达式甚至数值表达式。只要表达式的结果非 0,则视为真,即会执行"语句 1";否则跳过语句 1,执行后面的语句。例如,当变量 a 等于 5 时,下面的 if 语句会输出"hello"。

```
if (a > 3)
    cout << "hello";
```

if…else 语句也是分支结构语句，其一般格式如下：

```
if (表达式)
    语句1
else
    语句2
```

如果表达式的结果非 0，则视为"真"，即会执行"语句 1"；否则执行"语句 2"。例如，下面的 if 语句会在变量 a 和 b 相等时输出"nihao"，而在它们不相等时输出"hetao"。

```
if (a == b)
    cout << "nihao";
else
    cout << "hetao";
```

还有一种多层嵌套的 if 语句，其格式如下：

```
if (表达式1)
    语句1
else if (表达式2)
    语句2
else if (表达式3)
    语句3
...
else if (表达式n)
    语句n
else
    语句n+1
```

程序会依次判断每一个表达式的结果是否为 1，一旦为 1，将会执行所对应的语句。如果所有表达式的结果都是 0，会执行最后 else 里面的"语句 n+1"。例如：

```
if (score >= 90)
    cout << "优秀";
else if (score >= 80)
    cout << "良好";
else if (score >= 70)
    cout << "中等";
else if (score >= 60)
    cout << "及格";
else
    cout << "不及格";
```

上面的代码块会根据 score 的值进行判断，并输出对应的结果。若 score ≥ 90，则会输出"优秀"；若 score ≥ 80（80 ≤ score < 90），则会输出"良好"；若 score ≥ 70（70 ≤ score < 80），则会输出"中等"；若 score ≥ 60（60 ≤ score < 70），则会输出"及格"；若 score < 60，则会输出"不及格"。

2.2.5 条件运算符

C++ 提供了条件运算符（?:）用于特定情景下的条件判断。条件运算符是 C++ 中唯一的三目运算符，由条件运算符结合操作数组成的表达式称作条件表达式。条件表达式的一般格式如下：

```
表达式1 ? 表达式2 : 表达式3;
```

它会先计算"表达式 1"的值，若"表达式 1"的值为"真"，则返回"表达式 2"的值；否则返回"表达式 3"的值。因此，条件运算符也等价于 if…else 语句。例如，

```
c = (a > b) ? a : b;
```

等价于如下语句：

```
if (a > b)
    c = a;
else
    c = b;
```

2.2.6　switch 语句

switch 语句是多分支选择语句，可用于实现多个条件分支的选择。其一般格式如下：

```
switch (表达式)
{
    case常量1: 语句;break;
    case常量2: 语句;break;
    ...
    case常量n: 语句;break;
    default: 语句;break;
}
```

其中，"表达式"的值应为整数或字符类型。

switch 语句下方大括号包含的是复合语句。该复合语句包括若干语句，它是 switch 语句的语句体。语句体包含多个以 case 开头的语句行和一个以 default 开头的语句行。case 后面跟一个常量或常量表达式，例如 case 3，它们和 default 都是用来标记位置的标号。标号之间的相对位置可以改变，default 标号也可以出现在 case 标号的前面。

执行 switch 语句时，先计算表达式的值，然后跳转到第一个与 case 标记的常量相同的位置开始执行，直至遇到 break 为止。如果没有与"表达式"的值相同的 case 常量，则跳转到 default 标号后面的语句执行。例如：

```
switch (a)
{
    case 1: cout << 1 << endl;
    case 2: cout << 2 << endl;
    case 3: cout << 3 << endl; break;
    case 4: cout << 4 << endl;
    case 5: cout << 5 << endl;
    case 6: cout << 6 << endl;
    default: cout << 7 << endl;break;
}
```

当 a 等于 2 时，上述 switch 语句会输出：

```
2
3
```

而当 a 等于 5 时，上述 switch 语句会输出：

```
5
6
7
```

case 子句若包含多个语句，可以不用大括号括起来，这样就会按顺序执行该 case 标号后面的所有语句，多个 case 标号可以共用一组执行语句。例如：

```
switch (a)
{
    case 1:
    case 2:
    case 3:
        cout << "nihao"; break;
    case 4:
    case 5:
    case 6:
        cout << "hetao"; break;
    default:
        cout << "hello";break;
}
```

上述语句在 a 等于 1、2 或 3 时会输出"nihao"，在 a 等于 4、5 或 6 时会输出"hetao"，在其他情况下输出"hello"。

2.2.7 真题解析

【2020 年第 3 题】设 x = true, y = true, z = false，以下逻辑运算表达式值为真的是（　　）。

A．(y ∨ z) ∧ x ∧ z　　　　　　　　B．x ∧ (z ∨ y) ∧ z
C．(x ∧ y) ∧ z　　　　　　　　　　D．(x ∧ y) ∨ (z ∨ x)

【解析】"∧"和"∨"是离散数学中的"逻辑与"和"逻辑或"符号，选项 A、选项 B 和选项 C 中的表达式最后都跟 z 做"逻辑与"运算，而 z = false，因此这 3 个选项的表达式值为假，故选 D。

【答案】D

2.2.8 习题

1. 表达式 1+2>= 3 ? 2*2 : 3+6 的结果是（　　）。

　　A．1　　　　　　B．0　　　　　　C．4　　　　　　D．9

【解析】C++ 中的条件运算符（? :）的一般形式为 <表达式 1> ? <表达式 2> : <表达式 3>，若表达式 1 为真，则返回表达式 2 的值作为整个条件表达式的值。若表达式 1 为假，则返回表达式 3 的值。本题中，条件 1+2>= 3 为真，所以返回 2*2 的结果，即 4。

【答案】C

2. 以下哪个 C++ 表达式不能正确判断"a、b、c 均不为 0"？（　　）

　　A．a! = 0&&b! = 0&&c! = 0　　　　　　B．!(a == 0)&&!(b == 0)&&!(c == 0)
　　C．!(a == 0&&b == 0&&c == 0)　　　　D．!(a == 0)&&!(b == 0||c == 0)

【解析】选项 C 在变量 a、b、c 中有一个不为 0 时即返回 true。

【答案】C

3. 设 x = true, y = false, z = true，以下逻辑运算表达式值为真的是（　　）。
   A. (x ∧ y) ∨ (y ∧ z)
   B. (x ∨ y) ∧ y ∧ (y ∨ z)
   C. (x ∨ y) ∧ (y ∨ z)
   D. (x ∧ y ∧ z) ∨ (x ∧ y)

【解析】因为 y 是 false，所以 y 做逻辑与运算时结果也是 false，可以直接确定选项 B 的结果为假，选项 A 和选项 D 都等同于 false ∨ false，结果也都是假，只有选项 C 的结果为真。

【答案】C

4. 下列代码段对应的输出结果是（　　）。

```
int a = 1, b = 2, c = 3;
if (a >= b)
    cout << "HE";
if (b >= c)
    cout << "TAO";
if (c >= a)
    cout << "101";
```

A. HE　　　　B. TAO　　　　C. 101　　　　D. 什么都不会输出

【解析】代码段中只有表达式"c >= a"成立，所以会输出"101"。

【答案】C

5. 下列代码段对应的输出结果是（　　）。

```
int a = 3;
switch (a)
{
    case 1:
    case 2:
        cout << "HE";
        break;
    case 3:
    case 4:
        cout << "TAO";
    case 5:
    case 6:
        cout << "101";
        break;
    default:
        cout << "GOOD";
}
```

A. TAO
B. TAO101
C. TAO101GOOD
D. HETAO101GOOD

【解析】switch 语句会跳到满足条件的 case 处一直往下运行，直到语句结束或遇到 break，本代码段会从 case 3 开始一直执行到 default 前的 break，所以输出"TAO101"。

【答案】B

2.3　循环结构

在 C++ 程序设计中，往往需要重复处理一些相同或相似的问题。

【示例】

（1）输出 100 遍 "hetao101"；

（2）输入 50 个整数并输出它们的最大值；
（3）输出 1～100 的所有整数；
……

解决这类问题需要用到循环结构，C++ 中的 while 语句、do…while 语句、for 语句等都是循环结构。循环结构的知识点如图 2.4 所示。

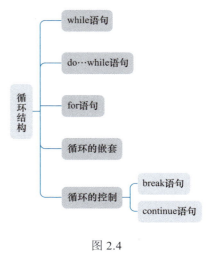

图 2.4

2.3.1　while 语句

while 语句的一般格式如下：

```
while (表达式)
    语句
```

其中，"表达式"又称作循环条件表达式，用于控制循环的次数；"语句"又称作循环体，可以是一个简单的语句，也可以是一个用大括号括起来的复合语句。while 语句会先判断"表达式"是否成立，若成立（即结果为真），则会执行"语句"，执行完"语句"之后再次判断"表达式"是否成立。若"表达式"仍然成立，则重复执行"语句"；若"表达式"不成立（即结果为假），则不执行"语句"，循环结束。例如，下面的程序用于计算并输出 1+2+3+…+100 的值：

```
int i = 1, sum = 0;
while (i <= 100)
{
    sum=sum+i;
    i++;
}
cout << sum << endl;
```

初始时 i 的值为 1，sum 的值为 0，然后会在 i≤100 时循环执行 sum = sum+i; 和 i++; 操作，在 i 从 1 增加到 100 的过程中，sum 都将加上 i 的值，即实现了 sum 依次加上 1,2,…,100。在最后一次循环时，i 的值为 100，sum 加上 i 之后，执行 i++; 操作，i 的值变为 101，不再满足 i≤100 的条件，循环结束，此时 sum 记录的就是 1+2+…+100 的值。

2.3.2　do…while 语句

do…while 语句的一般格式如下：

```
do
    语句
while(表达式);
```

程序遇到 do…while 语句时，会先执行"语句"，然后判断"表达式"是否成立，如果成立，则继续执行"语句"并再次判断"表达式"是否成立，直到"表达式"不成立才退出循环。例如，下面的程序使用 do…while 语句降序输出 10,9,…,1：

```
int n = 10;
do
```

```
{
    cout << n << endl;
    n--;
} while (n > 0);
```

其中，整型变量 n 的初始值为 10，然后 do…while 语句会先输出 n 的值 10，接着将 n 的值减去 1，n 变成 9，再判断 n > 0 是否成立。因为 9 > 0 成立，所以程序继续执行，输出 n 的值 9，再将 n 的值减去 1，n 变成 8，……，直到 n 的值变为 1，然后程序会输出 1，最后 n 的值减去 1 变为 0，此时判断条件 n > 0 不成立，退出循环。

下面两段代码分别使用 while 语句和 do…while 语句实现输出 1 至 10。

while 语句：

```
int i = 1;
while (i <= 10)
{
    cout << i << endl;
    i++;
}
```

do…while 语句：

```
int i = 1;
do
{
    cout << i << endl;
    i++;
} while (i <= 10);
```

可以发现，在结构上，只需要将 while 语句的 while（表达式）部分移动到"语句"后并加上分号，同时在原先 while（表达式）的位置填上一个 do，即对应 do…while 语句。while 语句和 do…while 语句的执行过程对比如下。

- while 语句：判断（成立）→执行→判断（成立）→执行→……→判断（成立）→执行→判断（不成立）→退出循环。
- do…while 语句：执行→判断（成立）→执行→……→判断（成立）→执行→判断（不成立）→退出循环。

do…while 语句和 while 语句只有一个区别，那就是 do…while 语句在第一次"执行"前不需要"判断"。因此，对于相同的循环条件表达式，只有当循环条件表达式在初始条件就不成立（为假）的时候，两种语句才会有不同的结果——while 语句不执行，而 do…while 语句会执行一次；而当表达式在初始条件下为真时，两种循环语句得到的结果相同。

2.3.3 for 语句

for 语句的一般格式如下：

```
for(表达式1;表达式2;表达式3)
    语句
```

其中的"语句"即循环体，表示每次循环中要执行的操作。在 for 后面的小括号中，两个分号将其中的内容分成了 3 个表达式。

（1）表达式 1 用于设置循环执行前的初始操作，只执行一次，经常用于给一个或多个循环变量赋初值。

（2）表达式 2 是循环条件表达式，用于判定是否继续循环，在每次执行循环体前先执行该表达式，并根据该表达式的结果确定是否继续循环。

（3）表达式 3 作为循环的调整，它会在每次执行完循环体中的内容后执行一次，经常用于更新循环变量的值。

for 语句的执行过程：表达式 1 → 表达式 2（成立）→ 语句 → 表达式 3 → 表达式 2（成立）→ 语句 → 表达式 3 → …… → 表达式 2（成立）→ 语句 → 表达式 3 → 表达式 2（不成立）→ 退出循环。

在 C++ 程序中，常用的 for 语句形式如下：

```
for(定义循环变量并赋初值;循环条件;循环变量增值)
    语句
```

例如，下面的 for 语句将会循环输出 1 到 10：

```
for(int i = 1; i <= 10; i++)
    cout << i << endl;
```

特别地，for 语句的循环条件表达式可以为空。一个空的表达式作为 for 语句的循环条件等价于真（true）。例如，下面的代码段将会不停地输出"hetao101"：

```
for (;;)
    cout << "hetao101";
```

可以将 for 语句视为 while 语句的一个"变种"，任何一个 while 语句都可以改写成一个 for 语句，只需要将 while 语句中的 while(表达式) 变成 for(; 表达式 ;) 即可。例如，下面两个语句等价（都是输出 1 到 10）：

```
int i = 1;
while (i <= 10)
{
    cout << i << endl;
    i++;
}

int i = 1;
for (;i <= 10;)
{
    cout << i << endl;
    i++;
}
```

考虑到很多循环语句都会进行一些初始化操作，例如这里的 int i = 1; 操作，并且每一次执行循环体的最后都会执行一些调整操作，例如这里的 i++; 操作，因此可以考虑将初始化操作放到 for(; 表达式 ;) 的第一个分号前，将调整操作放到 for(; 表达式 ;) 的第二个分号后，调整后的代码段如下：

```
for (int i = 1; i <= 10; i++)
{
    cout << i << endl;
}
```

2.3.4 循环的嵌套

若一个循环体又包含另一个完整的循环结构，则将其称作循环的嵌套。内嵌的循环语句还可以继续嵌套循环，这就是多重循环。while 循环、do…while 循环、for 循环之间可以互相嵌套。

例如，下面的程序用于输出九九乘法表：

```
for (int i = 1; i <= 9; i++)
{
    for (int j = 1; j <= i; j++)
        cout << i << "*" << j << "=" << i*j << " ";
    cout << endl;
}
```

该段代码演示了一个 for 循环里嵌套一个 for 循环的循环嵌套语句，对应的输出结果如下：

```
1*1=1
2*1=2  2*2=4
3*1=3  3*2=6  3*3=9
4*1=4  4*2=8  4*3=12  4*4=16
5*1=5  5*2=10  5*3=15  5*4=20  5*5=25
6*1=6  6*2=12  6*3=18  6*4=24  6*5=30  6*6=36
7*1=7  7*2=14  7*3=21  7*4=28  7*5=35  7*6=42  7*7=49
8*1=8  8*2=16  8*3=24  8*4=32  8*5=40  8*6=48  8*7=56  8*8=64
9*1=9  9*2=18  9*3=27  9*4=36  9*5=45  9*6=54  9*7=63  9*8=72  9*9=81
```

2.3.5 循环的控制

在循环结构中，有时需要提前结束循环，或者忽略本次循环的后续语句而去执行下一次循环。为此，C++ 提供了 break 语句和 continue 语句。

1. break 语句

break 语句用于提前终止循环。在介绍 switch 语句时，我们接触过 break 语句，使用 break 语句可使流程跳出 switch 结构。实际上，break 语句还可用于循环语句。在循环体中执行 break 语句，就会跳出循环体，执行循环结构后面的语句。

例如，下面的语句用于求解满足"除以 5 余 1，且除以 7 余 2，且除以 9 余 3"的最小正整数：

```
for (int i = 1;; i++)
{
    if (i%5 == 1 && i%7 == 2 && i%9 == 3)
    {
        cout << i << endl;
        break;
    }
}
```

循环变量 i 从 1 开始一直递增，直到它的值满足"除以 5 余 1，且除以 7 余 2，且除以 9 余 3"的条件，程序则输出 i，接下来执行 break 语句跳出循环。

2. continue 语句

continue 语句用于提前结束本次循环。在循环语句中，有时并不希望终止整个循环的操作，而只希望提前结束本次循环，接着执行下次循环，此时可以使用 continue 语句。在循环体中运行 continue 语句时，就会忽略本次循环的后续语句而去执行下一次循环。

例如，下面的语句将会输出所有不超过 100 的正整数中不能被 7 整除的数：

```
for (int i = 1; i <= 100; i++)
{
    if (i % 7 == 0)
        continue;
    cout << i << endl;
}
```

在循环的过程中，对于循环变量 i 来说，若满足"i％7＝＝0"的条件，则执行 continue 语句结束本次循环，便不会执行下面的 cout 操作。

2.3.6 真题解析

1. 【2019 年第 4 题】若有如下代码段，其中 s、a、b、c 均已定义为整型变量，且 a 和 c 均已赋值（c 大于 0）。

    ```
    s = a;
    for (b = 1; b <= c; b++) s = s - 1;
    ```

    则与上述代码段功能等价的赋值语句是（　　）。
    A．s = a－c;　　　　B．s = a－b;　　　　C．s = s－c;　　　　D．s = b－c;

【解析】s 的初值是 a，for 循环的次数是 c，每次将 s 的值减 1，一共减去了 c 次，等同于直接将 a 减 c 赋值给 s，因此选项 A 正确。注意，选项 C 作为赋值语句时，变量 s 的初值未知，故错误。

【答案】A

2. 【2024 年第 7 题】以下哪个不是 C++ 中的循环语句？（　　）
    A．for　　　　　　B．while　　　　　　C．do…while　　　　D．repeat…until

【解析】repeat…until 是 Pascal、Lua 等语言中的直到循环语句，不为 C++ 所支持。

【答案】D

2.3.7 习题

1. 若有如下代码段，其中 s、a、b、c 均已定义为整型变量，且 b 和 c 均已赋值。

    ```
    s = c;
    for (a = b; a <= c; a++)
        s = s + 1;
    ```

    则与上述代码段功能等价的赋值语句是（　　）。
    A．s = 2 * c;　　　　　　　　　　　　B．s = b + c;
    C．s = 2 * c－b－1;　　　　　　　　D．s = 2 * c－b + 1;

【解析】初始时 s 赋值为 c，循环共执行了 c-b+1 次加 1 操作，所以上述代码段等价于 s = 2 * c–b+1;。

【答案】D

2. 下列代码段的输出结果是（　　）。

```
int a = 1, b = 3, c = 0;
while (a <= b)
{
    a += 2;
    b += 1;
    c += a + b;
}
cout << c << endl;
```

  A．20　　　　　　　B．25　　　　　　　C．30　　　　　　　D．35

【解析】循环共执行了 3 次，每一次循环结束时，a、b、c 的值分别对应为 3,4,7、5,5,17 和 7,6,30。

【答案】C

3. 下列代码段的输出结果是（　　）。

```
int a = 1, b = 0;
do
{
    a ++;
    b ++;
    if (a % 2 == 0 || a % 3 == 0)
        a ++;
} while (a <= 10);
cout << b << endl;
```

  A．4　　　　　　　B．5　　　　　　　C．7　　　　　　　D．8

【解析】循环共执行了 5 次，每一次循环结束时，a、b 的值分别对应为 3 和 1、5 和 2、7 和 3、9 和 4、11 和 5。

【答案】B

4. 下列代码段的输出结果是（　　）。

```
int a = 3, b = 15, c = 0;
for (int i = a; i < b; i++)
    c += i;
cout << c << endl;
```

  A．88　　　　　　　B．95　　　　　　　C．102　　　　　　　D．115

【解析】该 for 语句计算 3+4+…+14 的值，结果是 102。

【答案】C

5. 下列说法中正确的是（　　）。

  A．continue 语句的作用是结束整个循环的执行

  B．break 语句的作用是跳过当前这一次循环

  C．只能在循环体内和 switch 语句体内使用 break 语句

  D．在循环体内使用 break 语句或 continue 语句的作用相同

【解析】continue 语句的作用是跳过当前这一次循环，break 语句的作用是结束当前所在整个循环的执行。

【答案】C

2.4 数组

在 C++ 程序设计中，往往需要处理大量相同类型的数据，比如输入 100 个整数，再按倒序输出这 100 个整数。如果定义 100 个整型变量来保存这些数据，会在定义变量名时产生困扰，使用这些变量的时候也容易出错。C++ 提供了数组用于保存具有相同类型的有序数据集合，可以有效处理大数据量的问题。数组部分的知识点包括一维数组和二维数组，如图 2.5 所示。

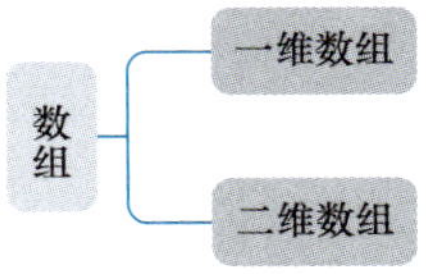

图 2.5

2.4.1 一维数组

一维数组的一般格式如下：

类型标识符 数组名[常量表达式];

其中，类型标识符可以是任何已有的数据类型，数组名的命名规则与变量的命名规则相同，常量表达式的值即为数组的大小，也就是所包含的元素个数，数组中的元素在内存中是连续存储的。

例如，下面的代码定义了一个 int 类型的大小为 10 的数组 a：

```
int a[10];
```

定义好一维数组之后，我们就可以获取数组中的任意元素了。一维数组元素的一般格式如下：

数组名[下标]

"下标"可以是一个整型常量或一个整型表达式。需要注意的是，C++ 中的数组下标是从 0 开始的，例如上面的数组 a 对应的数组元素分别为 a[0],a[1],…,a[9]。数组元素的使用方式和变量相同。例如，下面的代码段向数组输入了 10 个整数，再按倒序将其输出：

```
int a[10];
for (int i = 0; i < 10; i++)
    cin >> a[i];              // 依次输入a[0],a[1],…,a[9]
for (int i = 9; i >= 0; i--)
    cout << a[i] << " ";      // 依次输出a[9],a[8],…,a[0]
```

要使程序简洁，可以在定义数组的同时给每个数组元素赋初值，这称作数组的初始化，其一般格式如下：

类型标识符 数组名[常量表达式] = {初始化列表};

其中，"初始化列表"是若干个常量或表达式的组合，以逗号分隔。如下面的代码所示，在定义数组 a 的同时，将 a[0] 赋值为 0，将 a[1] 赋值为 1，……，将 a[9] 赋值为 9。

```
int a[10] = {0,1,2,3,4,5,6,7,8,9};
```

除了给数组中所有元素赋值，还可以只给数组中的一部分元素赋值，例如：

```
int a[10] = {0,1,2,3,4};
```

定义数组 a 有 10 个元素，但是大括号内只有 5 个初值，这表示只给前面 5 个元素（a[0] ～ a[4]）依次赋值为 0 ～ 4，然后系统将自动给后 5 个元素赋初值为 0。

因此，如果想给一个数组的元素全部赋初值为 0，可以写成：

```
int a[10] = {0,0,0,0,0,0,0,0,0,0};
```

或者

```
int a[10] = {0};           //未赋值的部分元素自动设定为0
```

还可以更简单一些：

```
int a[10] = {};            //所有元素都自动设定为0
```

如果对全部元素赋初值，则数组大小可以不指定，此时定义的数组大小即为初始化列表中的元素个数。例如，下面的代码段相当于定义了一个大小为 10 的 int 类型数组 a：

```
int a[] = {0,1,2,3,4,5,6,7,8,9};
```

2.4.2 二维数组

二维数组可以看作以长度相同的数组作为元素的一维数组。二维数组的一般格式如下：

类型标识符　数组名[常量表达式1][常量表达式2]；

其中，"常量表达式 1"的值表示第一维的大小，"常量表达式 2"的值表示第二维的大小。"常量表达式 1"与"常量表达式 2"的乘积就是该二维数组的大小，即其包含的元素个数。可以把一个二维数组看作一个二维表格，其中第一个维度的下标对应表格的行，第二个维度的下标对应表格的列，二维数组两个维度的下标也都是从 0 开始的。定义二维数组元素的一般格式如下：

类型标识符　数组名[下标1][下标2]

例如：

```
int a[3][5];
```

相当于定义了一个 3 行 5 列的二维表格，其数组元素对应如下：

```
a[0][0]  a[0][1]  a[0][2]  a[0][3]  a[0][4]
a[1][0]  a[1][1]  a[1][2]  a[1][3]  a[1][4]
a[2][0]  a[2][1]  a[2][2]  a[2][3]  a[2][4]
```

二维数组元素在内存空间中的存储是按行连续排列的，例如，对于上面的数组 a，其元素在内存中的排列顺序依次为 a[0][0],a[0][1],a[0][2],a[0][3],a[0][4],a[1][0],a[1][1],…,a[2][4]。

定义二维数组的同时可以按行给每个数组元素赋初值，例如：

```
int a[3][4]={{1,2,3,4},{5,6,7,8},{9,10,11,12}};
```

这种赋值方式比较直观，就是将第一个大括号内的元素依次赋值给第一行 a[0] 的 4 个元素，即 a[0][0] ～ a[0][3]；将第二个大括号内的元素依次赋值给第二行 a[1] 的 4 个元素，即 a[1][0] ～ a[1][3]；将第三个大括号内的元素依次赋值给第三行 a[2] 的 4 个元素，即 a[2][0]~a[2][3]。

也可以将所有元素写在一个大括号内，按数组元素在内存中的排列顺序对各元素赋初值。例如：

```
int a[3][4]={1,2,3,4,5,6,7,8,9,10,11,12};
```

其效果与前面的方式相同。

与一维数组类似，也可以对二维数组中的部分元素赋初值，例如：

```
int a[3][4] = {{1},{5},{9}};
```

这相当于将每一行的第 1 个元素进行了赋初值操作，其余元素的值自动为 0。赋初值后数组各元素的值如下：

```
1    0    0    0
5    0    0    0
9    0    0    0
```

如果对全部元素赋初值，则定义数组时对第一维的元素数量可以不用指定，但第二维的元素数量不能省略。例如：

```
int a[3][4]={1,2,3,4,5,6,7,8,9,10,11,12};
```

与下面的定义等价：

```
int a[][4]={1,2,3,4,5,6,7,8,9,10,11,12};
```

系统会根据数组元素总个数和第二维的元素数量算出第一维的长度。本例中，数组共有 12 个元素，每行 4 列，显然第一维的元素数量是 3。

2.4.3 习题

1. 已知一个数组 a 的定义及数据产生方式如下面的代码段所示，则下列 4 个选项中哪个元素的数值最大？（　　）

    ```
    int a[10];
    a[0] = 1;
    for (int i = 1; i < 10; i++)
        a[i] = (a[i-1] * 3 + 1) % 7;
    ```

    A．a[0]　　　　　　B．a[2]　　　　　　C．a[5]　　　　　　D．a[7]

    【解析】for 循环执行完后，数组 a 前 8 个元素的值分别是 1、4、6、5、2、0、1、4，其中 a[0] = 1, a[2] = 6, a[5] = 0, a[7] = 4, a[2] 最大。

    【答案】B

2. 下列代码段的输出结果是（　　）。

    ```
    int a[10];
    double b[20];
    cout << sizeof(b) - sizeof(a) << endl;
    ```

    A．10　　　　　　　B．40　　　　　　　C．60　　　　　　　D．120

【解析】sizeof() 函数返回类型或变量的存储大小（即占用的字节数），一个 int 类型占 4 字节，一个 double 类型占 8 字节，因此 sizeof(b) - sizeof(a) = 8 × 20 - 4 × 10 = 120。

【答案】D

3. 某个整型二维数组 a 在内存中存放形式如图 2.6 所示，我们可以获知整数 0 存放在 a[0][3] 中，那么下列数组元素中存放整数最大的是（　　）。

3	2	1	0	5	9	6
2	7	8	1	3	5	2
2	8	6	1	2	3	7
3	2	5	2	3	4	5
2	1	3	2	4	2	3

图 2.6

A．a[1][1] B．a[1][6]
C．a[2][1] D．a[3][5]

【解析】a[1][1] = 7, a[1][6] = 2, a[2][1] = 8, a[3][5] = 4。

【答案】C

4. 下列代码段的输出结果是（　　）。

```
int a[10] = { 1, 2, 3, 4, 5, 6, 7, 8, 9, 10 };
for (int i = 0, j = 9; i < j; i++, j--)
{
    int t = a[i];
    a[i] = a[j];
    a[j] = t;
}
for (int i = 0; i < 10; i++)
    cout << a[i] << " ";
```

A．1 2 3 4 5 6 7 8 9 10 B．10 9 8 7 6 5 4 3 2 1
C．1 3 5 7 9 2 4 6 8 10 D．1 3 5 7 9 10 8 6 4 2

【解析】上述代码段的功能相当于翻转了数组 a 中的所有元素。

【答案】B

5. 下列代码段的输出结果是（　　）。

```
int a[5] = { 1, 0, 1, 0, 1 };
for (int i = 1; i < 5; i++)
    a[i] += a[i-1];
for (int i = 3; i >= 0; i--)
    a[i] += a[i+1];
cout << a[0] << endl;
```

A．3 B．5 C．6 D．9

【解析】第一轮循环结束时，数组 a 中的元素依次为 1,1,2,2,3；第二轮循环结束时，数组 a 中的元素依次为 9,8,7,5,3。

【答案】D

2.5 字符串操作

字符串操作的知识点如图 2.7 所示。

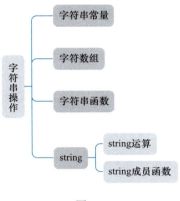

图 2.7

2.5.1 字符串常量

字符串常量是用双引号括起来的 0 个或多个字符组成的序列。例如，"hetao101" 就是一个典型的字符串常量，可以看成由 8 个字符 'h'、'e'、't'、'a'、'o'、'1'、'0'、'1' 拼接而成。

2.5.2 字符数组

字符数组是用来存储字符数据的数组，其中由 0 个或多个字符组成的有限序列称作字符串。我们可以通过如下方式在代码中定义一个大小为 10 的字符数组 s，并把它的初值赋为字符串常量 "hetao"：

```
char s[10] = "hetao";
```

这相当于定义了一个大小为 10 的 char 类型数组 s 并将 s[0] ~ s[5] 分别赋值为 'h'、'e'、't'、'a'、'o'、'\0'，剩余的位置自动补零。其中，\0 是一个自动添加的转义字符，表示空字符（ASCII 码为 0 的字符），作为字符串的结束标志。

字符数组有多种输入方式，例如：

```
scanf("%s", s);          // 格式化输入
cin >> s;                // 流式输入
cin.getline(s, 10);      // 整行输入
```

其中，cin.getline() 函数的第二个参数指定了输入字符串的最大长度。相应地，字符数组也有多种输出方式：

```
printf("%s", s);         // 格式化输出
cout << s;               // 流式输出
puts(s);                 // 整行输出
```

2.5.3 字符串函数

虽然字符数组可以用来存储字符串，但是其功能受到数组性质的约束，导致我们不能像使用一般类型变量那样使用字符数组，例如，字符串除了定义时可以使用"="进行赋值，其他时候并不能使用"="对其进行直接赋值操作。不过，cstring 头文件提供了大量与字符串处理有关的函数，只需要在程序开头引入 cstring 头文件，即可使用这些函数。

```
#include <cstring>
```

cstring 库中有大量的字符串处理函数和内存处理函数，下面我们列举一些常用的函数及其用法。

（1）strlen(s)：获取字符串长度

strlen(s) 函数会返回字符串 s 的长度。需要注意的是，字符串 s 的长度为从 s[0] 开始连续的一段非空字符的长度，而非 s 实际占用的空间。

```
char s[10] = "hetao";
cout << strlen(s);        // 输出 5
char t[10] = "hetao\0abc";
cout << strlen(t);        // 输出 5
```

（2）strcpy(s, t)：复制字符串

strcpy(s,t) 函数会将字符串 t 的内容复制给字符串 s。

```
char a[10], b[10] = "hetao";
strcpy(a, b);             // a 变为 "hetao"
strcpy(b, "hello");       // b 变为 "hello"
cout << a << endl;        // 输出 hetao
cout << b << endl;        // 输出 hello
```

（3）strncpy(s, t, n)：复制指定长度字符串

strncpy(s, t, n) 会将字符串 t 中前 n 个字符复制到 s 的前 n 个位置，即 s[0],s[1],…, s[n−1]。需要注意的是，该操作不会修改 s[n] 及后面的值。

```
char s[10] = "apple", t[10] = "banana";
strncpy(s, t, 3);         // t 的前 3 个字符 "ban" 会被复制到 s 的前 3 个位置
cout << s;                // 输出 banle
```

（4）strcat(s, t)：字符串拼接

strcat(s, t) 会将字符串 t 拼接到 s 的末尾。

```
char s[10] = "hetao", t[10] = "101";
strcat(s, t);             // 会在 s 末尾加上 t
cout << s;                // 输出 hetao101
```

（5）strcmp(s, t)：字典序比较

strcmp(s, t) 返回一个整数，表示字符串 s 和 t 的字典序比较结果。

在英文字典中，排列单词的顺序是先以第一个字母升序排列（按照 a、b、c、…、z 的顺序）；如果第一个字母相同，则以第二个字母升序排列，若第二个字母相同，则再去比较第三个字母，以此类推。如果比较到最后，发现两个单词不一样长（比如 app 和 apple），那么把短的单词排在前面。按照这种规则，我们可以确定每一个单词在字典中的先后顺序，

即字典序。

将字典序的概念推广至字符串，比较两个字符串 a 和 b 的字典序：先比较 a[0] 和 b[0] 的 ASCII 码，若不同，则 ASCII 码较小的字符所在字符串的字典序较小；若相同，则继续比较 a[1] 和 b[1]，以此类推。若比较到某一个字符串的末尾（比如 "hetao" 和 "hetao101"），则较短的字符串的字典序较小。

- 若字符串 a 的字典序小于字符串 b 的字典序，则 strcmp(a,b) 将返回一个负数（strcmp(a,b)<0）。
- 若字符串 a 的字典序大于字符串 b 的字典序，则 strcmp(a,b) 将返回一个正数（strcmp(a,b)>0）。
- 若字符串 a 的字典序等于字符串 b 的字典序（字符串 a 和 b 相等），则 strcmp(a,b) 将返回 0（strcmp(a,b)==0）。

下面的代码段用于输出两个字符串的字典序比较结果：

```
char a[10], b[10];
cin >> a >> b;   // 输入两个字符串
if (strcmp(a, b) < 0)
    cout << a << "的字典序小于" << b;
else if (strcmp(a, b) > 0)
    cout << a << "的字典序大于" << b;
else // strcmp(a, b) == 0
    cout << a << "等于" << b;
```

strcmp(s, t)==0 常用于判断字符串 s 和 t 是否相等。

（6）memset(s, a, n)：初始化函数

memset(s, a, n) 将从 s 开始的连续 n 字节的内存全都初始化为 a，常用于为新申请的内存做初始化工作。其常见的使用形式如下：

```
memset(s, 0, sizeof(s));
```

其中，s 为一个数组名，sizeof(s) 返回数组 s 在内存中占用的字节数。上述代码段的作用是将数组 s 占用的内存全都初始化为 0。值得注意的是，a 的值不能随意指定，一般为 0、−1、极大值或极小值。

2.5.4 string

string 是 C++ 中用于表示字符串的另一种形式，使用起来比字符数组要灵活很多。使用 string 时需要先引入 string 库：

```
#include <string>
```

直接通过如下语句定义一个 string 类型的字符串变量 s：

```
string s;
```

这里不需要为 s 指定具体的内存大小，string 类型变量会根据自身保存的数据大小动态调整内存空间。

可以在定义的时候使用赋值符号 "=" 给 string 赋初值，例如：

```
string s = "hetao";
```

除此之外，还有两种方式能在定义 string 时赋初值。

（1）string s(字符串)：定义 s 并将 s 赋值为括号中的字符串。例如：

```
string s("hetao");          //s为字符串"hetao"
```

（2）string s(个数 , 字符)：定义 s 并将 s 赋值为若干个相同字符的拼接。例如：

```
string s(5, 'A');           // s为字符串"AAAAA"
```

1. string 运算

除了赋值符号（=），我们也可以使用一些常见的运算符对 string 类型变量进行操作。例如，可以使用 s[i] 获得字符串 s 中下标为 i 的字符，string 中的下标是从 0 开始的，这一点和字符数组相同。

```
string s = "hetao";
cout << s[0] << s[3];    // 输出ha
```

可以使用 +、+= 操作实现字符串拼接：

```
string a = "abc", b = "hetao";
a = a + b;                  // a变为abchetao
b += a;                     // b变为hetaoabchetao
```

可以使用关系运算符（==、!=、>、<、>=、<=）来比较 string 的字典序大小。示例如下：

```
string a = "abc", b = "hetao";
if (a < b)
    cout << "yes";
```

string 可以和字符数组、字符串常量一起进行上述运算，例如下面代码段中的操作都是合法的：

```
string s = "abc";
char a[10] = "ab", b[10] = "ba";
s = a + s;                  // ababc
s += b;                     // ababcba
cout << s << endl;          // 输出ababcba
if (s < "hetao")
    cout << "yes" << endl;  // 输出yes
```

可以对 string 类型变量进行流式输入与输出：

```
string s;
cin >> s;                   // 输入字符串s
cout << s;                  // 输出字符串s
```

可以使用 getline(cin, s) 函数对字符串 s 进行整行输入。

string 类型默认不能进行格式化输出，但是我们可以通过调用其 c_str() 函数来实现格式化输出的效果。示例如下：

```
string s = "hetao";
printf("%s\n", s.c_str());  // 输出hetao
```

2. string 成员函数

除了 c_str()，string 类型还提供了很多成员函数。下面我们介绍其中一些常用的 string 类型成员函数。

（1）size() 或 length()：获取字符串长度

string 的成员函数 size() 或 length() 用于返回字符串的长度。示例如下：

```
string s = "hetao";
cout << s.size() << endl;   // 输出 5
cout << s.length() << endl; // 输出 5
```

（2）substr(a,b)：获取子串

string 的成员函数 substr(a, b) 用于返回字符串从下标 a 开始的连续 b 个字符组成的子串。示例如下：

```
string s = "abcdefghijk";
cout << s.substr(3, 5); // 输出 defgh
```

（3）insert(p, t)：插入字符串

string 的成员函数 insert(p, t) 用于在下标 p 位置插入一个字符串 t。示例如下：

```
string s = "hetao";
s.insert(2, "abc");
cout << s;         // 输出 heabctao
```

（4）erase(p, n)：删除字符串

string 的成员函数 erase(p, n) 用于删除下标 p 位置开始的连续 n 个字符。示例如下：

```
string s = "hetao";
s.erase(1, 2);
cout << s;         // 输出 hao
```

（5）replace(p, n, t)：替换字符串

string 的成员函数 replace(p, n, t) 用于将下标 p 位置开始的连续 n 个字符替换为字符串 t。示例如下：

```
string s = "hetao";
s.replace(2, 2, "ll");
cout << s;         // 输出 hello
```

（6）find(t)：查找子串

string 的成员函数 find(t) 用于查找子串 t 第一次出现的位置，若没有，则返回 string::npos。示例如下：

```
string s = "hetaoabcde";
cout << s.find("abc");   // 输出 5
```

2.5.5 真题解析

【2022 年第 14 题】一个字符串中任意个连续的字符组成的子序列称为该字符串的子串，则字符串 abcab 有（　　）个内容互不相同的子串。

A. 12　　　　　B. 13　　　　　C. 14　　　　　D. 15

【解析】子串有空串("")、a、b、c、ab、bc、ca、abc、bca、cab、abca、bcab、abcab，一共13个。
【答案】B

2.5.6 习题

1. 下列对 C++ 中字符数组的叙述中，正确的是（　　）。
   A．字符数组的字符可以整体输入、输出
   B．可以使用关系运算符比较两个字符数组存放字符串的字典序大小
   C．可以使用赋值符 "=" 对字符数组进行赋值
   D．若通过 char s[100]; 定义了一个字符数组 s，则可以通过 s.length() 获得 s 所保存字符串的长度

【解析】字符数组的字符可以整体输入、输出，选项 A 正确；字符数组的 strcmp() 函数用于比较字典序大小，不能直接通过关系运算符比较两个字符数组对应的字典序，选项 B 错误；strcpy() 函数用于复制字符串，字符数组除了在定义时可以使用 "=" 赋初值，其他情况下不能使用 "=" 进行字符串赋值操作，选项 C 错误；strlen() 函数用于返回字符串长度，而 s.length() 这种用法是针对 string 类型的，选项 D 错误。
【答案】A

2. 如果有语句 char a[] = "hetao", b[] = {'h', 'e', 't', 'a', 'o'}，则下列说法中正确的是（　　）。
   A．数组 a 占用的空间大于数组 b 占用的空间
   B．数组 a 占用的空间等于数组 b 占用的空间
   C．数组 a 占用的空间小于数组 b 占用的空间
   D．数组 a 和数组 b 两者等价

【解析】数组 a 的定义方式会在末尾加入一个 '\0' 字符，所以数组 a 占 6 字节，而数组 b 占 5 字节，选项 A 正确。
【答案】A

3. 下列代码段对应的输出结果是（　　）。

   ```
   char s[10] = "hetao101";
   s[5] = s[8];
   cout << s;
   ```

   A．"hetao"   B．"hetao101"
   C．"heta1101"   D．上述 3 个选项都不对

【解析】执行 s[5] = s[8] 后，字符数组变为 "hetao\001\0\0"，cout 会输出字符数组的内容，直至遇到第一个 '\0'，因此上述代码段的输出结果为 "hetao"。
【答案】A

4. 对于一个 string 类型的变量 s 来说，s.substr(3,5) 表示的含义是（　　）。
   A．从 s[3] 到 s[4] 组成的子串   B．从 s[3] 到 s[5] 组成的子串
   C．从 s[3] 开始长度为 5 的子串   D．由 s[3] 和 s[5] 组成的一个字符串

【解析】s.substr(a,b) 表示从 s[a] 开始长度为 b 的子串。
【答案】C

5. 下列代码段对应的输出结果是（　　）。

```
string a = "hetao", b = "101";
a += b + a;
cout << a;
```

A．"hetao101"　　　　　　　　　　B．"101hetao"
C．"hetao101hetao"　　　　　　　　D．"101hetaohetao"

【解析】a = a+b+a = "hetao"+"101"+"hetao" = "hetao101hetao"。
【答案】C

2.6　文件操作

很多实用的计算机程序都会涉及文件操作，目前 CSP-J 第二轮认证也要求程序使用文件操作实现输入与输出，因此，掌握好使用 C++ 进行文件操作是参加比赛的必要条件。

文件操作部分的知识点如图 2.8 所示。

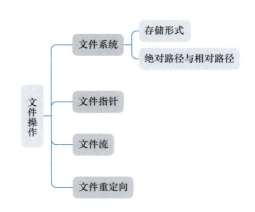

2.6.1　文件系统

1. 存储形式

操作系统以文件为单位管理磁盘中的数据。计算机中存在着大量的文件，为了方便文件管理，我们引入了树形目录机制，即一个目录可以包含多个文件及目录（目录又称作文件夹），便于用户对文件进行管理和使用。图 2.9 所示的是 Windows 资源管理器。

图 2.8

图 2.9

文件按存储形式可分为文本文件和二进制文件。

文本文件是基于字符编码的文件，常见的字符编码有 ASCII 编码、UNICODE 编码等，每个字符在具体编码中是固定的形式，一般可以使用记事本打开并查看其中的内容。

二进制文件是基于值编码的文件，其对应的数据编码是变长的，因此使用记事本打开二进制文件大都会出现乱码。常见的图片、视频、可执行程序文件都是二进制文件。

2．文件路径

在计算机的文件系统中，根目录指文件系统的最上一级目录。在 Windows 操作系统中，打开"我的电脑"（计算机），双击 C 盘进入 C 盘的根目录，双击 D 盘进入 D 盘的根目录。Linux 操作系统中的根目录是"/"。可以使用绝对路径或相对路径来表示一个文件或目录在文件系统中的位置。

绝对路径是由根目录开始写起的文件名或目录名称，例如 C:\hetao\hello.exe 表示 Windows 操作系统中 C 盘根目录下 hetao 子目录下的 hello.exe 文件；/hetao/apple/ 表示 Linux 操作系统中根目录下 hetao 子目录下的 apple 子目录。"\"和"/"是路径分隔符，用于隔开路径中的各级目录和文件。Windows 下既可以使用"\"也可以使用"/"作为路径分隔符，Linux 下使用"/"作为路径分隔符。

相对路径表示相对当前工作目录的一个文件路径。例如 hetao1.cpp 和 ./hetao1.cpp 均表示当前工作目录下的 hetao1.cpp 文件，"."表示当前目录；../hetao2.cpp 表示上级目录下的 hetao2.cpp 文件，".."表示上级目录。若当前工作目录的绝对路径为 /he/tao/，表示它是上级目录 he 下的文件，因此 ../hetao2.cpp 对应的绝对路径为 /he/hetao2.cpp。

2.6.2 文件指针

C++ 的 <cstdio> 库中有一个 FILE* 文件结构指针类型以及一些常用的文件处理函数。下面的程序从 hetao.in 文件中读取两个整数，并将它们相加的结果写入 hetao.out 文件中。

```
#include <cstdio>
int main()
{
    FILE* fin = fopen("hetao.in", "r");           // 打开一个输入文件
    FILE* fout = fopen("hetao.out", "w");         // 打开一个输出文件
    int a, b;
    fscanf(fin, "%d%d", &a, &b);                  // 从fin读入数据
    fprintf(fout, "%d\n", a+b);                   // 输出数据到fout
    return 0;
}
```

其中，fopen() 函数用于打开指定文件，它的第一个参数表示文件路径，第二个参数表示打开文件的方式，参数是 "r" 表示以只读（read）方式打开文件，参数是 "w" 表示以只写（write）方式打开文件。fopen() 函数的返回值是一个 FILE 类型的指针，供后面的 fscanf() 和 fprintf() 函数使用。fscanf() 和 fprintf() 函数用来读写数据，其使用方式与格式化输入 scanf()、输出 printf() 类似，只是多了一个文件指针参数。

可以使用 feof() 函数判断文件输入是否结束。下面的程序演示了从 hetao.in 文件中输入所有整数至文件结尾，并将所有整数之和写入 hetao.out 文件。

```
#include <cstdio>
int main()
{
    FILE* fin = fopen("hetao.in", "r");           // 打开一个输入文件
    FILE* fout = fopen("hetao.out", "w");         // 打开一个输出文件
    int a, sum = 0;
    while (!feof(fin))                            // 只要文件没有结束
```

```
    {
        fscanf(fin, "%d", &a);      // 继续从输入文件读入数据
        sum += a;
    }
    fprintf(fout, "%d\n", sum);     // 将结果写入输出文件
    return 0;
}
```

除了 fscanf() 和 fprintf() 函数，<cstdio> 提供了很多与文件指针输入/输出相关的函数。例如，fgetc() 函数和 fputc() 函数分别用来从输入文件中读入一个字符和将字符写入输出文件。

```
char c = fgetc(fin);        // 从输入文件中读入一个字符
fputc(c, fout);             // 将字符写入输出文件
```

fgets() 函数和 fputs() 函数分别用来从文件读取一整行字符串和将整行字符串写入输出文件。

```
char s[101];
fgets(s, 101, fin);         // 从文件读取一整行到字符串 s
fputs(s, fout);             // 将整行字符串 s 写入输出文件
```

其中，fgets() 函数的第 2 个参数 101 表示要读取的最大字符数。

2.6.3 文件流

C++ 中的 <fstream> 库提供了文件流相关的操作，方便我们使用流式方法实现文件的读写。示例程序如下：

```
#include <fstream>
using namespace std;
int main()
{
    ifstream fin("hetao.in");
    ofstream fout("hetao.out");
    int a, sum = 0;
    while (fin >> a)
    {
        sum += a;
    }
    fout << sum << endl;
    fin.close();
    fout.close();
    return 0;
}
```

其中，ifstream fin("hetao.in"); 定义了一个文件输入流类型的变量 fin，并将其初始化为文件名 hetao.in；ofstream fout("hetao.out"); 定义了一个文件输出流类型的变量 fout，并将其初始化为文件名 hetao.out。fin 包含一个输入缓冲区，通过运算符 >> 将 hetao.in 中的数据读入内存；fout 包含一个输出缓冲区，通过运算符 << 将内存中的数据写入 hetao.out 文件中。fin >> a 如果读取到文件结束就会返回假（false），可以通过这个性质来判断文件的读取是否结束。程序在结束时会自动关闭文件，但是也可以通过主动调用 fin 和 fout 的 close() 成员函数来关闭文件。

2.6.4 文件重定向

cout 或 printf 等输出方式从控制台输出数据，这种输出方式称为标准输出（stdout）。在

CSP-J 第二轮认证中,文件操作的功能比较单一,只需要从一个文件中读取输入数据,并将结果输出到另一个文件即可。因此,文件操作可以使用一种简单直接的方式——文件重定向。<cstdio> 库提供了 freopen() 函数用于重定向输入/输出流。下面的代码将输入从标准输入(stdin)重定向到 hetao.in 文件:

```
freopen("hetao.in", "r", stdin);
```

下面的代码将输出从标准输出(stdout)重定向到 hetao.out 文件:

```
freopen("hetao.out", "w", stdout);
```

下面我们以 2019 年 CSP-J 第二轮认证第 1 题为例进行分析。

【问题描述】

小 K 同学向小 P 同学发送了一个长度为 8 的 01 字符串来玩数字游戏,小 P 同学想要知道字符串中究竟有多少个 1。

注意:01 字符串为每一个字符是 0 或者 1 的字符串,如"101"(不含双引号)是一个长度为 3 的 01 字符串。

【输入格式】

输入文件名为 number.in。

输入文件只有一行,是一个长度为 8 的 01 字符串 s。

【输出格式】

输出文件名为 number.out。

输出文件只有一行,包含一个整数,即 01 字符串中字符 1 的个数。

【输入/输出样例 1】

number.in	number.out
00010100	2

【输入/输出样例 2】

number.in	number.out
11111111	8

用文件重定向的方式编写参考代码如下:

```
#include <iostream>
using namespace std;
int main()
{
    freopen("number.in", "r", stdin);        //重定向输入流
    freopen("number.out", "w", stdout);      //重定向输出流
    string s;
    int cnt = 0;
    cin >> s;
    for (int i = 0; i < 8; i++)
        if (s[i] == '1')
            cnt++;
    cout << cnt << endl;
    return 0;
}
```

通常我们可以在主函数函数体开头的地方编写文件重定向的两行代码，如果需要在控制台进行调试，可以先将这两行代码注释掉，等程序调试完毕再取消注释并保存代码文件。

2.6.5 习题

1. 禾木参加了今年的 CSP-J 第二轮认证，遇到一道名为"hetao"的题，要求从"hetao.in"文件输入，从"hetao.out"文件输出，则以下加在主函数开头部分的代码段哪一个是正确的？（　　）

   A.
   ```
   fopen("hetao.in", "r", stdin);
   fopen("hetao.out", "w", stdout);
   ```

   B.
   ```
   fopen("r", "hetao.in", stdin);
   fopen("w", "hetao.out", stdout);
   ```

   C.
   ```
   freopen("hetao.in", "r", stdin);
   freopen("hetao.out", "w", stdout);
   ```

   D.
   ```
   freopen("hetao.in", stdin, "r");
   freopen("hetao.out", stdout, "w");
   ```

【解析】<stdio.h> 提供的库函数 FILE *freopen(const char *filename, const char *mode, FILE *stream) 把一个新的文件名 filename 与给定的打开的流 stream 关联，同时关闭流中的旧文件。其中，mode 是字符串，包含了文件访问模式，"r" 表示"打开一个用于读取的文件"，"w" 表示"创建一个用于写入的空文件"。在 CSP-J 的第二轮认证中，因为正式测评采用文件输入/输出流，所以我们需要在主函数的开头加上 freopen 函数。
【答案】C

2. C++ 语言中对文件的存取以（　　）为单位。
   A．记录　　　　　B．字节　　　　　C．元素　　　　　D．簇

【解析】在 C++ 语言中，对文件的存取以字节为单位。
【答案】B

3. 下面的变量表示文件指针变量的是（　　）。
   A．Fp* fp　　　　B．FILE* fp　　　　C．FILE fp　　　　D．FILER* fp

【解析】FILE* 为文件指针变量类型。
【答案】B

4. 下列对 C++ 语言中文件操作模式的叙述中，正确的是（　　）。
   A．用 "w" 方式打开一个用于读取的文件
   B．用 "r+" 方式打开一个用于更新的文件，可读取也可写入
   C．用 "r" 方式创建一个用于写入的空文件
   D．用 "w+" 方式实现写操作，将向文件末尾追加数据

【解析】
"r"：打开一个用于读取的文件，该文件必须存在。
"w"：创建一个用于写入的空文件。如果文件名称与已存在的文件相同，则会删除已有文件的内容，该文件被视为一个新的空文件。
"a"：追加到一个文件。写操作向文件末尾追加数据。如果文件不存在，则创建文件。
"r+"：打开一个用于更新的文件，可读取也可写入，该文件必须存在。
"w+"：创建一个用于读写的空文件。
"a+"：打开一个用于读取和追加的文件。

【答案】B

5. 在 C++ 语言中，若按照存储形式划分，文件可分为（　　）。
   A．程序文件和数据文件　　　　　　B．磁盘文件和设备文件
   C．二进制文件和文本文件　　　　　D．顺序文件和随机文件

【解析】在 C++ 语言中，文件按存储形式可划分为二进制文件和文本文件。
【答案】C

2.7 指针变量

2.7.1 指针变量概述

计算机内存中的每个字节都有自己的编号，这个编号叫作字节的地址。在 C++ 中存储变量时，计算机会在内存中给变量分配一组连续的字节，并将这组连续字节的首字节地址作为变量的地址。在 C++ 程序设计中，我们有时需要获取变量的地址，比如在 scanf("%d",&a) 语句中，将符号 & 和变量名 a 结合起来，便可获取整型变量 a 的地址。我们有时需要将变量的地址保存起来方便下次使用，这时就需要用到指针变量，指针变量里存放的变量的地址，通常叫作变量的指针。

C++ 中声明一个指针变量的格式如下：

类型标识 *指针变量名；

其中，"*"是一元运算符，比如：

```
int *ip;    //声明一个整型的指针变量
```

指针变量声明完成以后，就可以把变量地址赋值给指针变量，比如：

```
int a = 1,b = a;
int *ip;
ip = &a;
```

此时指针变量 ip 里存放的是变量 a 的地址，或者说指针变量 ip 里存放的是变量 a 的指针。要想通过指针变量 ip 获取变量 a 的值，需要使用一元运算符 *，比如：

```
cout<< *ip <<endl;    //输出1
```

对于上面的代码，值得注意的是，如果修改变量 b 的值，不会改变变量 a 的值；但如果修改 *ip 的值，变量 a 的值会跟着一起发生变化，这是因为变量 ip 里存放的地址正是变

量 a 在内存中的地址，比如：

```
b = 2;      //此时变量a的值仍然是1
*ip = 3;    //此时变量a的值是3
```

一维数组的地址一般指的是一维数组中第一个元素的地址，比如：

```
int a[5] = {1,2,3,4,5};
int *p1 = a, *p2 = &(a[0]);
```

此时指针变量 p1 和 p2 存放的内容相同，都是数组元素 a[0] 的指针。要想存放其他数组元素的指针，有多种方法，比如下面的代码都是将数组元素 a[3] 的地址赋值给 p3：

```
int *p3 = &a[3];
p3 = p1 + 3;
p3 = a + 3;
p3 = &a[0]+3;
```

2.7.2 真题解析

【2022 年第 3 题】运行以下代码段的行为是（　　）。

```
int  x = 101;
int  y = 201;
int  *p = &x;
int  *q = &y;
p = q;
```

A．将 x 的值赋为 201　　　　　　　　B．将 y 的值赋为 101
C．将 q 指向 x 的地址　　　　　　　　D．将 p 指向 y 的地址

【解析】第 3 行代码的作用是定义了整型指针 p，并把整型变量 x 的地址赋值给 p。第 4 行代码的作用是定义了整型指针 q，并把整型变量 y 的地址赋值给 q。第 5 行代码的作用是将"q 指向的地址"赋值给 p，也就是将 y 的地址赋值给 p，因此选 D。
【答案】D

2.7.3 习题

1．一个变量的指针是该变量的（　　）。
　　A．值　　　　　　B．地址　　　　　　C．名称空间　　　　　　D．作用域
【解析】一个变量的指针就是该变量的地址。
【答案】B

2．下列有关指针的说法中错误的是（　　）。
　　A．&a 是变量 a 的地址，也可以称为变量 a 的指针
　　B．指针变量是一个指针，它存放的值是一个地址
　　C．数组名是数组首元素的指针
　　D．对于一维数组 a 来说，a+i 就是 a[i] 的地址
【解析】注意区分指针和指针变量，指针就是地址，而指针变量是用来存放地址的变量。
【答案】B

3. 下列程序的输出结果是（   ）。
```
char *s = "hetao101", *t = ++s;
cout << *t << endl;
```
  A．hetao101   B．etao101   C．h   D．e

【解析】s 原本指向字符串的首字符，执行了 ++s 后，变成了 s 指向字符串的第二个字符，所以 t 保存的是字符 e 的地址，输出结果为 e。

【答案】D

4. 下列程序的输出结果是（   ）。
```
int a[3] = {3, 6, 5}, *b = a;
*b++;
for (int i = 0; i < 3; i++)
    cout << a[i] << ";";
```
  A．3;6;5;   B．4;6;5;   C．3;7;5;   D．4;7;5;

【解析】在 C++ 中，++ 运算符的优先级高于 *，所以 *b++ 等价于 *(b++)，只是将指针变量 b 从指向 a[0] 变为指向 a[1]，然后获取 a[1] 的值，并没有修改数组 a 中任何元素的值。

【答案】A

2.8 结构体

在 C++ 中，保存单个数据可以使用基础的数据类型，保存多个相同类型的数据可以使用数组，那么如何保存一个包含多种数据类型变量的数据呢？这时就要用到 C++ 中的结构体。结构体部分的知识点如图 2.10 所示。

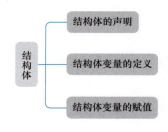

图 2.10

2.8.1 结构体的声明

在 C++ 中，声明一个结构体类型的一般形式如下：

```
struct 结构体名
{
    成员变量1;
    成员变量2;
    成员变量3;
    ……
    成员变量n;
};
```

假设要定义一个名为 Student 的数据类型，该类型具有 3 个信息，分别是一个 string 类型的 name 表示姓名，一个 int 类型的 age 表示年龄，以及一个 double 类型的 height 表示身高，则可以使用如下代码段：

```
struct Student
{
    string name;        // 姓名
    int age;            // 年龄
    double height;      // 身高
```

```
};
```

该段代码声明了一个名为 Student 的结构体类型，其中的 name、age、height 称为该结构体的成员变量，成员变量的命名规则与变量名相同。值得注意的是，结构体在声明的时候，最后需要加上一个分号。

2.8.2 结构体变量的定义

我们可以像使用一般的数据类型一样使用结构体类型，例如，可以定义两个 Student 类型的变量 stu1 和 stu2：

```
Student stu1, stu2;
```

也可以定义一个 Student 类型的数组：

```
Student stus[10];
```

可以在声明结构体类型的同时定义变量，其一般形式如下：

```
struct 结构体名
{
  成员变量1;
  成员变量2;
  成员变量3;……
} 变量1, 变量2, 变量3,……;
```

例如，定义结构体类型 Student 的同时定义两个变量 stu1 和 stu2，其写法如下：

```
struct Student
{
    string name;      // 姓名
    int age;          // 年龄
    double height;    // 身高
} stu1, stu2;
```

2.8.3 结构体变量的赋值

对于一个结构体变量来说，可以使用成员运算符（.）获得其成员变量，其一般格式如下：

结构体变量名.成员变量名

可以将"."简单地理解为"的"，stu1.name 即 stu1 的 name。例如，对于 Student 类型的变量 stu1，可以使用如下语句将其 name 设置为 "hemu"：

```
stu1.name = "hemu";
```

结构体成员变量的使用形式和一般的变量相同，例如，可以使用如下语句输出 stu1 的成员变量 name 的值：

```
cout << stu1.name;
```

也可以使用大括号加参数列表的形式对结构体变量赋值，其一般格式如下：

```
变量名 = {参数列表};
```

例如，对于 Student 类型的变量 stu1，可以使用如下赋值语句将其 name 赋值为 "hemu"，age 赋值为 15，height 赋值为 170.5。

```
stu1 = {"hemu", 15, 170.5};
```

注意，大括号中的参数列表必须与结构体声明中成员变量的顺序一一对应。若想通过大括号修改某一成员变量，可以使用 "变量名.成员变量名 = 值" 的形式。例如，下面的代码将 stu1 的 name 修改为 "taozi"：

```
stu1.name = "taozi";
```

同类的结构体变量可以互相赋值，例如，对于两个 Student 类型的变量 stu1 和 stu2 来说，执行 stu2 = stu1 后，stu2 将包含与 stu1 相同的成员信息。

如果结构体包含结构体类型成员，则可以使用若干个成员运算符来一级一级地找到对应的成员。例如，若 Hetao 结构体类型的成员变量 birthday 是 Date 结构体类型，Date 类型存在一个成员变量 month，则可以通过 h.birthday.month 获取 Hetao 类型变量 h 的成员变量 birthday 的成员变量 month 的值，代码表示如下：

```
#include <iostream>
using namespace std;
struct Date
{
    int year, month, day;
} d;
struct Hetao
{
    Date birthday;//Date结构体作为Hetao结构体的成员变量
    int value;
} h;
int main()
{
    d = {2022, 1, 2};
    h.birthday = d;
    h.value = 101;
    cout << h.value << "," << h.birthday.year << "," << h.birthday.month << "," << h.birthday.day;
    return 0;
}
```

该程序的输出结果如下：

```
101,2022,1,2
```

2.8.4 习题

1. 下列代码段对应的输出结果是（   ）。

```
struct Hetao {
 int a, b;
} h1 = {1, 3}, h2 = {2, 5}, h3 = {3, 7};
h3.a += h1.b + h2.a;
h3.b += h3.a + h2.b;
```

```
cout << h3.a + h3.b << endl;
```

  A．22   B．28   C．35   D．41

【解析】h3.a+ = h1.b+h2.a 相当于 h3.a = h3.a+h1.b+h2.a = 3+3+2 = 8；h3.b+ = h3.a+h2.b 相当于 h3.b = h3.b+h3.a+h2.b = 7+8+5 = 20，因此 h3.a+h3.b = 8+20 = 28。

【答案】B

2．下列代码段对应的输出结果是（ ）。

```
struct Node {
    int a, b;
    double c;
} n1 = {1, 2.5, 3.7};
cout << n1.b << endl;
```

  A．1   B．2   C．3   D．4

【解析】上述代码相当于执行了 n1.b = 2.5 的操作，因为 n1.b 是 int 类型的，所以其实际保存的值是 2.5 向下取整的结果，即 2。

【答案】B

3．下列代码段对应的输出结果是（ ）。

```
struct A {
 int a, b;
} n1 = {3, 5};
struct B {
 A a;
 int b;
} n2 = {n1, 7};
cout << n2.a.b << endl;
```

  A．0   B．3   C．5   D．7

【解析】因为 n1.b = 5，而 n2.a = n1，所以 n2.a.b = n1.b = 5。

【答案】C

4．下列代码段对应的输出结果是（ ）。

```
struct Hetao {
    int a, b, c;
} h = {1, 2, 3};
h.a += h.b + h.c;
h.b += h.c + h.a;
h.c += h.a + h.b;
cout<<h.a<<","<<h.b<<","<<h.c;
```

  A．5,8,18 B．5,10,19 C．6,11,20 D．6,12,21

【解析】语句 h.a += h.b + h.c 执行完后，h.a、h.b、h.c 的值分别为 6、2、3，语句 h.b += h.c + h.a 执行完后，h.a、h.b、h.c 的值分别为 6、11、3，语句 h.c += h.a + h.b 执行完后，h.a、h.b、h.c 的值分别为 6、11、20。

【答案】C

2.9　函数

  函数部分的知识点如图 2.11 所示。

图 2.11

2.9.1 函数概述

在 C++ 程序中，主函数是程序的入口，所有代码都是放在主函数中运行的。但是，如果把所有代码都写在主函数中，稍微复杂的程序就会变得难以阅读和维护。有时程序需要多次实现某一个相同的功能，如果重复编写相同的代码就会使程序变得冗长。这时需要引入模块化程序设计的思路，即将具有相同功能的一段代码封装成一个特定的模块，只需要调用模块便可实现相应的功能。C++ 中使用函数（function）来实现模块的功能。从用户的角度看，函数分为如下两种。

（1）**库函数**：由系统提供的函数。用户可直接调用库函数，调用前需要通过 #include 指令把该函数对应的头文件包含进来。函数库中提供了大量的函数，例如，abs() 函数用于求一个数的绝对值，swap() 函数用于交换两个数的数值，sort() 函数用于排序等。

（2）**自定义函数**：用户自己定义并实现一定功能的函数。

在编写一个较大的程序时，往往把它分为若干个程序模块，每个模块包括一个或多个函数，每个函数实现一个特定的功能。一个 C++ 程序由一个主函数和若干个其他函数构成。主函数调用其他函数，其他函数彼此之间也可以互相调用。

2.9.2 函数的定义

函数的一般格式如下：

```
类型名 函数名(参数列表)
{
    函数体
}
```

其中，函数名指函数的名字，在编写函数时，需要为函数确定一个名字以便接下来调用，函数的命名规则同变量名；类型名指函数的返回结果（返回值）的数据类型，可以返回 0 个或 1 个值；参数列表包含参数类型及参数名，指函数运行前需要传入的 0 个或多个参数；函数体包含实现该函数的所有代码，指定该函数应当执行什么操作以及返回什么结果。

图 2.12 形象地展示了一个函数的组成。

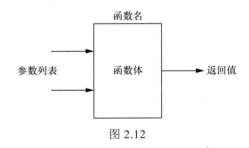

图 2.12

带返回值的函数，其返回值用法如下：

```
return 值;
```

例如下面的 odd() 函数：

```
int odd(int a)
{
    if (a % 2)
        return a;
    return a+1;
}
```

odd() 函数的代码逻辑是：传入一个参数 a，返回大于等于 a 的最小的奇数。odd() 函数会判断 a 是否是奇数，若 a 是奇数则返回 a；否则，返回 a+1。在代码 return a+1; 之前没有加 else，事实上加不加 else 实现的效果相同。因为函数一旦返回，return 语句后的代码就不再执行了，所以如果 a 是奇数，odd() 函数就会返回 a，而不会执行 return a+1; 这一行。同样地，当函数执行 return a+1; 时，必然是条件"a % 2"不成立的情况，即实现了使用 else 的效果。

函数的返回值可以是一个表达式，因此我们可以对 odd() 函数使用条件表达式进行简化，代码如下：

```
int odd(int a)
{
    return a % 2 ? a : a + 1;
}
```

不带返回值的函数，函数类型为 void，return 语句用法如下：

```
return;
```

例如下面的 hello() 函数：

```
void hello()
{
    cout << "hello,world!" << endl;
    return;
}
```

void 类型函数的最后一个 return; 也可以不写，因此 hello() 函数也可以写成：

```
void hello()
{
    cout << "hello,world!" << endl;
}
```

将 hello() 函数改为如下的 hello2() 函数：

```
void hello2()
{
    cout << "hello";
    return;
    cout << "world";
}
```

则调用该函数只会输出 "hello"，这是因为函数在输出 "hello" 之后就执行 return; 语句返回了，所以不会再执行后面的代码。

一个函数可以有多个参数，参数都放在函数名后的小括号中，每个参数都包括参数类型及参数名称，参数之间以逗号分隔。例如，下面定义的 f() 函数返回前两个参数的较大值乘以第三个参数的结果：

```
double f(int a, int b, double c)
{
    int d = (a > b) ? a : b;
    return c * d;
}
```

f() 函数会依次接收传入的 3 个参数，分别为 int 类型的参数 a、int 类型的参数 b、double 类型的参数 c，并将计算得到的结果返回。

2.9.3　函数的调用

定义好函数之后，我们会通过调用函数来实现其对应的功能。被调用的函数叫作被调函数，调用被调函数的函数叫作主调函数。主调函数和被调函数是一个相对的概念。例如，先定义了一个 a 函数，然后在定义 b 函数的过程中调用了 a 函数，则称 a 是 b 的被调函数，b 是 a 的主调函数。

函数调用的一般格式如下：

函数名(参数列表);

例如，针对之前定义的 hello()、odd() 和 f() 函数，可以分别通过如下方式调用：

```
hello();
odd(3);
f(3, 4, 5.6);
```

函数定义时的参数称作"形式参数"（简称"形参"）或"虚拟参数"；函数调用时的参数称作"实际参数"（简称"实参"）。实际参数可以是常量、变量或表达式。在函数调用的过程中，系统会把实参的值传递给被调函数的形参。实参与形参的数据类型应相同或赋值兼容。对于一个具有参数且返回非 void 类型的函数来说，其函数调用的一般过程如下。

（1）在未出现函数调用时，函数定义中的形参并不占用内存；在发生函数调用时，被调函数中的形参才会被临时分配内存单元。

（2）在主调函数中将实参的值传递给被调函数的形参。

（3）被调函数结合形参进行相关运算，并通过 return 语句将函数的返回值传递回主调函数。

（4）函数调用结束，形参单元被释放。

示例如下：

```
#include <iostream>
using namespace std;
int fun(int a, int b)
{
    return a > b ? a : b;
}
int main()
{
    cout << fun(3, 6.5) << endl;  // 输出6
    return 0;
}
```

其中，fun() 函数的作用是返回两个数的较大值，但在实际传值的过程中，是将实参 3

的值传给形参 a，将实参 6.5 的值传给形参 b。因为 b 是 int 类型，当尝试将一个 double 类型的常量 6.5 传给 b 时，它实际接收到的是 6.5 的整数部分 6，fun(3, 6) 将会返回 6。

2.9.4 函数的声明

默认情况下，函数定义出现的位置应在被调用之前。对于用户自己定义的函数，若定义该函数的位置在该函数被调用之后，则需要在该函数被调用之前的位置对其进行声明。声明的作用是把函数名及参数信息提前告知编译系统，以便在遇到函数调用时，编译系统能正确识别函数并检查调用是否合法。函数声明的一般形式如下：

函数类型 函数名(参数类型1 参数名1, 参数类型2 参数名2, ..., 参数类型n 参数名n);

以下面的程序为例：

```cpp
#include <iostream>
using namespace std;
double add(double a, double b);
int main()
{
    cout << add(3, 2+2);
    return 0;
}
double add(double a, double b)
{
    return a + b;
}
```

从程序中可以看出：主函数的位置在 add() 函数的前面，而程序编译是从上到下逐行进行的，如果没有第 3 行对 add() 函数声明的代码，当编译到第 6 行时，编译系统将无法识别 add 的信息。现在在函数调用之前对 add 进行了函数声明，因此编译系统记下了 add() 函数的有关信息，在执行 cout << add(3, 2+2) 时就可以找到对应的函数了。

可以发现，函数声明和函数定义中第 1 行基本上是相同的，只差了一个分号。所以在写函数声明时，可以简单地照写该函数的首行，再加一个分号即可。在声明函数时，也可以省略形参名。例如，add() 函数的声明可以简写为如下形式：

```cpp
double add(double, double);
```

2.9.5 习题

1. 一个 C++ 程序从（　　）开始执行。
   A．程序中的第一条可执行语句　　B．程序中的第一个函数
   C．程序中的 main() 函数　　　　　D．包含文件中的第一个函数

【解析】C++ 语言中，主函数（main function）是程序开始运行的地方，是程序的入口。
【答案】C

2. C++ 语言中，函数返回值的类型是由（　　）决定的。
   A．函数定义时指定的类型　　　　B．return 语句中的表达式类型
   C．调用该函数时的实参的数据类型　D．形参的数据类型

【解析】C++ 语言中，函数返回值的类型由函数定义时指定的类型决定。
【答案】A

3. 在函数调用时，以下说法正确的是（　　）。
   A．函数调用后必须带回返回值
   B．实际参数和形式参数可以同名
   C．函数间的数据传递不可以使用全局变量
   D．数组名不能作为函数参数

【解析】void 类型函数不需要返回值，选项 A 错误；形式参数和实际参数可以同名，选项 B 正确；函数间的信息传递可以使用全局变量，选项 C 错误；数组名可作为函数参数，选项 D 错误。
【答案】B

4. 下列程序的输出结果是（　　）。

```
#include <iostream>
using namespace std;
void f(int a, int b) {
    int t = a;
    a = b;
    b = t;
    cout << a << "," << b << ";";
}
int main() {
    int a = 2, b = 8;
    f(a, b);
    cout << a << "," << b;
    return 0;
}
```

   A．2,8-2,8　　　　　B．2,8-8,2　　　　　C．8,2-2,8　　　　　D．8,2-8,2

【解析】对形式参数的值的修改并不会改变实际参数的值，因此在 f() 函数内输出的是 8,2，在主函数内输出的是 2,8。
【答案】C

5. 下列程序的输出结果是（　　）。

```
#include <iostream>
using namespace std;
void hetao() {
    int cnt
    cout << cnt++ << ",";
}
int main() {
    int cnt = 1;
    for (int i = 0; i < 5; i++)
        hetao(cnt);
    return 0;
}
```

   A．1,1,1,1,1,　　　　B．1,2,3,4,5,　　　　C．1,2,1,2,1,　　　　D．2,2,2,2,2,

【解析】main() 函数里 cnt 变量的值始终为 1，所以每次调用 hetao() 函数传递给形参 cnt 的值也是 1，每次输出 1。
【答案】A

2.10 递归函数

递归函数的知识点如图 2.13 所示。

2.10.1 函数的递归调用

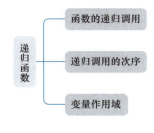

图 2.13

在调用一个函数的过程中又直接或间接地调用该函数本身，这称为函数的递归调用。如果在调用 f() 函数的过程中，又要调用 f() 函数（本函数），这就是直接调用本函数，如图 2.14 所示。如果在调用 f1() 函数的过程中要调用 f2() 函数，而在调用 f2() 函数的过程中又要调用 f1() 函数，就是间接调用本函数，如图 2.15 所示。

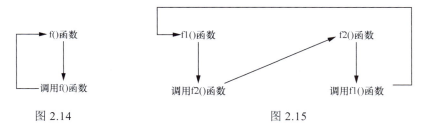

图 2.14   图 2.15

可以看出，图 2.14 和图 2.15 表示的都是无休止的递归调用。显然，这种无休止的递归调用不应该出现在程序中。为了让程序在执行有限次操作之后停止调用，我们需要为其确定一个边界条件，当满足边界条件时，则不再继续递归调用。以下面的程序为例：

```
#include <iostream>
using namespace std;
void f(int n)
{
    cout << n << endl;
    if (n < 3)
        f(n+1);
}
int main()
{
    f(1);
    return 0;
}
```

输出如下：

1
2
3

在主函数中调用 f(1) 时，会先输出 1，然后递归调用 f(2)；调用 f(2) 时，会先输出 2，再递归调用 f(3)；当调用 f(3) 时，首先输出 3，但是当 n 等于 3 时，已不满足 n<3 的条件，因此不会再继续递归调用下去。

递归函数可以用来计算 n 的阶乘。对于一个整数 n，定义 n 的阶乘为从 1 到 n 的所有整数的乘积，表示为 n!，例如 5! = 5×4×3×2×1 = 120。定义一个函数 f(int n) 来计算整数 n

的阶乘，可以得出：

（1）当 n = 1 时，f(n) 等于 1；
（2）当 n>1 时，f(n) 等于 n×f(n−1)。

于是函数 f() 的代码如下：

```
int f(int n)
{
    if (n == 1)
        return 1;
    return n * f(n-1);
}
```

函数的执行过程如图 2.16 所示。

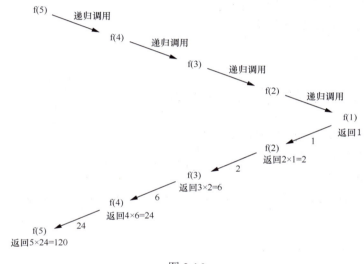

图 2.16

2.10.2 递归调用的次序

如果将 2.10.1 节中的 f() 函数定义部分的 cout << n << endl; 移动到函数体的末尾，那么会得到如下代码：

```
void f(int n)
{
    if (n < 3)
        f(n+1);
    cout << n << endl;
}
```

再次运行上述程序，输出结果如下：

```
3
2
1
```

对于 f(n) 函数，我们可以将其执行步骤划分为如下两步。
（1）根据条件判断是否递归调用 f(n+1)。

（2）输出 n。

在运行的过程中，程序依次执行了以下步骤。

（1）主函数调用 f(1)。
（2）f(1) 执行自己的第一步：递归调用 f(2)。
（3）f(2) 执行自己的第一步：递归调用 f(3)。
（4）f(3) 执行自己的第一步：由于条件 3<3 不成立，因此 f(3) 第一步执行结束。
（5）f(3) 执行自己的第二步：输出 3，这是第一个输出的数。
（6）f(2) 的第一步调用 f(3) 执行结束，接着执行自己的第二步，即输出 2，这是第 2 个输出的数。
（7）f(1) 的第一步调用 f(2) 执行结束，接着执行自己的第二步，即输出 1，这是第 3 个输出的数。

函数的执行过程如图 2.17 所示。

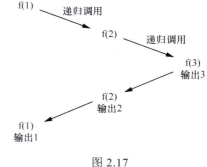

图 2.17

2.10.3 函数中的变量作用域

在 C++ 程序中，我们可以在以下 3 种不同的位置定义变量。

（1）在函数内（包括参数列表及函数体）定义。
（2）在函数内的复合语句（大括号组合的语句块）中定义。
（3）在函数外定义。

在一个函数内部定义的变量，只在本函数范围内有效，只有在本函数内才能使用它们。示例如下：

```
void fun1(int a)
{
    int a;
    ...
}
int fun2()
{
    int a;
    ...
}
```

如果在函数 fun1() 中定义了变量 a，在函数 fun2() 中也定义了变量 a，那么这两个变量 a 并不是同一个对象，它们分别有自己的作用范围。

在复合语句内定义的变量，只在该复合语句范围内有效并使用它们。示例如下：

```
void fun3(int a)
{
    int b = a + 2;
    {
        int c = a + b * b;
    }
    cout << c << endl;
}
```

fun3() 函数中的 cout 语句会报错，这是因为变量 c 只在它所处的作用域范围内（第 4 至 6 行）有效，离开对应的作用域就会失效，而第 7 行 cout 语句所在的作用域内并不存在变量 c。

在函数及复合语句内定义的变量称作局部变量；在函数之外定义的变量称作全局变量。全局变量可以为本源文件中的其他函数所共用，它的有效范围从定义变量的位置开始，到本源文件结束。在一个函数中，既可以使用该函数中的局部变量，也可以使用有效的全局变量。示例如下：

```
#include <iostream>
using namespace std;
int a;
void fun1()
{
    int b;
    ...
}
int c;
void fun2()
{
    int d;
    ...
}
int main()
{
    int e;
    ...
    return 0;
}
```

上述代码中，a 和 c 都是全局变量，b、d 和 e 都是局部变量，但是它们的作用域并不相同，在函数 fun1() 中可以使用变量 a 和 b，在函数 fun2() 中可以使用变量 a、c 和 d，在主函数中可以使用变量 a、c 和 e。

2.10.4 真题解析

【2022 年第 15 题】以下对递归方法的描述中，正确的是（　　）。
　　A．递归是允许使用多组参数调用函数的编程技术
　　B．递归是通过调用自身来求解问题的编程技术
　　C．递归是面向对象和数据而不是功能和逻辑的编程语言模型
　　D．递归是将某种高级语言转换为机器代码的编程技术
【解析】递归是通过调用自身来求解问题的编程技术。
【答案】B

2.10.5 习题

1. 下列关于递归函数的叙述中，正确的是（　　）。
　　A．递归函数应该有边界条件，以保证函数的正确性
　　B．递归函数不能带返回值
　　C．递归函数必须带有参数
　　D．递归函数中必须包含循环结构
【解析】递归函数应该有边界条件以保证函数的正确性，A 正确；递归函数可以带返回值，B 错误；可以通过定义全局变量等方式代替参数来控制递归的次数，C 错误；递归中并不

一定需要循环结构，D错误。

【答案】A

2. 下列程序的输出结果是（　　）。

```
#include <iostream>
using namespace std;
void f(int a)
{
    if (a == 0)
        return;
    f(a-1);
    cout << a << " ";
}
int main()
{
    f(6);
    return 0;
}
```

A．1 2 3 4 5 6　　B．6 5 4 3 2 1　　C．0 1 2 3 4 5 6　　D．6 5 4 3 2 1 0

【解析】"a==0"是边界条件，此时直接返回（不会输出0），而 f(a) 先递归调用 f(a-1) 将 1 至 a-1 输出，再输出 a，所以 f(a) 的功能是依次输出 1 到 a。

【答案】A

3. 下列程序的输出结果是（　　）。

```
#include <iostream>
using namespace std;
int f(int n)
{
    if (n == 1)
        return 1;
    return n + f(n-1);
}
int main()
{
    cout << f(10) << endl;
    return 0;
}
```

A．11　　　　　B．23　　　　　C．45　　　　　D．55

【解析】f(n) 返回 1 到 n 的和，所以 f(10) 返回的值为 1+2+⋯+10 = 55。

【答案】D

4. 下列程序的输出结果是（　　）。

```
#include <iostream>
using namespace std;
int gcd(int a, int b)
{
    if (b == 0)
        return a;
    return gcd(b, a%b);
}
int main()
{
    int a = 60, b = 25;
    cout << gcd(a, b) << endl;
    return 0;
}
```

A．1　　　　　B．5　　　　　C．15　　　　　D．25

【解析】这里的 gcd(a,b) 函数是"辗转相除法"的递归实现，用于求解 a 和 b 的最大公约数。不妨模拟一下递归的过程，gcd(60,25) 将返回 gcd(25,10)，gcd(25,10) 将返回 gcd(10,5)，gcd(10,5) 将返回 gcd(5,0)，gcd(5,0) 会返回 5，所以 gcd(60,25) 的返回值为 5。

【答案】B

5. 下列程序的输出结果是（　　）。

```
#include <iostream>
using namespace std;
int f(int a, int b)
{
    if (a == 1)
        return b;
    if (b == 1)
        return a;
    return f(a-1, b) + f(a, b-1);
}
int main()
{
    cout << f(3, 5) << endl;
    return 0;
}
```

A. 25　　　　　　B. 33　　　　　　C. 41　　　　　　D. 53

【解析】由于 f() 函数有两个参数 a 和 b，我们可以画一个二维表格，在二维表格中第 a 行第 b 列的格子中记录 f(a,b) 的返回值，可以发现：

- 当 a 等于 1 时，第 a 行第 b 列的格子中的数值为 b；
- 当 b 等于 1 时，第 a 行第 b 列的格子中的数值为 a；
- 当 a 和 b 均大于 1 时，第 a 行第 b 列的格子中的数值等于其左边和上边相邻的两个格子的数值之和，即 f(a,b) = f(a-1,b)+f(a,b-1)。

这样，就可以画出一个 3 行 5 列的二维表格，见表 2.11。f(3,5) 的返回值即为表格中第 3 行第 5 列的格子中的数值，即 41。

表 2.11

	第 1 列	第 2 列	第 3 列	第 4 列	第 5 列
第 1 行	1	2	3	4	5
第 2 行	2	4	7	11	16
第 3 行	3	7	14	25	41

【答案】C

第 3 章　数据结构

数据结构是计算机中存储、组织数据的方式，不同种类的数据结构适合不同种类的应用，变量和数组是最简单的数据结构。在 2019—2024 年这 6 年的 CSP-J 认证考试中，涉及数据结构的选择题有 6～18 道，具体考点分布及对应的分值见表 3.1。

表 3.1

时间/年	线性表/道	栈与队列/道	树/道	图/道
2019	2	—	4	—
2020	2	2	2	2
2021	—	2	6	—
2022	4	6	6	2
2023	2	—	8	2
2024	—	2	2	2

数据结构的知识点如图 3.1 所示。

3.1　线性表

线性表是由 n 个数据元素（结点）组成的有限序列，n 为线性表的长度，当表中没有元素时，称为空表。这 n 个元素可以表示为 a[0],a[1],a[2],…,a[n-1]，非空的线性表则记作 (a[0],a[1],a[2],…,a[n-1])。元素 a[i] 只是一个抽象符号，其具体含义在不同情况下可以不同。

线性表的特点是存在一个没有前驱的数据元素——开头元素且唯一；存在一个没有后继的数据元素——结尾元素，也唯一；除此之外，其他数据元素均有一个直接前驱和一个直接后继数据元素。

线性表在程序中按照存储结构被分为两类：顺序表和链表。其中，链表又分为单向链表、双向链表和循环链表，如图 3.2 所示。

图 3.1　　　　　　　　　　　　　图 3.2

3.1.1 顺序表

顺序表是在计算机内存中用一组地址连续的存储单元依次存储数据元素的线性表。顺序表中，在逻辑结构上相邻的数据元素，在物理存储单元中也相邻。假设顺序表 a 的每个元素都占用 c 个存储单位，第 1 个元素的存储地址是 b，那么顺序表中各元素的存储地址见表 3.2。

表 3.2

数据元素在线性表中的位序	存储地址	内存状态
1	b	a_1
2	b+c	a_2
……	……	……
i	b+(i−1)c	a_i
……	……	……
n	b+(n−1)c	a_n

只要确定了存储线性表的起始位置和数据元素在线性表中的位序，就可以知道该数据元素的存储地址，这个特点被称为随机存储。由于数组类型也有这一特点，因此通常用数组来描述顺序表。

在长度为 n 的线性表中的第 i 个位置前插入新的元素 v，需要将第 i 到第 n 个元素都依次向后移动 1 位，再把 v 插入第 i 个元素处。删除长度为 n 的线性表中的第 i 个元素，需要将第 i+1 到第 n 个元素依次向前移动 1 位。

3.1.2 链表

链表是非连续存储的线性表，链表里的每一个元素保存指向下一个元素的指针。由于链表不要求逻辑上相邻的元素在物理位置上也相邻，因此链表不具备可随机存储的特点，但是链表在插入和删除元素时不需要移动元素的位置。

常见的链表有单向链表、双向链表和循环链表。

1. 单向链表

一个单向链表的元素被分成两个部分，第一部分保存该元素的信息，第二部分保存指向下一个元素的指针。单向链表只能向一个方向查找元素。一个单向链表如图 3.3 所示。

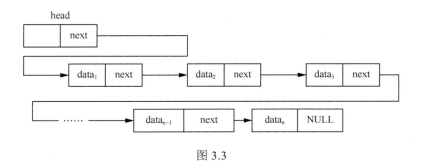

图 3.3

2. 双向链表

双向链表的每个元素中都有两个指针，分别指向元素的直接后继和直接前驱。因此，从双向链表中的任意一个元素开始，都可以很方便地访问它的前驱元素和后继元素。一个双向链表如图 3.4 所示。

图 3.4

3. 循环链表

循环链表的最后一个元素指向第一个元素，形成一个环。因此，从循环链表中的任何一个元素出发都能访问到其他元素。一个循环链表如图 3.5 所示。

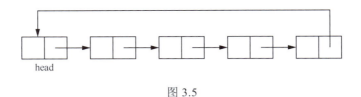

图 3.5

3.1.3 真题解析

1．【2019 年第 6 题】链表不具备的特点是（　　）。
　　A．不需要移动元素的位置即可实现插入和删除
　　B．所需空间与线性表长度成正比
　　C．存储空间可动态分配
　　D．可随机访问任一元素
【解析】链表不能随机访问任一元素。
【答案】D

2．【2020 年第 7 题】链表不具备的特点是（　　）。
　　A．可随机访问任一元素　　　　　　　B．不必事先估计存储空间
　　C．插入和删除不需要移动元素　　　　D．所需空间与线性表长度成正比
【解析】链表不能随机访问任一元素。
【答案】A

3．【2022 年第 4 题】链表和数组的区别包括（　　）。
　　A．数组不能排序，链表可以
　　B．链表比数组能存储更多的信息
　　C．数组大小固定，链表大小可动态调整
　　D．以上均正确
【解析】数组在定义时需指定长度，后续不能更改，链表可以对元素进行增加或删除操作，因此大小可动态调整。排序算法既可以对数组进行操作，也可以对链表进行操作。链表或数组存储信息的多少取决于具体的程序设计内容，并不是绝对的。
【答案】C

4. 【2022 年第 11 题】以下哪组操作能完成在双向循环链表结点 p 之后插入结点 s 的效果（其中，next 域为结点的直接后继，prev 域为结点的直接前驱）？（　　）

   A．p->next->prev＝s; s->prev＝p; p->next＝s; s->next＝p->next;
   B．p->next->prev＝s; p->next＝s; s->prev＝p; s->next＝p->next;
   C．s->prev＝p; s->next＝p->next; p->next＝s; p->next->prev＝s;
   D．s->next＝p->next; p->next->prev＝s; s->prev＝p; p->next＝s;

【解析】双向循环链表插入结点需要注意的是，结点 p 的直接后继结点将作为插入结点 s 的直接后继结点，p 的直接后继结点信息保存在 p->next 里，所以在 s 和它的后继结点没有互相链接起来（也就是 s->next＝p->next; p->next->prev＝s; 这两行代码运行完）之前，p->next 不能被修改，一旦被修改的话，s 将找不到正确的后继结点。

【答案】D

5. 【2023 年第 4 题】假设有一个链表，其节点定义如下：

```
struct Node {
    int data;
    Node* next;
};
```

现有一个指向链表头部的指针 Node* head，如果想要在链表中插入一个新节点，其成员 data 的值为 42，并使新节点成为链表的第一个节点，那么下面哪个操作是正确的？（　　）

   A．Node* newNode = new Node; newNode->data = 42; newNode->next = head; head = newNode;
   B．Node* newNode = new Node; head->data = 42; newNode->next = head; head = newNode;
   C．Node* newNode = new Node; newNode->data = 42; head->next = newNode;
   D．Node* newNode = new Node; newNode->data = 42; newNode->next = head;

【解析】本题考查的是"链表的插入"这一知识点。向链表头部中插入数据 newNode 的流程如下。

- 初始化待插入数据 newNode，所用的操作命令为 Node* newNode = new Node; newNode -> data = 42;
- 将 newNode 的 next 指针指向 head，所用的操作命令为 newNode -> next = head;
- 将 head 指针指向 newNode，所用的操作命令为 head = newNode;

【答案】A

3.1.4 习题

1. 线性表若采用链表存储结构，要求内存中可用存储单元地址（　　）。

   A．必须连续　　　　　　　　　　B．必须不连续
   C．部分地址必须连续　　　　　　D．连续不连续均可

【解析】链表是通过指针连接的，并没有要求地址连续，选项 D 正确。

【答案】D

2. 下列关于线性表的叙述中，错误的是（　　）。

   A．顺序表在内存中的存储单元地址必须连续
   B．链表在内存中的存储单元地址连续与不连续均可

C．顺序表插入元素不需要移动任何元素的位置

D．双向链表插入元素不需要移动任何元素的位置

【解析】顺序表存储数据时，会提前申请一整块足够大小的物理空间，然后将数据依次存储起来，存储时做到数据元素之间不留一丝缝隙。顺序表插入元素时，首先会通过遍历找到元素要插入的位置，然后将要插入位置及之后的元素整体向后移动 1 位，再将要插入的元素放在腾出来的位置上，所以选项 C 错误。

【答案】C

3．向一个初始为空的顺序表中依次插入 3,5,2,4,1，且满足任意时刻顺序表中的元素从左至右都是升序的，则插入过程中总共移动了元素（　　）次。

A．4　　　　　B．7　　　　　C．8　　　　　D．10

【解析】如图 3.6 所示，在插入第一个元素 3 时，没有发生移动；在插入第 2 个元素 5 时，也没有发生移动；在插入第 3 个元素 2 时，3、5 都向右移动了 1 位；在插入第 4 个元素 4 时，元素 5 向右移动了 1 位；在插入第 5 个元素 1 时，元素 2、3、4、5 均向右移动了 1 位，所以总共移动了 0+0+2+1+4＝7 次。

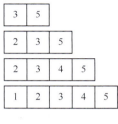

图 3.6

【答案】B

3.2　栈与队列

栈与队列的知识点如图 3.7 所示。

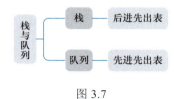

图 3.7

3.2.1　栈

栈是只能在指定一端插入和删除元素的特殊线性表。进行删除和插入的一端称为栈顶，另一端称为栈底。插入操作称为进栈（Push），删除操作称为出栈（Pop），栈也称为后进先出（LIFO）表，如图 3.8 所示。

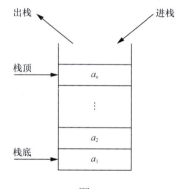

图 3.8

3.2.2　队列

队列是只在表的一端进行插入操作，而在另一端进行删除操作的线性表。进行删除操作的一端称为队头，进行插入操作的一端称为队尾。通常把删除和插入操作分别称为出队和入队。所有需要进队的元素只能从队尾进入，队列中的元

素只能从队头离开。由于总是先入队的元素先出队，因此队列也称为先进先出（FIFO）表。

3.2.3 真题解析

1. 【2020 年第 11 题】图 3.9 中所使用的数据结构是（　　）。

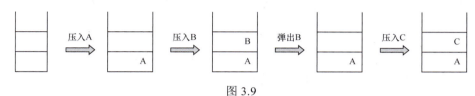

图 3.9

  A．栈   B．队列   C．二叉树   D．哈希表

【解析】图中所描述的进入容器方式符合栈的后进先出原则。

【答案】A

2. 【2021 年第 5 题】对于入栈顺序为 a,b,c,d,e 的序列，下列（　　）不是合法的出栈序列。

  A．a,b,c,d,e   B．e,d,c,b,a   C．b,a,c,d,e   D．c,d,a,e,b

【解析】实现选项 A 的操作：a 入栈，a 出栈，b 入栈，b 出栈，c 入栈，c 出栈，d 入栈，d 出栈，e 入栈，e 出栈；实现选项 B 的操作：a 入栈，b 入栈，c 入栈，d 入栈，e 入栈，e 出栈，d 出栈，c 出栈，b 出栈，a 出栈；实现选项 C 的操作：a 入栈，b 入栈，b 出栈，a 出栈，c 入栈，c 出栈，d 入栈，d 出栈，e 入栈，e 出栈；选项 D 中第三个出栈的 a 无法实现，c 和 d 最先出栈，说明 a 和 b 已经入栈了，因为 b 相较于 a 后入栈，理应先出栈。

【答案】D

3. 【2022 年第 2 题】有 6 个元素，按照 6、5、4、3、2、1 的顺序进入栈 S，请问下列哪个出栈序列是非法的？（　　）

  A．５４３６１２ B．４５３１２６ C．３４６５２１ D．２３４１５６

【解析】选项 C 中，元素 3 最先出栈，说明元素 6、5、4 已经入栈，并且元素 5 应该先于元素 6 出栈，给出的出栈序列里元素 6 先于元素 5 出栈，错误。

【答案】C

4. 【2022 年第 5 题】假设栈 S 和队列 Q 的初始状态为空。存在 e1～e6 这 6 个互不相同的数据，每个数据按照进栈 S、出栈 S、进队列 Q、出队列 Q 的顺序操作，不同数据间的操作可能会交错进行。已知栈 S 中依次有数据 e1、e2、e3、e4、e5 和 e6 进栈，队列 Q 依次有数据 e2、e4、e3、e6、e5 和 e1 出队列，则栈 S 的容量至少是（　　）个数据。

  A．2   B．3   C．4   D．6

【解析】一种合理的操作：e1 进栈 → e2 进栈 → e2 出栈 → e2 进队列 → e3 进栈 → e4 进栈 → e4 出栈 → e4 进队列 → e3 出栈 → e3 进队列 → e5 进栈 → e6 进栈 → e6 出栈 → e6 进队列 → e5 出栈 → e5 进队列 → e1 出栈 → e1 进队列 → e2 出队列 → e4 出队列 → e3 出队列 → e6 出队列 → e5 出队列 → e1 出队列。其中 e4 进栈和 e6 进栈时栈里元素最多，个数为 3，所以栈 S 的容量也至少是 3。

【答案】B

5. 【2022 年第 10 题】以下对数据结构的表述不恰当的一项为（　　）。

  A．图的深度优先遍历算法常使用的数据结构为栈

B. 栈的访问原则为后进先出，队列的访问原则是先进先出
C. 队列常常被用于广度优先搜索算法
D. 栈与队列存在本质不同，无法用栈实现队列

【解析】可以用两个栈 A 和 B 实现队列的操作，当有元素入队时，将元素加入栈 A，当有元素出队时，如果栈 B 不为空，则弹出 B 的栈顶元素，否则将 A 中所有元素依次出栈并依次进入 B，再将 B 的栈顶元素弹出。

【答案】D

6. 【2024 年第 13 题】给定一个空栈，支持入栈和出栈操作。若入栈操作的元素依次是 1 2 3 4 5 6，其中 1 最先入栈，6 最后入栈，则下面哪种出栈顺序是不可能的？（   ）
   A. 6 5 4 3 2 1   B. 1 6 5 4 3 2   C. 2 4 6 5 3 1   D. 1 3 5 2 4 6

【解析】A 的顺序：1 进 2 进 3 进 4 进 5 进 6 进，6 出 5 出 4 出 3 出 2 出 1 出。
B 的顺序：1 进，1 出，2 进 3 进 4 进 5 进 6 进，6 出 5 出 4 出 3 出 2 出。
C 的顺序：1 进 2 进，2 出，3 进 4 进，4 出，5 进 6 进，6 出 5 出 3 出 1 出。
D 无法实现。

【答案】D

3.2.4 习题

1. "FIFO,LILO" 形容的是哪一个数据结构？（   ）
   A. 顺序表   B. 双向链表   C. 栈   D. 队列

【解析】FIFO,LILO（First In First Out, Last In Last Out）形容的是队列（queue）这种数据结构。

【答案】D

2. 有一个队列初始为空，数字 1 至 9 依次入队列，且过程中有若干元素出队列。若当前队首元素为 3，则总共有多少元素出队列？（   ）
   A. 2   B. 3   C. 6   D. 7

【解析】因为队列是一种先进先出的数据结构，在 1，2，…，9 依次入队的情况下，队首元素为 3，说明比 3 先入队的 1、2 已经出队了，而其他元素没有出队，所以共有 2 个元素出队列。

【答案】A

3. 设栈 S 的初始状态为空，元素按照 a, b, c, d, e, f, g 的顺序依次入栈，按照 c, d, f, e, g, b, a 的顺序出栈，则栈 S 的容量至少应该是（   ）。
   A. 3   B. 4   C. 5   D. 6

【解析】根据入栈序列和出栈序列可以推出元素的出入栈顺序为：a 入栈→b 入栈→c 入栈→c 出栈→d 入栈→d 出栈→e 入栈→f 入栈→f 出栈→e 出栈→g 入栈→g 出栈→b 出栈→a 出栈，其中栈 S 里元素最多有 4 个，所以栈 S 的容量至少应该为 4。

【答案】B

4. 已知入栈序列为 a,b,c,d,e,f，则下列哪一个不是合法的出栈序列？（   ）
   A. a,b,c,d,e,f   B. c,b,d,f,e,a   C. c,d,f,e,a,b   D. f,e,d,c,b,a

【解析】根据栈"先进后出"的性质，在 C 选项中，a,b,c 依次入栈，这 3 个元素中 c 最先出栈，

所以此时未出栈的元素 a 必然在元素 b 的底部，元素 b 必然比元素 a 先出栈，但是选项 C 中，元素 a 却比元素 b 先出栈，这是不可能达到的。

【答案】C

5. 已知入栈序列为 a,b,c,d,e 且第一个出栈的元素是 c，则第 5 个出栈的元素不可能是（　　）。

   A. a　　　　　　B. b　　　　　　C. d　　　　　　D. e

【解析】元素 c 第一个出栈，能够推断出在元素 c 出栈时栈中恰好有 2 个元素 a 和 b，且 a 在 b 的底部，说明元素 b 必定比元素 a 先出栈，所以元素 b 必定不会是最后一个出栈的。c 出栈后，再将 d 和 e 入栈，可实现 a 是第 5 个出栈的元素；c 出栈后，让 b 和 a 出栈，再让 d 和 e 入栈，可实现 d 是第 5 个入栈的元素；c 出栈后，将 d 入栈，再让栈里的 d、b、a 出栈，最后将 e 入栈，可实现 e 是第 5 个出栈的元素。

【答案】B

3.3　树

树是一种非线性的数据结构，用它能很好地描述有分支和层次特性的数据集合。树的知识点如图 3.10 所示。

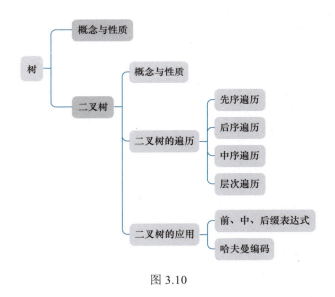

图 3.10

3.3.1　树的基本概念和性质

一棵树是由 n（n＞0）个元素组成的有限集合。其中，每个元素都称为节点（Node）；有一个特定的节点，称为根节点或树根（Root）；除根节点外，其余节点能分成 m（m ≥ 0）个互不相交的有限集合 $T_0, T_1, T_2, \cdots, T_{m-1}$。其中的每个子集都是一棵树，这些集合称为这棵树的子树。关于树的概念，本节将介绍如下 7 个：

（1）**根节点**。树有唯一的根节点，它没有前驱节点。

（2）**度**。一个节点的子树个数称为这个节点的度。度为 0 的节点称为叶节点，树中各节点的度的最大值称为这棵树的度。

（3）**子节点**。节点的子树的根称为该节点的子节点，该节点是子节点的父节点，同一个父节点的多个子节点互为兄弟节点。

（4）**层次**。定义一棵树的根节点的层次为 1，其他节点的层次等于它的父节点层次加 1。

（5）**深度**。一棵树中所有节点的层次的最大值称为树的深度。

（6）**路径**。对于树中任意两个不同的节点，如果从一个节点出发，自上而下沿着树中连着节点的边能到达另一节点，称它们之间存在着一条路径。可用路径所经过的节点序列表示路径，路径的长度等于路径上的节点个数减 1。从根节点出发，到树中的其余节点一定存在着一条路径。

（7）**森林**。森林是若干棵互不相交的树的集合。

3.3.2　二叉树的基本概念和性质

二叉树是一种特殊的树形结构，它是度数为 2 的树，即二叉树的每个节点最多有两个子节点。每个节点的子节点分别称为左孩子、右孩子，它的两棵子树分别称为左子树、右子树。二叉树的特点如下。

（1）二叉树的第 i 层最多有 2^{i-1} 个节点。

（2）深度为 k 的二叉树至多有 2^k-1 个节点。

（3）一棵深度为 k 且有 2^k-1 个节点的二叉树称为满二叉树。这种树的特点是每层上的节点数都是最大节点数。可以对满二叉树的节点进行连续编号，约定编号从根节点起，自上而下，从左到右依次递增。由此引出完全二叉树的定义：深度为 k、有 n 个节点的二叉树，当且仅当其每一个节点都与深度为 k 的满二叉树中编号从 1 到 n 的节点一一对应时，称为完全二叉树，如图 3.11 所示。

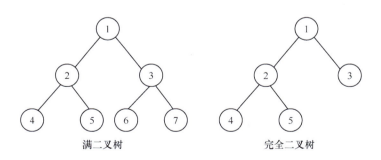

图 3.11

（4）对任意一棵二叉树，如果其叶节点数为 n_0，度为 2 的节点数为 n_2，则一定满足：$n_0 = n_2+1$。

证明：假设二叉树有 n 个节点，其中有 n_0 个叶节点，n_2 个度为 2 的节点，可知该二叉树有 n−1 条边，并且有 $n-n_0-n_2$ 个度为 1 的节点。那么满足等式 $n-1 = n_0×0+(n-n_0-n_2)×1+n_2×2$，化简可得 $n_0 = n_2+1$，证毕。

（5）具有 n 个节点的完全二叉树的深度为 [log₂n] +1（[x] 表示不超过 x 的最大整数）。

3.3.3 二叉树的遍历

按照某种次序访问树的全部节点叫作树的遍历。常见的遍历方法有以下 4 种。

（1）**先序遍历**：先访问根节点，再访问左子树，最后访问右子树。以图 3.12 为例，先序遍历结果为 1 → 2 → 4 → 7 → 5 → 3 → 6。

（2）**后序遍历**：先访问左子树，再访问右子树，最后访问根节点。以图 3.12 为例，后序遍历结果为 7 → 4 → 5 → 2 → 6 → 3 → 1。

（3）**中序遍历**：先遍历左子树，再访问根节点，最后访问右子树。以图 3.12 为例，中序遍历结果为 7 → 4 → 2 → 5 → 1 → 3 → 6。

（4）**层次遍历**：按层次从小到大逐个访问，同一层次按照从左到右的次序。以图 3.12 为例，层次遍历结果为 1 → 2 → 3 → 4 → 5 → 6 → 7。

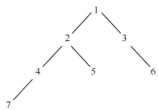

图 3.12

3.3.4 二叉树的应用

1. 前、中、后缀表达式

二叉树的应用之一是根据中缀表达式构建一棵二叉树，从而得到前缀表达式和后缀表达式。

普通的表达式即是中缀表达式，比如 3*(2-1)-1，构建树的时候从左到右扫描表达式，以扫描到的运算符作为子树的根节点，运算符两侧的数字或中间结果分别作为左子树和右子树，这样建树的目的是去掉括号，方便计算机进行计算。根据表达式 3*(2-1)-1 构建树的过程如下。

（1）第一个运算符 * 是一棵子树的根节点，两侧的 3 和 (2-1) 分别是它的左子树和右子树，如图 3.13 所示。

（2）* 的右子树 (2-1) 是一个中间结果，可以继续构建子树，运算符 - 作为根节点，2 和 1 分别是它的两个叶子节点，如图 3.14 所示。

（3）最后一个运算符是 -，以经上面步骤构建的子树作为左子树，以它右边的数字 1 作为右子树，如图 3.15 所示。

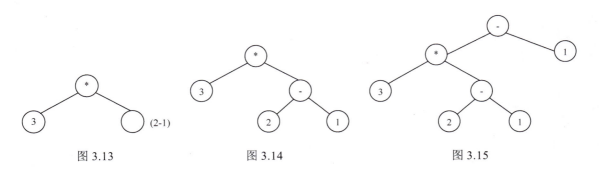

图 3.13　　　　　　　　图 3.14　　　　　　　　图 3.15

至此树已构建好，对该树进行中序遍历就是表达式 3*(2-1)-1，进行前序遍历便得到前缀表达式 -*3-211，进行后序遍历便得到后缀表达式 321-*1-。

2．哈夫曼编码

二叉树的另一个常见应用是根据频率对数据进行哈夫曼编码。哈夫曼编码的特点是"对出现频率较高的数据采用较短的编码，频率较低的数据采用较长的编码"，这样可以有效地节省传输数据的容量。在进行哈夫曼编码时，选择频率最小的两个数据作为左子树和右子树，以频率之和作为子树的根节点，然后将这两个数据从待编码数据中删除，并将根节点作为新数据加入待编码数据中，重复上面的过程，直到挑选出所有数据。

例如，现在有字符 a、b、c、d、e，各字符出现的频率是 10%、12%、33%、20%、25%，哈夫曼编码过程如下。

（1）将当前频率最小的两个字符 a 和 b 先挑选出来，其频率之和为 22%（见图 3.16）。

（2）当前频率最小的两个是字符 d 和 a 与 b 的父节点，其频率之和为 42%（见图 3.17）。

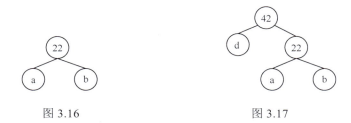

图 3.16　　　　　　　　图 3.17

（3）当前频率最小的两个字符是 c 和 e，其频率之和为 58%（见图 3.18）。

（4）最后剩下 d 的父节点和 e 的父节点，其频率之和为 100%（见图 3.19）。

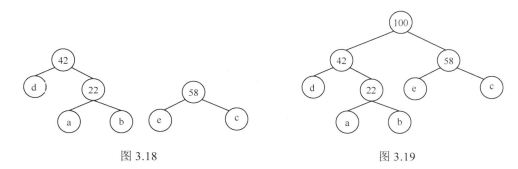

图 3.18　　　　　　　　　　　图 3.19

构建好树之后，每个字符的编码内容可视为一个 01 字串：从根节点开始往下找到该字符，每次向左走是字符 0，向右走是字符 1。比如 d 的哈夫曼编码是 00，b 的哈夫曼编码是 011。从树中可以看到，频率越低的字符代表的节点在树中的位置越深，也就是编码内容越长，这就是哈夫曼编码的原理。

3.3.5　真题解析

1．【2019 年第 8 题】一棵二叉树如图 3.20 所示，若采用顺序存

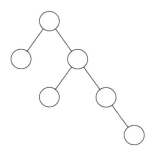

图 3.20

储结构，即用一维数组元素存储该二叉树中的节点（根节点的下标为1，若某节点的下标为i，则其左孩子位于下标2i处，右孩子位于下标2i+1处），则该数组的最大下标至少为（　　）。

　　A．6　　　　　　B．10　　　　　　C．15　　　　　　D．12

【解析】根据题目给定的规则，下标最大的节点为右下角的节点，其下标为[(1×2+1)×2+1]×2+1=15。

【答案】C

2．【2019年第14题】假设一棵二叉树的后序遍历序列为DGJHEBIFCA，其中序遍历序列为DBGEHJACIF，则其前序遍历序列为（　　）。

　　A．ABCDEFGHIJ　　B．ABDEGHJCFI　　C．ABDEGJHCFI　　D．ABDEGHJFIC

【解析】先通过后序遍历确定根节点，再根据中序遍历确定左子树和右子树，按照这样的方法画出整棵二叉树，根据前序遍历规则即可求出答案。由后序遍历序列DGJHEBIFCA可知，A为整棵树的根节点，推出中序遍历序列DBGEHJACIF里，A左边的DBGEHJ都是A的左子树节点，对应的后序遍历序列为DGJHEB，A右边的CIF都是A的右子树节点，对应的后序遍历序列为IFC；接下来用同样的方法能确定B是A的左子树根节点，C是A的右子树根节点……最后画出如图3.21所示的一棵树。

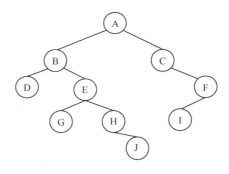

图3.21

【答案】B

3．【2020年第12题】独根树的高度为1，具有61个节点的完全二叉树的高度为（　　）。

　　A．7　　　　　　B．8　　　　　　C．5　　　　　　D．6

【解析】高度为n的完全二叉树有2^n-1个节点，在本题中，$2^n-1=61$，得出$2^n=62$，所以只需要计算$\log_2 62$即可，结果为6。

【答案】D

4．【2021年第6题】对于有n个顶点、m条边的无向连通图（m>n），需要删掉（　　）条边才能使其成为一棵树。

　　A．n−1　　　　　B．m−n　　　　　C．m−n−1　　　　D．m−n+1

【解析】要变成一棵树，最后会保留n−1条边。因为共有m条边，所以要删去m−(n−1)条边。

【答案】D

5．【2021年第8题】如果一棵二叉树只有根节点，那么这棵二叉树的高度为1。请问高度为5的完全二叉树有多少种不同的形态？（　　）

　　A．16　　　　　　B．15　　　　　　C．17　　　　　　D．32

【解析】5 层二叉树最多有 16 个节点，由于是完全二叉树，因此自左到右填满，应有 16 种不同的状态。

【答案】A

6.【2021 年第 9 题】表达式 a* (b+c)*d 的后缀表达式为（　　），其中 * 和 + 是运算符。

　　A．**a+bcd　　　　B．abc+*d*　　　　C．abc+d**　　　　D．*a*+bcd

【解析】根据表达式构建的二叉树如图 3.22 所示。

　　由二叉树可得后缀表达式为 abc+*d*。

【答案】B

7.【2022 年第 6 题】表达式 a+ (b-c)*d 的前缀表达式为（　　），其中 +、-、* 是运算符。

　　A．*a-bcd　　　　B．+a*-bcd　　　　C．abc-d*+　　　　D．abc-+d

【解析】根据表达式构建的二叉树如图 3.23 所示。

　　由二叉树可得前缀表达式为 +a*-bcd。

【答案】B

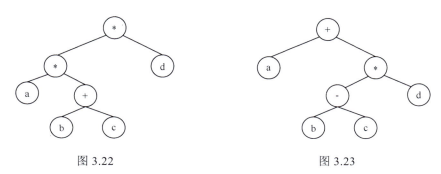

图 3.22　　　　　　　　　　　　　图 3.23

8.【2022 年第 7 题】假设字母表 {a, b, c, d, e } 在字符串出现的频率分别为 10%、15%、30%、16% 和 29%，若使用哈夫曼编码方式对字母进行不定长的二进制编码，则字母 d 的编码长度为（　　）位。

　　A．1　　　　B．2　　　　C．2 或 3　　　　D．3

【解析】根据频率建立的二叉树如图 3.24 所示。

　　由二叉树可得 d 的编码长度是 2 位。

【答案】B

9.【2022 年第 8 题】一棵有 n 个节点的完全二叉树用数组进行存储与表示，已知根节点存储在数组的第 1 个位置。若存储在数组第 9 个位置的节点存在兄弟节点和两个子节点，则它的兄弟节点和右子节点的位置分别是（　　）。

　　A．8、18　　　　B．10、18　　　　C．8、19　　　　D．10、19

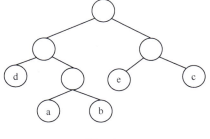

图 3.24

【解析】根节点存储在数组的第 1 个位置，则根节点的左右子节点分别存储在数组的第 2 和第 3 个位置；第 2 个节点的左右子节点分别存储在数组的第 4 和第 5 个位置；第 3 个节点的左右子节点分别存储在数组的第 6 和第 7 个位置。由此推出第 i 个节点的左右子节点的位置分别是 2i 和 2i+1，当 i 为奇数时，兄弟节点为 i-1；当 i 为偶数时，兄弟节点为 i+1。

【答案】C

10. 【2023 年第 5 题】如果根节点的高度为 1，那么一棵拥有 2023 个节点的三叉树高度至少为（   ）。

   A．6   B．7   C．8   D．9

【解析】满三叉树的节点数为 $s=(3^n-1)/2$，2023 个节点介于 7 层和 8 层之间，所以最少需要 8 层三叉树。

【答案】C

11. 【2023 年第 8 题】后缀表达式"6 2 3 + - 3 8 2 / + * 2 ^ 3 +"对应的中缀表达式是（   ）。

   A．((6-(2＋3))*(3＋8/2))^2＋3   B．6-2＋3*3＋8/2^2＋3
   C．(6-(2＋3))*((3＋8/2)^2)＋3   D．6-((2＋3)*(3＋8/2))^2＋3

【解析】根据表达式构建的二叉树如图 3.25 所示。

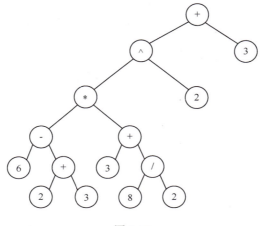

图 3.25

【答案】C

12. 【2023 年第 10 题】假设有一组字符 {a,b,c,d,e,f}，各字符出现的频率分别为 5%、9%、12%、13%、16%、45%。请问以下哪个选项是字符 a,b,c,d,e,f 分别对应的一组哈夫曼编码？（   ）

   A．1111,1110,101,100,110,0   B．1010,1001,1000,011,010,00
   C．000,001,010,011,10,11   D．1010,1011,110,111,00,01

【解析】本题考查的是"哈夫曼编码"这一知识点。根据哈夫曼编码的生成过程，我们可以按照如下步骤得到字符 a,b,c,d,e,f 分别对应的哈夫曼编码。

- 将所有字符按照出现频率从小到大排序，得到字符序列 {a,b,c,d,e,f}。
- 取出频率最小的两个字符 a 和 b，构建一棵二叉树，并将其根节点的频率设置为 a 和 b 的频率之和（5%＋9%＝14%）。
- 将原序列中的 a 和 b 删除，并将新生成的节点插入序列中，得到新的字符序列 {c,d,e,f,ab}。重复上述步骤，直至得到一棵包含所有字符的二叉树。

对于每条从根节点到叶子节点的路径，用 0 表示向左走，用 1 表示向右走，得到对应字符的哈夫曼编码 a（1111）、b（1110）、c（101）、d（100）、e（110）和 f（0），故选 A。

【答案】A

13. 【2023年第11题】给定一棵二叉树，其前序遍历结果为ABDECFG，其中序遍历结果为DEBACFG，那么这棵树的正确后序遍历结果是（   ）。
    A．EDBGFCA   B．EDBGCFA
    C．DEBGFCA   D．DBEGFCA

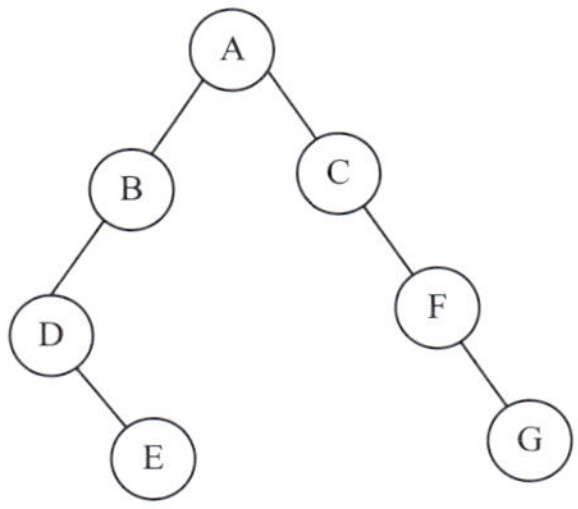

【解析】本题考查的是"二叉树的遍历"这一知识点。我们可以根据前序遍历和中序遍历画出二叉树，如图3.26所示，然后根据求得的二叉树得到后序遍历的结果。

【答案】A

14. 【2024年第12题】已知二叉树的前序遍历为[A,B,D,E,C,F,G]，其中序遍历为[D,B,E,A,F,C,G]，那么二叉树的后序遍历的结果是（   ）。
    A．[D,E,B,F,G,C,A]   B．[D,E,B,F,G,A,C]
    C．[D,B,E,F,G,C,A]   D．[D,E,B,F,G,A,C]

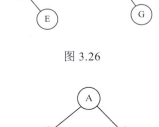

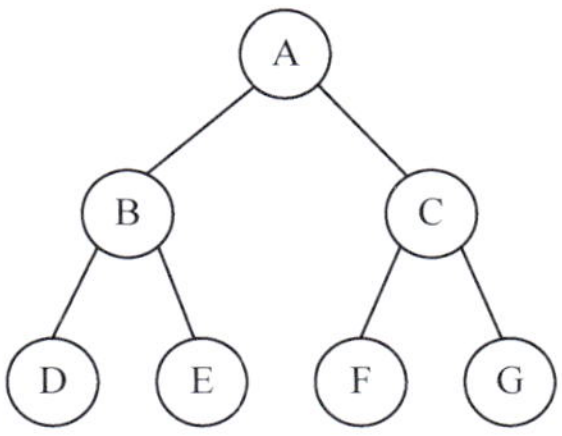

图3.26

【解析】本题考查的是"二叉树的遍历"这一知识点。我们可以根据前序遍历和中序遍历画出二叉树，如图3.27所示，然后根据求得的二叉树得到后序遍历的结果。

【答案】A

图3.27

3.3.6 习题

1. 完全二叉树共有N个叶子节点，则它共有多少个节点？（   ）
   A．2N-1   B．2N   C．2N+1   D．N^2

【解析】设完全二叉树根节点深度为1，则深度为i的节点共有2^{i-1}个，一棵深度为h的完全二叉树的叶子节点有2^{h-1}个，整棵树一共有$1+2+\cdots+2^{h-1}=2^h-1$个节点，因为$2^h-1=2\times 2^{h-1}-1$，完全二叉树的总节点个数是叶子节点的2倍少1，所以本题的节点总数为2N-1。

【答案】A

2. 若根节点深度为1，则一棵深度为n的二叉树最多有多少个节点？（   ）
   A．2n+1   B．n^2-1 C．2^n-1 D．2^n

【解析】深度为n的二叉树中，完全二叉树包含的节点个数最多，为2^n-1。

【答案】C

3. 完全二叉树的顺序存储方案，是指将完全二叉树的节点从上至下、从左至右依次存储到一个顺序结构的数组中。假定根节点存储在数组的1号位置，则第k号节点的右孩子节点如果存在的话，应当存放在数组的（   ）号位置。
   A．k+1   B．k+2   C．2k+1   D．2k+2

【解析】完全二叉树的顺序存储方案中，对于编号为k的节点，其左右孩子节点的编号是固定的，即左孩子编号为2k，右孩子编号为2k+1。

【答案】C

4. 已知包含7个节点的二叉树的前序遍历序列为1→2→4→3→5→6→7，其中序遍历序列为4→2→1→5→3→7→6，则其后序遍历序列为（   ）。
    A．2→3→4→5→6→7→1   B．2→4→3→5→6→7→1

C. 3→5→6→7→4→1→2　　　　D. 4→2→5→7→6→3→1

【解析】由前序遍历序列 1,2,4,3,5,6,7 可知，1 为整棵树的根节点，推出中序遍历序列 4,2,1,5,3,7,6 里，1 左边的 4,2 都是 1 的左子树节点，对应的前序遍历序列为 2,4，右边的 5,3,7,6 都是 1 的右子树节点，对应的前序遍历序列为 3,5,6,7；接下来用同样的方法能确定 2 是 1 的左子树根节点，3 是 1 的右子树根节点……还原出二叉树如图 3.28 所示，该二叉树的后序遍历序列为 4,2,5,7,6,3,1。

【答案】D

5. 已知包含 7 个节点的二叉树的中序遍历序列为 2→4→6→7→1→3→5，其后序遍历序列为 4→7→6→2→5→3→1，则其前序遍历序列为（　　）。

A. 1→2→3→6→4→5→7　　　　B. 1→2→6→4→7→3→5
C. 1→4→5→2→3→6→7　　　　D. 2→3→1→7→4→5→6

【解析】根据中序遍历和后序遍历可还原出二叉树，如图 3.29 所示，该二叉树的前序遍历序列为 1→2→6→4→7→3→5。

【答案】B

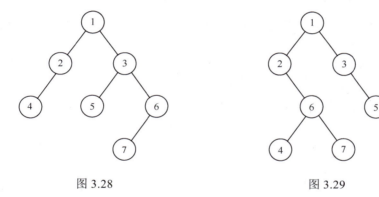

图 3.28　　　　　　　　　　图 3.29

3.4　图

图的知识点如图 3.30 所示。

图 3.30

3.4.1 图的基本概念和性质

图是由顶点集合和边集合构成的数据结构，记为 Graph =(V,E)。V 是一个非空有限集合，表示顶点的集合，E 代表边的集合。边没有方向的图为无向图，如图 3.31 所示。边有方向的图为有向图，如图 3.32 所示。

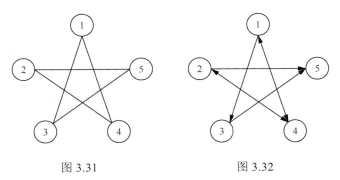

图 3.31　　　　　　　　图 3.32

图的基本概念包括如下几个。

（1）**入度**。在有向图中，以某个顶点为终点的有向边的数目，称为这个顶点的入度，例如图 3.33 中顶点 5 的入度为 2。

（2）**出度**。在有向图中，以某个顶点为起点的有向边的数目，称为这个顶点的出度，例如在图 3.33 中顶点 4 的出度为 1。

（3）**度**。在无向图中，与顶点相连的边的数目称为顶点的度。例如在图 3.34 中，顶点 2 的度为 2。在有向图中，顶点入度和出度之和称为顶点的度。

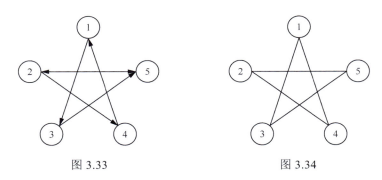

图 3.33　　　　　　　　图 3.34

（4）**连通**。如果图中顶点 U 和 V 之间存在一条从 U 出发，通过若干条边、顶点到达 V 的通路，则称顶点 U 和 V 是连通的。例如，在图 3.31 的无向图中，顶点 2 和顶点 1 之间，可以通过 2→4→1 的方式到达，也可以通过 1→4→2 的方式到达，那么就说顶点 2 和顶点 1 是连通的。在图 3.32 的有向图中，顶点 2 可以通过 2→4→1 的方式到达顶点 1，但是顶点 1 无法到达顶点 2，因此顶点 1 和顶点 2 不连通。

（5）**权值**。权值可以理解为从图中一个顶点到另一个顶点的代价或者距离，也可以形象地理解为边的长度。例如，在图 3.35 中，顶点 1 到顶点 3 的权值是 9。

（6）**回路**。起点和终点相同的路径，称为回路，或"环"。例如，在图 3.36 中，1→3→5→2→4→1 就是一个回路。

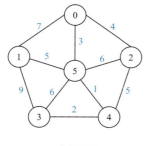
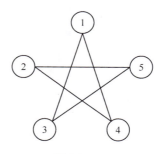

图 3.35　　　　　　　　　　　图 3.36

（7）**完全图**。无向完全图是指每个顶点都与其他顶点恰好有一条边相连，因此有 n 个顶点的无向完全图有 n(n-1)/2 条边；有向完全图是指每个顶点都与其他顶点恰好有两条方向相反的边相连，因此有 n 个顶点的有向完全图含有 n(n-1) 条边。

3.4.2　拓扑排序

拓扑排序是对有向无环图的一种排序方法，具体的排序规则是：找到一个入度为 0 的顶点，输出这个顶点，然后删除所有与该顶点相连的边，循环这个操作直到输出所有顶点。

例如，对图 3.37 的有向无环图进行拓扑排序，可能的一种排序结果是 2、3、4、5、1。值得注意的是，拓扑排序的结果不唯一，因为 3、2、4、5、1 也是一种可能的排序结果。对有向无环图的拓扑排序可以视为动物界的食物链，满足"大鱼吃小鱼，小鱼吃虾米"的法则，因为拓扑排序保证了图中不存在从后面某个顶点指向前面某个顶点的边。

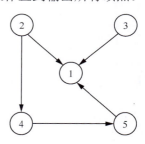

图 3.37

3.4.3　真题解析

1. 【2020 年第 8 题】有 10 个顶点的无向图至少应该有（　　）条边才能确保是一个连通图。
   A．9　　　　　　　B．10　　　　　　　C．11　　　　　　　D．12

【解析】n 个节点的无向图，最少需要 n-1 条边才能够保证是一个连通图。

【答案】A

2. 【2022 年第 9 题】考虑由 N 个顶点构成的有向连通图，采用邻接矩阵的数据结构表示时，该矩阵中至少存在（　　）个非零元素。
   A．N-1　　　　　　B．N　　　　　　　C．N+1　　　　　　D．N^2

【解析】N 个顶点的有向连通图，最少需要 N 条边，这 N 条边与 N 个顶点一起刚好构成一个环。有向图的邻接矩阵里的非零元素个数就是边的个数。

【答案】B

3. 【2023 年第 12 题】考虑一个有向无环图，该图包括 4 条有向边，即 (1,2)、(1,3)、(2,4) 和 (3,4)。以下哪个选项是这个有向无环图的一个有效的拓扑排序？（　　）
   A．4,2,3,1　　　　B．1,2,3,4　　　　C．1,2,4,3　　　　D．2,1,3,4

【解析】本题考查的是"有向图的拓扑排序"这一知识点。拓扑排序是有向无环图中对顶点进行排序的一种方法，使得全部有向边从排在前面的顶点指向排在后面的顶点。根据本题给出的有向边（1,2）、（1,3）、（2,4）和（3,4），我们可以确定拓扑排序的正确选项。根据拓扑排序的定义，我们需要先排列没有前置依赖的顶点。根据上述关系，只有顶点 1 没有前置依赖，可知它必须是拓扑排序的第一个顶点。随后，根据关系（1,2）和（1,3），顶点 2 和顶点 3 是直接依赖于顶点 1 的，可知它们应该排在顶点 1 之后。最后，根据关系（2,4）和（3,4），我们可知顶点 4 是直接依赖于顶点 2 和顶点 3 的，所以它应该在顶点 2 和顶点 3 后面。由此可知，有效的拓扑排序应该为 1,2,3,4 或者 1,3,2,4，故选 B。

【答案】B

4. 【2024 年第 11 题】在无向图中，所有顶点的度数之和等于（　　）。
   A．图的边数　　　　　　　　　　B．图的边数的两倍
   C．图的顶点数　　　　　　　　　D．图的顶点数的两倍

【解析】无向图的边不区分方向，一条边会向两个顶点各贡献一个度，因此所有顶点度数之和等于边数的两倍。

【答案】B

3.4.4 习题

1. 对于一个包含 n 个顶点的有向图，若该图是强连通的（从所有顶点都存在路径到达其他顶点），则其中最少有多少条有向边？（　　）
   A．n-1　　　　B．n　　　　C．n+1　　　　D．2n

【解析】强连通图至少需要存在一个有向环，令所有点都在一个有向环上即可实现图的强连通，需要至少 n 条有向边。

【答案】B

2. 无向完全图是图中每对顶点之间都恰好有一条边的简单图。已知无向完全图 G 有 10 个顶点，则它共有（　　）条边。
   A．9　　　　B．45　　　　C．55　　　　D．90

【解析】一个包含 n 个顶点的无向完全图共有 n(n-1)/2 条边，因此本题中的边数为 10×9÷2=45。

【答案】B

3. 已知一个包含 5 个顶点 6 条边的无向图，其中前 4 个顶点的度分别为 4、2、1 和 3，则第 5 个顶点的度为（　　）。
   A．0　　　　　　　　　　　　　B．1
   C．2　　　　　　　　　　　　　D．3

【解析】顶点的度之和=边数×2，因此第 5 个顶点的度=边数×2-前 4 个顶点的度之和=6×2-(4+2+1+3)=2，如图 3.38 所示。

【答案】C

4. 关于拓扑排序，下面说法正确的是（　　）。
   A．所有连通的有向无环图都可以实现拓扑排序

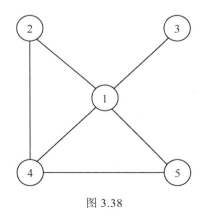

图 3.38

B．对同一个图而言，拓扑排序的结果是唯一的
C．拓扑排序中入度为 0 的顶点总会排在入度大于 0 的顶点的前面
D．拓扑排序结果序列中的第二个顶点一定是入度为 1 的点

【解析】所有连通的有向无环图都可以实现拓扑排序，若有向图中存在环，则无法实现拓扑排序，选项 A 正确。除非有向图是一条链，否则拓扑排序的结果不是唯一的，选项 B 错误；除非图中只有一个入度为 0 的点，或者所有入度为 0 的点指向同一个顶点，否则入度大于 0 的顶点是可能排在入度为 0 的顶点前面的，选项 C 错误；若图中存在至少 2 个入度为 0 的点，则拓扑排序序列的第二个顶点可能为入度为 0 的点，选项 D 错误。

【答案】A

5. 如图 3.39 所示，从顶点 1 到达顶点 8 的最短路径长度为（   ）。

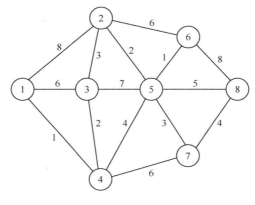

图 3.39

A．8　　　　　　　B．9　　　　　　　C．10　　　　　　　D．11

【解析】最短路径为 1 → 4 → 5 → 8，对应的长度为 1+4+5＝10。

【答案】C

第 4 章 算法基础

在 2019—2024 年这 6 年的 CSP 初级软件能力认证考试中,涉及算法基础知识的选择题有 0～6 道,具体考点分布及对应的分值见表 4.1。

表 4.1

时间 / 年	时间复杂度 / 道	模拟 / 道	排序 / 道	枚举 / 道	递归与递推 / 道	二分法 / 道	搜索 / 道
2019	—	—	—	2	—	2	—
2020	—	—	2	—	2	—	—
2021	2	—	—	—	2	—	2
2022	—	—	2	—	—	—	—
2023	—	—	—	—	—	—	—
2024	—	—	—	—	—	2	—

算法基础的知识点如图 4.1 所示。

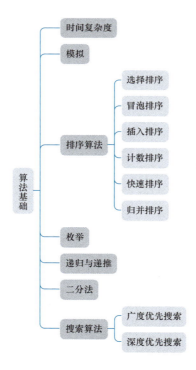

图 4.1

4.1 时间复杂度

4.1.1 知识概述

时间复杂度用来描述一个算法的耗时，这个概念的详细定义比较复杂，可以简单理解为"基础运算的规模"。表示时间复杂度的渐进符号有多种，例如大 Θ、大 Ω、大 O、小 ω、小 o 等，每个符号有不同的计算规则。因为大写字母 O 比较容易从键盘输入和书写，所以我们经常用大 O 符号来描述算法的时间复杂度上限。

例如，下面的代码段：

```
cin >> n;
for(int i = 1; i <= n; i++)
    cin >> a[i];
sum = 0;
for(int i = 1; i <= n; i++)
    for(int j = i; j <= n; j++)
        sum += a[i] * a[j];
cout << sum;
```

其中语句 cin>>n; 执行了 1 次，语句 cin >> a[i]; 执行了 n 次，语句 sum = 0; 执行了 1 次，语句 sum+ = a[i] * a[j]; 执行了 n+(n−1)+⋯+2+1 = $\frac{n \times (n+1)}{2}$ 次，语句 cout<<sum; 执行了 1 次。总的执行次数是 $\frac{1}{2}n^2 + \frac{3}{2}n + 3$ 次。用括号将执行次数放入大 O 符号中即是这段代码的时间复杂度，也就是 $O\left(\frac{1}{2}n^2 + \frac{3}{2}n + 3\right)$。通常执行次数是一个多项式，一般只保留最高次项并省略系数，这个多项式中最高次项是 $\frac{1}{2}n^2$，省略系数后是 n^2，因此这段代码的时间复杂度记为 $O(n^2)$。

有时候某些算法在不同情况下时间复杂度不同，例如快速排序算法的时间复杂度依赖数据之间的大小关系，最坏情况下，所有数据已经排好顺序，快速排序算法的时间复杂度会很高。因此为了更准确地描述，我们认为快速排序算法的时间复杂度在最坏情况下为 $O(n^2)$，平均情况下为 $O(n\log n)$。

4.1.2 真题解析

【2021 年第 4 题】以比较作为基本运算，在 N 个数中找出最大数，最坏情况下需要的最少比较次数为（　　）。
A. N^2　　　　B. N　　　　C. N−1　　　　D. N+1

【解析】每次比较可以排除较小的数，经过 N−1 次比较，还剩下一个数，即为最大数。
【答案】C

4.1.3 习题

1. 在含有 n 个元素的双向链表中查询是否存在关键字为 k 的元素，最坏情况下运行的时间复杂度是（ ）。

A．O(1)　　　　　B．O(logn)　　　　　C．O(n)　　　　　D．O(nlogn)

【解析】最坏情况下每个元素都需要遍历一次，时间复杂度为 O(n)。

【答案】C

2. 某算法的计算时间表示为递推关系式 T(n) = T(n/2)+n（n 为正整数）及 T(0) = 1，则该算法的时间复杂度为（ ）。

A．O(1)　　　　　B．O(n)　　　　　C．O(nlogn)　　　　　D．O(n^2)

【解析】根据递推关系式可以直接推出 T(n) = T(n/2)+n = T(n/4)+n/2+n = T(n/8)+n/4+n/2+n = ⋯≈2n，因此该算法的时间复杂度为 O(n)。

【答案】B

3. 在使用高级语言编写程序时，一般提到的"空间复杂度"中的"空间"是指（ ）。

A．程序源文件理论上占用的硬盘空间
B．程序运行时理论上占用的内存空间
C．程序运行时理论上占用的 CPU 计算量
D．程序运行时理论上递归调用的最大深度

【解析】空间复杂度是对一个算法在运行过程中临时占用内存空间大小的度量。

【答案】B

4.2 模拟

4.2.1 知识概述

模拟就是根据题目表述的规则，按需求编写代码解决实际问题。假设有如下问题：

"禾木的手机话费每天消费 1 元，每消费 3 元就可以获赠 1 元，一开始禾木有 10 元，问最多可以用多少天？"

这类问题有时会涉及数学公式，可以找到初始金额与可使用天数的关系，但这种解决方法一般比较困难。实际上，如果直接模拟手机话费消费的过程，会比较简单。

编写代码时，我们可以使用两个变量分别表示"话费余额"与"天数"，在循环结构中模拟每一天的消费情况，"天数"每增加 1，"话费余额"就减少 1 元，并且当"天数"是 3 的倍数时，"话费余额"就增加 1 元，当话费余额为 0 时，停止循环，变量"天数"的值即是答案。参考代码如下：

```
int day=0,money=10;
while(money){
    day++;
    money--;
    if(day%3==0) money++;
}
cout<<day<<endl;
```

模拟的做法不一定是最优方法，但实现起来比较简单，容易编写代码。除了这种生活中的抽象例子，阅读程序写结果也可以看作对程序的模拟，即根据代码写出每一步代码执

行后变量的变化情况。

4.2.2 习题

1. 已知 2022 年 10 月 1 日是星期六，则 1997 年 10 月 1 日是星期几？（　　）
   A．星期二　　　　　B．星期三　　　　　C．星期五　　　　　D．星期六

【解析】从 1997 年到 2022 年，一共经过了 25 年，已知平年有 365 天，即 52 个星期多 1 天，闰年有 366 天，即 52 个星期多 2 天，所以往前每推 1 年，对于平年，星期可向前推 1 天，对于闰年，星期可向前推 2 天。因为从 1997 年到 2022 年共有 6 年（2000 年、2004 年、2008 年、2012 年、2016 年、2020 年）为闰年，所以对应的星期往前推平年数 ×1+ 闰年数 ×2 = 19×1+6×2 = 31 天，即 4 个星期多 3 天，相当于星期向前推 3 天，即星期三。

【答案】B

2. 初始时队列中有 10 个元素，从队首到队尾依次为 2, 3, 1, 5, 4, 6, 7, 3, 2, 8，要求每次从队首取出两个元素，若两数奇偶性相同，则将它们的和加入队列；否则，将它们的乘积加入队列。最终队列中只剩下 1 个元素，这个元素的数值为（　　）。
   A．32　　　　　　　B．37　　　　　　　C．42　　　　　　　D．63

【解析】队列中的元素变化如下所示：
2,3,1,5,4,6,7,3,2,8；
1,5,4,6,7,3,2,8,6；
4,6,7,3,2,8,6,6；
7,3,2,8,6,6,10；
2,8,6,6,10,10；
6,6,10,10,10；
10,10,10,12；
10,12,20；
20,22；
42。
最终队列中的元素数值为 42。

【答案】C

3. 下列代码段的输出结果是（　　）。

```
int a = 23, b = 0;
while (a != 1) {
    b ++;
    if (a % 2 == 0)
        a /= 2;
    else
        a = a * 3 + 1;
}
cout << b;
```

   A．7　　　　　　　B．15　　　　　　　C．27　　　　　　　D．33

【解析】模拟一下程序，可以发现 a 的数值变化过程为 23 → 70 → 35 → 106 → 53 → 160 → 80 → 40 → 20 → 10 → 5 → 16 → 8 → 4 → 2 → 1，a 变化了 15 次，所以循环体内的

语句"b++"一共执行了 15 次，因此输出结果为 15。

【答案】B

4. 下列代码段的输出结果是（   ）。

```
char s[] = "Hetao 101";
for (int i = 0; s[i]; i++) {
    if (s[i] >= 'A' && s[i] <= 'Z')
        s[i] += 32;
    else if (s[i] >= 'a' && s[i] <= 'z')
        s[i] -= 32;
    else if (s[i] >= '0' && s[i] <= '8')
        s[i] ++;
}
cout << s;
```

A．Hetao　　　　B．hETAO　　　　C．hETAO 212　　　　D．hETao 102

【解析】上述代码段可以实现英文字母的大小写转换，同时将 0～8 的数字字符 ASCII 码加 1，选项 C 正确。

【答案】C

5. 下列代码段的输出结果是（   ）。

```
int a[100] = {1, 2, 3, 4, 5}, i = 1, j = 5;
while (i < j && a[i-1]%2 != a[i]%2) {
    a[j++] = a[i-1] + a[i];
    i ++;
}
cout << j;
```

A．5　　　　　　B．6　　　　　　C．9　　　　　　D．13

【解析】每一轮循环结束后，变量的变化如表 4.2 所示，最终 j 的值为 9。

表 4.2

	i	j	a[0]	a[1]	a[2]	a[3]	a[4]	a[5]	a[6]	a[7]	a[8]
第 1 轮循环结束	2	6	1	2	3	4	5	3	—	—	—
第 2 轮循环结束	3	7	1	2	3	4	5	3	5	—	—
第 3 轮循环结束	4	8	1	2	3	4	5	3	5	7	—
第 4 轮循环结束	5	9	1	2	3	4	5	3	5	7	9

【答案】C

4.3 排序算法

排序算法是用来将一组元素按照某种顺序进行排列的算法。排序算法类型较多，通常我们可以用稳定性、是否基于比较、时间/空间复杂度、实现起来是否简单等指标评估其是否优秀。排序算法的稳定性是指关键字相同的两个元素，在排序后是否仍然保持原来的顺序。基于比较是指排序过程中是否进行了元素之间的大小比较。

在本节中，我们介绍几种经典的排序。如果没有特殊说明，下列这些算法都是在对一个长度为 n 的整型数组 a[1]～a[n] 按照从小到大的顺序排序，并保证数组的每个元素都在 1～m 内。

4.3.1 选择排序

选择排序的思想非常简单直接：选择最小的元素放到第一个位置，选择第二小的元素放在第二个位置，以此类推，如图 4.2 所示。

参考代码如下：

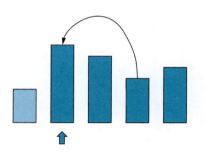

图 4.2

```
#include <iostream>
using namespace std;
int n, a[1005];
int main()
{
    cin >> n;
    for (int i = 1; i <= n; i++)
        cin >> a[i];
    for (int i = 1; i <= n; i++)
    {
        int minI = i; //a[i]～a[n]最小值下标
        for (int j = i + 1; j <= n; j++)
            if (a[j] < a[minI])
                minI = j;
        swap(a[i], a[minI]);
    }
    for (int i = 1; i <= n; i++)
        cout << a[i] << " ";
    cout << endl;
    return 0;
}
```

显然，选择排序的时间复杂度为 $O(n^2)$。因为两个元素可以跨越相同的元素进行交换，所以选择排序是一个不稳定的排序算法，例如当初始数组为 $21_{(1)}$、$21_{(2)}$、1 时，会把第一个 21 与 1 进行交换，这样排序后的数组为 1、$21_{(2)}$、$21_{(1)}$，两个相同的 21 在排序后相对位置发生了改变。

4.3.2 冒泡排序

冒泡排序的思想是每次检查相邻的元素，如果不符合排序规则，就交换它们的位置。如果所有相邻的元素都符合排序规则，则排序完成。在比较的过程中，较大的元素会像气泡一样慢慢冒到数列的末尾，故将这种方法称为冒泡排序，如图 4.3 所示。

参考代码如下：

```
#include <iostream>
using namespace std;
int n, a[1005];
int main()
```

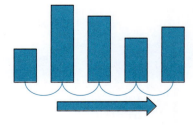

图 4.3

```cpp
{
    cin >> n;
    for (int i = 1; i <= n; i++)
        cin >> a[i];
    for (int i = 1; i <= n; i++)
    {
        bool flag = false; //标记本轮是否进行过交换
        for (int j = 1; j <= n - i; j++)
            if (a[j] > a[j + 1])
            {
                swap(a[j], a[j + 1]);
                flag = true;
            }
        //如果本轮没发生交换,说明所有元素已经有序
        if (!flag)
            break;
    }
    for (int i = 1; i <= n; i++)
        cout << a[i] << " ";
    cout << endl;
    return 0;
}
```

当我们从头到尾对所有相邻元素进行一次比较与交换后,最大的元素就移到了最后的位置。进行第二轮这样的操作后,第二大的元素就移到了倒数第二的位置。因此最多执行 n 轮即可完成排序,最坏情况下,冒泡排序的时间复杂度为 $O(n^2)$。如果所有元素一开始就按照从小到大的顺序排列,只需要一轮即可完成,时间复杂度为 $O(n)$。因为相同的元素在比较过程中不会交换位置而互相跨越,所以冒泡排序是一种稳定的排序算法。

4.3.3 插入排序

插入排序的思想是把数组分为两部分,且前半部分有序而后半部分无序,每次把无序部分的第一个元素插入有序部分合适的位置,如图 4.4 所示。

参考代码如下:

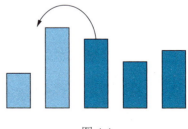

图 4.4

```cpp
#include <iostream>
using namespace std;
int n, a[1005];
int main()
{
    cin >> n;
    for (int i = 1; i <= n; i++)
        cin >> a[i];
    for (int i = 2; i <= n; i++)
    {
        //把a[i] 插入a[1]~a[i-1] 中合适的位置
        for (int j = i; j > 1; j--)
            if (a[j] < a[j - 1])
                swap(a[j], a[j - 1]);
            else
                break;
    }
    for (int i = 1; i <= n; i++)
        cout << a[i] << " ";
    cout << endl;
    return 0;
}
```

显然，如果数组中的所有元素一开始按照从大到小的顺序排列，那么每次都需要把后半部分的第一个元素插入前半部分的第一个位置，时间复杂度为 $O(n^2)$。如果所有元素从一开始就按照从小到大的顺序排列，那么每个元素都停留在原来位置即可，无须进行插入操作，时间复杂度为 $O(n)$。每个元素在遇到小于等于自己的元素时便停止交换，元素在插入时不会跨越相同的元素，因此插入排序是一种稳定的排序算法。

4.3.4 计数排序

计数排序的思想是统计 1～m 这 m 个数的出现次数，并根据出现次数得到有序的数组，如图 4.5 所示，数字 1 出现了 0 次，数字 2 出现了 1 次，数字 3 出现了 2 次，数字 4 出现了 2 次，所以排序后的数字依旧是 1 个 2，2 个 3，2 个 4，也就是 2 3 3 4 4。计数排序是一种不基于比较的排序算法，有时也会被称为桶排序，实际上这种说法不太严谨，应该说计数排序是一种特殊的桶排序。桶排序的思想是将 1～m 分成很多个桶，向每个桶里装入一定范围内的数（比如，每 m/10 个数分为一个桶），并将装有数的桶继续划分成更小的桶。计数排序可以看作一开始就划分成 m 个大小为 1 的桶的排序。另外，还有一种排序算法叫作基数排序，虽然与计数排序读音类似，但它们是两种不同的排序算法。计数排序的参考代码如下：

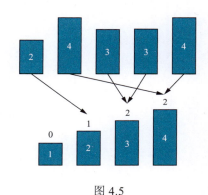

图 4.5

```
#include <iostream>
using namespace std;
int n, a[1005], cnt[1005];
int main()
{
    cin >> n;
    for (int i = 1; i <= n; i++)
        cin >> a[i];
    //计数
    for (int i = 1; i <= n; i++)
        cnt[a[i]]++;
    //输出
    for (int i = 1; i <= m; i++)
        while (cnt[i] > 0)
        {
            cnt[i]--;
            cout << i << " ";
        }
    cout << endl;
    return 0;
}
```

上面代码计数部分的时间复杂度是 $O(n)$，输出部分的时间复杂度是 $O(m+n)$，因此总的时间复杂度是 $O(m+n)$。另外，计数排序需要一个长度至少为 m 的数组，因此计数排序适合 n 比较大但是 m 比较小的情况。

4.3.5 快速排序

快速排序采用了分治的思想，排序时首先选择一个元素作为划分依据，把数组划分成两部分，要求左半边的所有元素都小于等于右半边，如图 4.6 所示，紧接着分别对左、右两部分的元素进行快速排序即可。

参考代码如下：

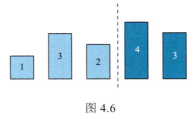

图 4.6

```cpp
#include <iostream>
using namespace std;
int n, a[100001];
void qsort(int l, int r)
{
    //以中间点为划分依据，避免恶意构造的数据
    int x = a[(l + r) / 2];
    int i = l, j = r;
    while (i <= j)
    {
        while (a[i] < x)//在左半边找到第一个大于等于x的元素
            i++;
        while (a[j] > x)//在右半边找到第一个小于等于x的元素
            j--;
        if (i <= j)//如果找到了，交换位置
        {
            swap(a[i], a[j]);
            i++;
            j--;
        }
    }
    //划分完毕，分别对左、右两部分的元素进行排序
    if (l < j)
        qsort(l, j);
    if (i < r)
        qsort(i, r);
}
int main()
{
    cin >> n;
    for (int i = 1; i <= n; i++)
        cin >> a[i];
    qsort(1, n);
    for (int i = 1; i <= n; i++)
        cout << a[i] << " ";
    return 0;
}
```

显然每一轮划分过程的总时间复杂度都是 O(n)。一般情况下，每一轮划分都能把两部分分成相似的大小，这样一共只需要 O(logn) 层即可完成排序，时间复杂度为 O(nlogn)。而最坏情况下，每次划分都有一部分只有一个元素（比如初始就有序且选择的划分依据为第一个元素），这样就需要 O(n) 层才可以完成排序，即快速排序的最坏时间复杂度为 $O(n^2)$。

因为在划分的过程中可能发生相同元素互相跨越的情况，所以快速排序是一种不稳定的排序算法。

4.3.6 归并排序

归并排序与快速排序一样用到了分治的思想，不同的是，归并排序每次都直接把序列一分为二，分别对左半边和右半边的序列进行排序。排序完成后，再将有序的两部分合并即可，如图 4.7 所示。

图 4.7

参考代码如下：

```cpp
#include <iostream>
using namespace std;
int n;
int a[100005]; //待排序数组
int t[100005]; //合并时使用的临时数组
void MergeSort(int l, int r)
{
    //递归的边界，如果只有一个元素，自然有序
    if (l == r)
        return;
    int mid = (l + r) / 2;
    //分别排序两部分
    MergeSort(l, mid);
    MergeSort(mid + 1, r);
    //把a[l]～a[mid]与a[mid+1]～a[r]有序合并进 t[l]～t[r]
    int pl = l;
    int pr = mid + 1;
    int pt = l;
    while (pl <= mid && pr <= r)
    {
        if (a[pl] <= a[pr])
            t[pt++] = a[pl++];
        else
            t[pt++] = a[pr++];
    }
    while (pl <= mid)
        t[pt++] = a[pl++];
    while (pr <= r)
        t[pt++] = a[pr++];
    //将t[l]～t[r] 覆盖回a[l]～a[r]
    for (int i = l; i <= r; i++)
        a[i] = t[i];
}

int main()
{
```

```
        cin >> n;
        for (int i = 1; i <= n; i++)
            cin >> a[i];
        MergeSort(1, n);
        for (int i = 1; i <= n; i++)
            cout << a[i] << " ";
        cout << endl;
        return 0;
    }
```

由于每层合并的总时间复杂度为 O(n)，一共严格进行了 O(logn) 层，因此归并排序的时间复杂度为 O(nlogn)。归并排序需要用到一个额外的数组，因此一般情况下的快速排序比归并排序更快。在合并的过程中，左右两部分遇到相同的元素时，只要优先选择左边的元素进行合并，即可保证相同的元素不互相跨越，因此归并排序也是一种稳定的排序算法。

上述各种排序算法比较见表 4.3。

表 4.3

算法名称	时间复杂度	稳定性	是否基于比较
选择排序	$O(n^2)$	不稳定	是
冒泡排序	$O(n^2)$，初始有序时为 $O(n)$	稳定	是
插入排序	$O(n^2)$，初始有序时为 $O(n)$	稳定	是
计数排序	$O(n+m)$，需要额外的数组	稳定	否
快速排序	$O(nlogn)$，最坏情况下为 $O(n^2)$	不稳定	是
归并排序	$O(nlogn)$	稳定	是

4.3.7 真题解析

1. **【2020 年第 5 题】** 冒泡排序算法的伪代码如下：

    输入：数组 L，n ≥ k。输出：按非递减顺序排序的 L。
    算法 BubbleSort：
    1. FLAG ← n //标记被交换的最后元素位置
    2. while FLAG > 1 do
    3.   k ← FLAG -1
    4.   FLAG ← 1
    5.   for j=1 to k do
    6.   if L(j) > L(j+1) then do
    7.   L(j) ↔ L(j+1)
    8.   FLAG ← j

    对 n 个数用以上冒泡排序算法进行排序，最少需要比较多少次？（　　）
    A. n^2　　　　　　B. n−2　　　　　　C. n−1　　　　　　D. n

【解析】 如果原数组已经排好序，那么第一轮循环不会交换任何元素，冒泡排序结束，一共进行 n−1 次比较。

【答案】 C

2. 【2022 年第 12 题】以下排序算法的常见实现中，哪个选项的说法是错误的？（　　）
　　A．冒泡排序算法是稳定的　　　　　　B．简单选择排序是稳定的
　　C．简单插入排序是稳定的　　　　　　D．归并排序算法是稳定的

【解析】选项中提到的 4 种算法里，简单选择排序是不稳定的。
【答案】B

4.3.8 习题

1. 有一台计算机使用选择排序对 200 个数字排序共用了 100ms，如果花费 400ms，大概能对多少个数字进行排序？（　　）
　　A．400　　　　　　B．800　　　　　　C．1600　　　　　　D．3200

【解析】选择排序的时间复杂度为 $O(n^2)$，也就是说，数据量扩大 n 倍，时间将扩大 n^2 倍，本题中时间扩大了 4 倍，则对应的数据量扩大了 2 倍，大概能对 200×2 = 400 个数字进行排序。
【答案】A

2. 以下哪个算法不是基于比较的排序算法？（　　）
　　A．冒泡排序　　　B．快速排序　　　C．计数排序　　　D．归并排序

【解析】计数排序不是基于比较的排序算法。
【答案】C

3. 将数组 {4, 1, 6, 8, 2, 3, 7, 5} 中的元素按从小到大的顺序排列，每次可以交换任意两个元素，最少需要交换（　　）次。
　　A．4　　　　　　　B．5　　　　　　　C．6　　　　　　　D．7

【解析】最少次数的交换顺序：元素 4 和 8 交换位置，元素 8 和 5 交换位置，元素 5 和 2 交换位置，元素 2 和 1 交换位置，元素 3 和 6 交换位置，共交换了 5 次能实现数组从小到大排序。
【答案】B

4. 下列代码段对应的输出结果是（　　）。

```cpp
int cnt = 0, a[5] = {5, 3, 2, 4, 1};
for (int i = 1; i < 5; i++) {
    for (int j = 0; j < 5-i; j++) {
        if (a[j] > a[j+1]) {
            cnt++;
            int t = a[j];
            a[j] = a[j+1];
            a[j+1] = t;
        }
    }
}
cout << cnt;
```

　　A．4　　　　　　　B．6　　　　　　　C．8　　　　　　　D．10

【解析】本题计算冒泡排序过程中的交换次数，等价于数组逆序对数，为 8。
【答案】C

5. 下列代码段对应的输出结果是（　　）。

```
int a[5] = {2, 5, 6, 7, 8}, b[5] = {1, 3, 4, 6, 9}, c[10];
int i = 0, j = 0, k = 0;
while (i < 5 && j < 5) {
    if (a[i] <= b[j]) c[k++] = a[i++];
    else c[k++] = b[j++];
}
while (i < 5) c[k++] = a[i++];
while (j < 5) c[k++] = b[j++];
for (int i = 0; i < 10; i++)
    cout << c[i] << ",";
```

A．1,3,4,6,9,2,5,6,7,8,　　　　　　B．2,5,6,7,8,1,3,4,6,9,
C．2,1,5,3,6,4,7,6,8,9,　　　　　　D．1,2,3,4,5,6,6,7,8,9,

【解析】该代码段可以模拟将两个升序数组合并成一个升序数组的过程。

【答案】D

6. 设 A 和 B 是两个长为 n 的有序数组，现在需要将 A 和 B 合并成一个排好序的数组，任何以元素比较作为基本运算的归并算法在最坏情况下至少要做（　　）次比较。

A．2n−1　　　　B．2n　　　　C．n(n−1)　　　　D．n^2

【解析】一种最优解法是再开一个顺序表 C，每次比较 A 和 B 中当前最小元素，并将最小元素插入 C 的末尾，这样最坏情况下 A 和 B 都比较到了最后一个数，则经过 2n−1 次比较后，A 和 B 中仅剩一个元素，将其直接插入 C 的末尾，即实现了两个有序数组的合并。

【答案】A

7. 以下排序算法中，（　　）的时间复杂度为 O(nlogn)，其中 n 是待排序的元素个数。

A．冒泡排序　　　B．插入排序　　　C．归并排序　　　D．选择排序

【解析】归并排序的时间复杂度为 O(nlogn)，其他 3 种排序算法的时间复杂度均为 $O(n^2)$。

【答案】C

4.4　枚举

4.4.1　知识概述

枚举又称为穷举，是通过"逐一尝试所有可能来判断是否符合要求"来找到问题答案的一种求解策略。例如，"百钱买百鸡问题"：公鸡一只 5 元钱，母鸡一只 3 元钱，小鸡 3 只 1 元钱，现在要用 100 元钱买 100 只鸡，问公鸡、母鸡、小鸡各买多少只？

对于这道题，我们就可以逐一尝试所有的购买方案，并判断是否满足鸡的数量是 100 只，且总价为 100 元钱，这就是基础的枚举法。参考代码如下：

```
#include <iostream>
using namespace std;
int main()
{
    for (int i = 0; i <= 100; i++)                //公鸡
        for (int j = 0; j <= 100; j++)            //母鸡
            for (int k = 0; k <= 100; k++)        //小鸡
                if (i + j + k == 100 &&           //一共100只
```

```
                k % 3 == 0 &&                          //小鸡必须是3的倍数
                i * 5 + j * 3 + k / 3 == 100)          //一共100元
            cout << i << " " << j << " " << k << endl;
    return 0;
}
```

4.4.2 真题解析

【2019 年第 11 题】新学期开学了，小胖想减肥，健身教练给小胖制订了如下两个训练方案。
（1）每次连续跑 3 千米可以消耗热量 300 千卡（耗时半小时）。
（2）每次连续跑 5 千米可以消耗热量 600 千卡（耗时 1 小时）。
小胖每周周一到周四能抽出半小时跑步，周五到周日能抽出 1 小时跑步。
另外，教练建议小胖每周最多跑 21 千米，否则有可能损伤膝盖。
请问，如果小胖想严格执行教练的训练方案，又不想损伤膝盖，每周最多通过跑步消耗多少千卡？（　　）
  A．3000   B．2500   C．2400   D．2520

【解析】可以枚举跑 5 千米的次数：跑 0 次 5 千米，则可以跑 7 次 3 千米，消耗热量 2100 千卡；跑 1 次 5 千米，则可以跑 5 次 3 千米，消耗热量 2100 千卡；跑 2 次 5 千米，则可以跑 3 次 3 千米，消耗热量 2100 千卡；跑 3 次 5 千米，则可以跑 2 次 3 千米，消耗热量 2400 千卡。

【答案】C

4.4.3 习题

1. 禾木有 5 枚相同的 1 元硬币，2 枚相同的 2 元硬币，3 枚相同的 5 元硬币，他要用这些硬币恰好凑够 10 元，共有多少种不同的方案？（　　）
  A．2   B．3   C．4   D．5

【解析】共有 4 种不同的方案，如下所示：
  1 枚 1 元硬币 +2 枚 2 元硬币 +1 枚 5 元硬币；
  3 枚 1 元硬币 +1 枚 2 元硬币 +1 枚 5 元硬币；
  5 枚 1 元硬币 +1 枚 5 元硬币；
  2 枚 5 元硬币。

【答案】C

2. 1～20 这 20 个整数中，有多少整数 a 满足 a 的平方除以 13 的余数小于 5？（　　）
  A．7   B．10   C．13   D．16

【解析】1～20 这 20 个整数对应的平方除以 13 的余数分别为 1、4、9、3、12、10、10、12、3、9、4、1、0、1、4、9、3、12、10 和 10，其中小于 5 的数共有 10 个。

【答案】B

3. 有一种字符串加密算法如下：对于 1 个只包含小写英文字母的字符串，将其中的字符转换成 1～26 的整数（a 对应 1，b 对应 2，……，z 对应 26），并将这些数字相加，其和除以 10 的余数即为加密的结果。下列 4 个选项中，哪个字符串经过该加密算法的结果为 1？（　　）
  A．hetao   B．hemu   C．taozi   D．wulahu

【解析】hetao 的加密结果为 (8+5+20+1+15)%10 = 9；hemu 的加密结果为 (8+5+13+21)%10 = 7；taozi 的加密结果为 (20+1+15+26+9)%10 = 1；wulahu 的加密结果为 (23+21+12+1+8+21)%10 = 6。

【答案】C

4. 对于一个十进制整数 a，它的数位和为它各位上数字之和，它的数位积为它各位上数字的乘积，例如，数字 234 的数位和为 2+3+4 = 9，数位积为 2×3×4 = 24。那么，1 ~ 100 这 100 个整数中有（ ）个数的数位和大于数位积。

A．18　　　　　B．27　　　　　C．35　　　　　D．61

【解析】所有一位整数都不满足条件；10 到 19 都满足条件；对于大于等于 20 的两位整数来说，只有个位为 0 或 1 的整数满足数位和大于数位积；100 满足条件。因此，共有 27 个满足条件的数，它们分别为 10、11、12、13、14、15、16、17、18、19、20、21、30、31、40、41、50、51、60、61、70、71、80、81、90、91 和 100。

【答案】B

5. 给定两个大小为 10 的序列 a 和 b，a 中的元素依次为 7, 11, 2, 3, 8, 6, 1, 5, 10, 12，b 中的元素依次为 3, 9, 16, 2, 5, 4, 7, 6, 13, 11，从序列 a 中选出一个元素 a_i，再从序列 b 中选出一个元素 b_j，且同时满足"a_i 与 b_j 的奇偶性相同且相差大于 3"，有（ ）种不同的选数方案。

A．19　　　　　B．27　　　　　C．33　　　　　D．54

【解析】共有 33 种不同的 $\{a_i,b_j\}$ 方案，分别为 {7,3}、{7,13}、{7,11}、{11,3}、{11,5}、{11,7}、{2,16}、{2,6}、{3,9}、{3,7}、{3,13}、{3,11}、{8,16}、{8,2}、{8,4}、{6,16}、{6,2}、{1,9}、{1,5}、{1,7}、{1,13}、{1,11}、{5,9}、{5,13}、{5,11}、{10,16}、{10,2}、{10,4}、{10,6}、{12,16}、{12,2}、{12,4} 和 {12,6}。

【答案】C

4.5 递归与递推

4.5.1 知识概述

递归与递推是求解一类问题的两种思想。递归是自顶向下求解问题，递推是自底向上求解问题。例如，对于斐波那契数列：

0, 1, 1, 2, 3, 5, 8, 13, …

从第 3 项开始，每一项都等于前两项之和。假设用 f_i 表示斐波那契数列第 i 项，那么该数列第 20 项 f_{20} 是多少？

按照递归的思路，要求 f_{20}，需要先求出 f_{19} 与 f_{18}，而要求 f_{19}，需要先求出 f_{18} 与 f_{17}，要求 f_{18}，需要先求出 f_{17} 与 f_{16}，以此类推，如图 4.8 所示。

我们可以使用函数调用自身的形式实现递归求解。参考代码如下：

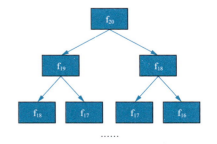

图 4.8

```
#include <iostream>
using namespace std;
int Fibonacci (int x)
{
    if (x == 1)
        return 0;
    if (x == 2)
        return 1;
    return Fibonacci (x - 1) + Fibonacci (x - 2);
}
int main()
{
    cout << Fibonacci (20) << endl;
    return 0;
}
```

递归的缺点是可能会重复求解多个值，例如，上面的题目里 f_{18}、f_{17} 等都会被多次计算，从而导致时间复杂度较高。要降低时间复杂度，我们可以通过记忆化递归的方法记录已经求出来的值。参考代码如下：

```
#include <iostream>
using namespace std;
int f[25]; //用数组记录已经求出来的值,f[i]表示数列中的第i项
int Fibonacci (int x)
{
    //如果第x项已经被记录了，直接返回
    if (f[x] != -1)
        return f[x];
    //将第x项记录在数组中并返回
    if (x == 1)
        f[x] = 0;
    else if (x == 2)
        f[x] = 1;
    else
        f[x] = Fibonacci (x - 1) + Fibonacci (x - 2);
    return f[x];
}
int main()
{
    memset(f, -1, sizeof(f));
    cout << Fibonacci (20) << endl;
    return 0;
}
```

递推与递归的求解顺序正好相反，f_1 与 f_2 可以直接初始化赋值，紧接着依次求解 f_3 到 f_{20}。按照这样的顺序，每一项都是之前已经求出的两项之和。可以使用数组并编写循环结构的代码实现递推求解，这种方法又称为扫表法。参考代码如下：

```
#include <iostream>
using namespace std;
int f[25];
int main()
{
    f[1] = 0;
    f[2] = 1;
    for (int i = 3; i <= 20; i++)
        f[i] = f[i - 1] + f[i - 2];
    cout << f[20] << endl;
    return 0;
}
```

4.5.2 真题解析

1. 【2020 年第 6 题】设 A 是 n 个实数的数组，考虑下面的递归算法：

    ```
    XYZ (A[1..n])
    1.  if n= 1 then return A[1]
    2.  else temp ← XYZ (A[1..n-1])
    3.  if temp < A[n]
    4.  then return temp
    5.  else return A[n]
    ```

    请问算法 XYZ 的输出是什么？（　　）

    A．A 数组的平均值　　　　　　　　　B．A 数组的最小值

    C．A 数组的中值　　　　　　　　　　D．A 数组的最大值

    【解析】递归函数 XYZ 返回前 n−1 个数的最小值并保存在变量 temp 里，再将 temp 的值和第 n 个数加以比较，返回其中较小的一个，因此递归函数 XYZ 输出的是 n 个数的最小值。

    【答案】B

2. 【2021 年第 13 题】考虑如下递归算法：

    ```
    solve(n)
      if r<=1 return 1
      else if n>=5 return n*solve(n-2)
      else return n*solve(n-1)
    ```

    则调用 solve(7) 得到的返回结果为（　　）。

    A．105　　　　　B．840　　　　　C．210　　　　　D．420

    【解析】当 n 大于等于 5，递归调用 solve(n−2)，并与 n 相乘。当 n 小于 5 时，递归调用 solve(n−1)，并与 n 相乘。因此，最终结果为 7×5×3×2×1 = 210。

    【答案】C

4.5.3 习题

1. 小猴子每天吃总数的一半多 2 根香蕉，过了 5 天，它发现还剩下 3 根香蕉，则 5 天前有（　　）根香蕉。

    A．108　　　　　B．110　　　　　C．216　　　　　D．220

    【解析】定义 f_i 表示 i 天前的香蕉数量，则递推公式为 $f_i = (f_{i-1}+2)×2$。按公式推导可得 $f_0 = 3$，$f_1 = (3+2)×2 = 10$，$f_2 = (10+2)×2 = 24$，$f_3 = (24+2)×2 = 52$，$f_4 = (52+2)×2 = 108$，$f_5 = (108+2)×2 = 220$。

    【答案】D

2. 已知数列 a 满足 $a_1 = a_2 = 1$，当 i>2 时，$a_i = 2a_{i-2}+a_{i-1}$，则 a_{10} 的值为（　　）。

    A．171　　　　　B．297　　　　　C．341　　　　　D．432

    【解析】依据递推公式可推导出 $a_3 = 3$，$a_4 = 5$，$a_5 = 11$，$a_6 = 21$，$a_7 = 43$，$a_8 = 85$，$a_9 = 171$，$a_{10} = 341$。

    【答案】C

3. 禾木要从地面上走到第 10 级台阶，假设禾木每一步可以向上跨 1 级、2 级或 3 级台阶，则禾木从地面上跨到 3 级台阶上，共有（　　）种不同的方案。

    A．149　　　　　B．274　　　　　C．432　　　　　D．504

【解析】设 f_i 为禾木从地面跨到第 i 级台阶的不同方案数，则有 $f_1=1$，$f_2=1+f_1=2$，$f_3=1+f_1+f_2=4$，当 i>3 时，$f_i=f_{i-3}+f_{i-2}+f_{i-1}$，据此可以推出 $f_4=7$，$f_5=13$，$f_6=24$，$f_7=44$，$f_8=81$，$f_9=149$，$f_{10}=274$。

【答案】B

4. 汉诺塔问题如图 4.9 所示，有 3 根杆子（A、B 和 C），A 杆上有 8 个穿孔圆盘，盘的尺寸由下到上依次变小，要求按下列规则将所有圆盘移至 C 杆：

（1）每次只能移动一个圆盘；

（2）大盘不能叠在小盘上面。

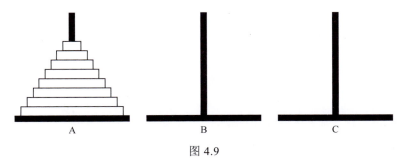

图 4.9

那么，至少需要移动（　　）次。

A．127　　　　　　B．216　　　　　　C．255　　　　　　D．365

【解析】观察发现，若要将 N 个圆盘从 A 杆移动到 C 杆，则需要先将第 N 大的圆盘上方的 N-1 个圆盘移动到 B 杆，然后将第 N 大的圆盘从 A 杆移动到 C 杆，再将 B 杆上 N-1 个圆盘全部移动到 C 杆。不妨设 F_N 为将前 N 个最小的圆盘从一个杆移动到另一个杆的最少移动次数，则可得递推公式为 $F_N=2\times F_{N-1}+1$。明显能够得到 $F_1=1$，接着可以推导出 $F_2=3$，$F_3=7$，$F_4=15$，$F_5=31$，$F_6=63$，$F_7=127$，$F_8=255$。

【答案】C

5. 某城市有 7 条贯穿南北的街道及 5 条贯穿东西的街道，桃子一开始在西南角的路口 A，她要到达东北角的路口 B，共有（　　）种不同的最短路径。

A．126　　　　　　B．198　　　　　　C．210　　　　　　D．255

【解析】用 $f_{i,j}$ 表示从左下角的路口到达自南向北第 i 条街道与自西向东第 j 条街道的交叉口的最短路径方案数，则可以得到推导公式为：当 i=1 或 j=1 时，$f_{i,j}=1$；当 i>1 且 j>1 时，$f_{i,j}=f_{i-1,j}+f_{i,j-1}$。可以推出桃子从西南角的路口 A，要到达东北角的路口 B 的最短路径如表 4.4 所示，方案数为 $f_{5,7}=210$。

表 4.4

北 ↑ 南	西→东						
	1	2	3	4	5	6	7
5	1	5	15	35	70	126	210
4	1	4	10	20	35	56	84
3	1	3	6	10	15	21	28
2	1	2	3	4	5	6	7
1	1	1	1	1	1	1	1

【答案】C

4.6 二分法

4.6.1 二分法的思想

二分法又称为二分查找法或折半查找法，是一种高效的查找算法。二分法一般要求待查找的范围满足单调性。例如，在一个元素按从小到大排好序的数组中，可以使用二分法查找指定的某个数。

如果依次将数组里的每一个元素和待查找元素加以比较，那么在最坏情况下，需要遍历整个数组才能找到待查找元素，对于长度为 n 的数组，这种方法的时间复杂度为 O(n)。二分法的基本思想是每次比较排除掉当前查找范围内一半的元素。由于每次比较都会让查找范围缩小一半，因此这种方法的时间复杂度为 O(logn)。

在二分查找的过程中，每次在当前查找范围内，取中间位置的元素和待查找的元素加以比较，并根据比较结果，缩小查找范围。

例如，当前有一个包含 10 个元素的数组，其元素已按从小到大排好序，即 1, 3, 4, 9, 10, 11, 19, 21, 22, 24，需要在该数组中查找元素 22。查找过程见表 4.5。

表 4.5

比较次数	当前查找范围	中间位置的元素	比较结果
1	{1, 3, 4, 9, 10, 11, 19, 21, 22, 24}	10	小于 22
2	{11, 19, 21, 22, 24}	21	小于 22
3	{22, 24}	22	等于 22

在上面的查找过程中，如果中间元素小于 22，则把中间以及左边的元素排除掉；如果中间元素大于 22，则把中间以及右边的元素排除掉；如果中间元素等于 22，说明找到了待查找的元素。

除了在有序数组里查找某个数，二分法还适用于寻找满足或不满足某个条件的"分界点"。例如，在上面的例子中，我们可以理解为要找的是"大于等于 22"的最小元素。所有满足"大于等于 22"这个条件的元素，都集中在待查找范围的右边；而不满足条件的元素，都集中在待查找范围的左边。如果中间元素不满足条件，说明它与它左边的元素都不满足条件；如果中间元素满足条件，说明它与它右边的元素都满足条件。因此，可以根据中间元素是否满足条件来决定排除掉查找范围的左半边还是右半边。

4.6.2 二分法的实现

在二分法中，可以用变量 l 和 r 表示当前查找范围的左端点和右端点下标，mid 表示中间元素的下标，mid 的值取为 (l+r)/2。接下来要做的是判断 mid 位置的元素是否满足条件，根据判断的结果，可以修改 l 或 r 的值来缩小查找范围。如果想要排除掉左边一半的范围，那么可以把 l 更新为 mid+1。如果想要排除掉右边一半的范围，那么可以把 r 更新为 mid−1。缩小范围后，可以继续使用二分法，直至找到答案，或者将范围缩小到空为止。

可以定义一个变量 ans，初始值为 –1。如果 mid 满足条件，就把 ans 赋值为 mid，最后一次赋给 ans 的值，即为最终答案对应的下标。如果整个查找范围内，都没有满足条件的数，此时问题无解，ans 保持为初始值 –1 不变。参考代码如下：

```
int n,a[105];
int ans = -1, l = 1, r = n, mid,key;  //最初查找范围是1到n,key为待查找的值
cin>>n>>key;
for(int i=1;i<=n;i++) cin>>a[i];   //数据从小到大排列
while (l <= r)
{
    mid = (l + r) / 2;
    if (a[mid]>=key)         //满足条件
    {
        ans = mid;           //记录答案
        r = mid - 1;         //排除右边，继续在左边寻找
    }
    else
        l = mid + 1;         //排除左边，继续在右边寻找
}
cout << ans << endl;
```

4.6.3 真题解析

1. 【2019 年第 5 题】设有 100 个已排好序的数据元素，采用二分法时，最大比较次数为（　　）。

   A．7　　　　　　B．10　　　　　　C．6　　　　　　D．8

【解析】每次比较可以排除掉当前查找范围内一半（向下取整）的元素，经过 7 次比较后，查找范围内剩余元素的数量变化为 50 → 25 → 13 → 7 → 4 → 2 → 1。此时，查找范围内仅剩 1 个元素，表示查找完成。

【答案】A

2. 【2024 年第 9 题】假设有序表中有 1000 个元素，则用二分法查找元素 x 最多需要比较（　　）次。

   A．25　　　　　　B．10　　　　　　C．7　　　　　　D．1

【解析】$2^{10} = 1024 > 1000$，故选 B。

【答案】B

4.6.4 习题

1. 对有序数组 {1, 3, 5, 8, 12, 15, 17, 22, 33, 45, 78} 进行二分查找，成功找出元素 33 的查找长度（比较次数）是（　　）。

   A．1　　　　　　B．2　　　　　　C．3　　　　　　D．4

【解析】两次二分查找比较的元素依次为 15、33，一共通过 2 次比较就找到了元素 33。

【答案】B

2. 对一个包含 1000 个元素的有序顺序表进行二分查找，则最大比较次数为（　　）。

   A．8　　　　　　B．9　　　　　　C．10　　　　　　D．11

【解析】对包含 1000 个元素的有序顺序表进行二分查找，最大比较次数为 $[\log_2 1000] = 10$。

【答案】C
3. 下面关于线性表中二分查找的叙述中正确的是（　　）。
   A．表必须有序，而且只能从小到大排列
   B．表必须有序，且表中的元素需要具有单调性
   C．表不需要有序，但存储必须是顺序存储
   D．表必须有序，表可以按照顺序方式存储，也可以按照链表方式存储

【解析】因为二分查找要求表中元素具有单调性，所以从小到大排序、从大到小排序或者别的单调性规则都是可以进行二分的，选项 A、C 错误；链表无法随机访问任一元素，因此选项 D 错误。

【答案】B

4. 若采用二分查找算法在一个顺序表中通过 5 次比较查找到值为 key 的元素，则该顺序表中的元素至少有（　　）个。
   A．16　　　　　B．17　　　　　C．31　　　　　D．32

【解析】顺序表大小为满足 $\lceil \log_2 n \rceil = 5$ 的最小的 n，可得 $n = 2^4 + 1 = 17$。

【答案】B

5. 下列代码段的输出结果是（　　）。

```
int a[10] = {1, 4, 5, 8, 9, 11, 13, 18, 22, 37}, x = 20;
int l = 0, r = 9;
while (l < r) {
    int mid = (l + r + 1) / 2;
    if (a[mid] * a[mid] <= x)
        l = mid;
    else
        r = mid-1;
}
cout << a[l];
```

A．4　　　　　B．8　　　　　C．9　　　　　D．18

【解析】该代码段输出的是平方不超过 20 的最大的元素，只有 4 符合这一条件。

【答案】A

4.7　搜索算法

搜索算法常用于树和图，用来对节点进行有序遍历。常见的搜索算法有广度优先搜索和深度优先搜索。

4.7.1　广度优先搜索

在对树进行广度优先搜索（Breadth First Search，BFS）时，从根节点开始访问，然后依次访问与根节点直接相连的节点，这些节点可以称为第一层节点。接下来，依次访问与第一层节点直接相连并且没有被访问过的节点，这些节点可以称为第二层节点。不断重复上述过程，一层一层地遍历下去，直到访问完所有节点为止。图 4.10 中的节点编号表示了对这棵树进行广度优先遍历时节点被访问的顺序。

图的广度优先遍历也是类似的，在图上指定一个起点，然后从起点开始，一层一层地访问图上的节点。图 4.11 中的编号表示了对这张图进行广度优先遍历时，节点被访问的顺序。

在遍历的过程中，节点 2 和节点 3 可以视为第一层的节点，节点 4 可以视为第二层的节点，节点 5 和节点 6 可以视为第三层的节点，节点 7 可以视为第四层的节点。

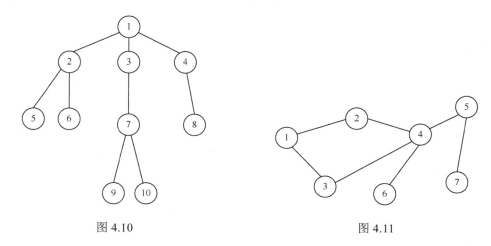

图 4.10　　　　　　　　　　　　　　图 4.11

BFS 常用来求解"从起始状态到目标状态，最少需要多少步"这类问题。在如图 4.12 所示的迷宫里，从左上角的白色格子出发，每一步只可以移动到相邻的白色格子，如果想要到达右下角的白色格子，从起点到终点最少需要移动多少步？

在进行广度优先搜索时，一般需要创建一个队列，队列里最初只有起始状态。接下来要做的是每次取出队首元素，求出它能一步到达且当前还没有被访问过的元素。依次遍历这些元素，并把它们的步数设置为队首元素的步数加 1，再加入队列。例如，在图 4.13 中，假设当前队首元素对应的格子是 A，它周围有 B、C、D 这 3 个白色格子，其中 B 已经被访问过，那么此时需要访问 C 和 D，把它们的步数设置为 A 的步数加 1，并将它们入队。

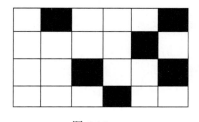　　　　　　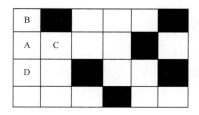

图 4.12　　　　　　　　　　　　图 4.13

因为在广度优先搜索的过程中，一定是通过步数最少的方式访问每个元素，所以广度优先搜索可以求出从起始状态到目标状态的最少步数。参考代码如下：

```cpp
#include <iostream>
#include <queue>
using namespace std;
const int MAXN = 1005;                    //迷宫的最大长宽
const int dx[4] = {0, 0, 1, -1};          //4个方向对应的x坐标变化
const int dy[4] = {1, -1, 0, 0};          //4个方向对应的y坐标变化
int n, m;              //迷宫的长和宽
int a[MAXN][MAXN];           // 存放地图信息,0表示白色（空地）,1表示黑色（障碍物）
```

```cpp
int d[MAXN][MAXN];              //从左上角格子遍历到其他各个格子的最少步数
bool vis[MAXN][MAXN];            //标记每个格子是否已经被访问
struct A {
    int x, y;                    //用来存放位置信息的结构体,x和y分别表示两个下标
};
queue<A> q;                      //广度优先搜索用到的队列
int main()
{
    cin >> n >> m;
    for (int i = 1; i <= n; i++)
        for (int j = 1; j <= m; j++)
            cin >> a[i][j];
    q.push({1, 1});              //把左上角的起点入队
    vis[1][1] = true;            //把起点标记为已访问
    d[1][1] = 0;                 //起点到自己的步数为0
    while (!q.empty()) {
        A tp = q.front();                        //取出队首元素
        q.pop();
        int tx = tp.x, ty = tp.y;                //tx和ty表示当前格子的下标
        for (int i = 0; i < 4; i++) {            //分别看4个方向相邻的格子
            int nx = tx + dx[i];                 //nx和ny表示相邻格子的下标
            int ny = ty + dy[i];
            if (nx >= 1 && nx <= n && ny >= 1 && ny <= m && a[nx][ny] == 0 && !vis[nx][ny]) {   //判断下标没有越界,并且该格子是没有被访问过的白色格子
                vis[nx][ny] = true;              //标记为已访问
                d[nx][ny] = d[tx][ty] + 1;       //步数设为当前格子加1
                q.push({nx, ny});                //入队
            }
        }
    }
    cout << d[n][m] << endl;                     //输出到右下角的格子的步数

    return 0;
}
```

4.7.2 深度优先搜索

在对树进行深度优先搜索（Depth First Search，DFS）时，首先访问树的根节点，然后对它的一棵子树进行深度优先遍历。遍历完整棵子树之后，再回到根节点，继续遍历它的下一棵子树。对子树的遍历同样是遵循深度优先的规则，即先访问子树的根节点，然后依次遍历它的每一棵子树。图4.14中的节点编号表示了对这棵树进行深度优先遍历时节点被访问的顺序。

图的深度优先遍历也是类似的，在图上指定一个起点，从起点开始访问，然后再与它相连，且在没有被访问过的节点中，选择一个节点继续进行深度优先遍历。如果在当前节点的周围找不到未被访问过的节点，就退回到上一个节点，继续在它周围寻找未被访问过的节点。不断重复以上过程，直到访问完图中所有节点为止。图4.15中的节点编号表示了对这张图进行深度优先遍历时节点被访问的顺序。

在深度优先遍历的过程中，如果一个节点有多个相邻的未访问过的节点，则可以选择其中任意一个进行访问，因此树或图的深度优先遍历方式可能不唯一。

DFS常用来解决"需要分步得出答案，并且需要枚举所有情况"这类问题，例如使用DFS求全排列，即求出将n个元素排成一行的所有情况。

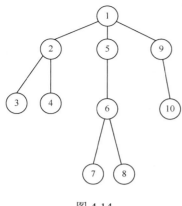
图 4.14

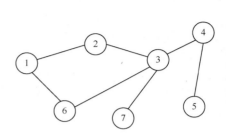
图 4.15

DFS 一般采用递归函数来实现。例如，把 1 到 n 这 n 个数字排成一行，可以先看第一个位置，该位置可以放 1 到 n 当中任意一个数，依次尝试每一种可能性，并对每种情况分别递归调用 DFS，求出剩下的 n-1 个数的全排列。参考代码如下：

```cpp
#include <iostream>
using namespace std;
const int MAXN = 11;
int n;              //求 1 到 n 的全排列
int a[MAXN];        //存放当前的排列
bool vis[MAXN];     //标记每个数是否被使用过
void dfs(int cur)   //cur 表示当前需要处理的下标
{
    //cur 等于 n+1 表示到下标 n 为止都处理完了，可以输出当前的排列
    if (cur == n + 1) {
        for (int i = 1; i <= n; i++)
            cout << a[i] << " ";
        cout << endl;
        return;
    }
    for (int i = 1; i <= n; i++) {    //依次尝试在当前位置填入每一个没有用过的数
        if (!vis[i]) {
            vis[i] = true;              //标记为已使用
            a[cur] = i;                 //记录当前位置的数字
            dfs(cur + 1);               //递归调用继续看剩下位置的排列
            vis[i] = false;             //标记复原，继续看下一种情况
        }
    }
}
int main()
{
    cin >> n;
    dfs(1);
    return 0;
}
```

在 DFS 中，每次递归调用完成后，继续枚举下一种情况之前，需要把处理上一种情况时做出的修改复原，这个过程叫作回溯，例如上面代码中的 vis[i] = false;。这种使用 DFS 一一尝试所有可能情况的算法，又称为回溯法。

在深度优先搜索的过程中，如果发现在当前情况下不可能得到最优解，就可以不再继续往下搜索。这种搜索技巧叫作剪枝，合理使用剪枝方法能够提高搜索的效率。如果给全

排列问题加上一个限制,要求相邻数字必须相差大于 1,那么在搜索过程中,如果发现在当前排列中已经存在相邻数字相差为 1 的情况,那么不论后面的数字如何,当前排列一定都是不符合要求的,无须继续搜索。参考代码如下:

```
#include <iostream>
using namespace std;
const int MAXN = 11;
int n;                        //求1到n的全排列
int a[MAXN];                  //存放当前的排列
bool vis[MAXN];               //标记每个数是否用过
void dfs(int cur)             //cur表示当前需要处理的下标
{//cur等于n+1表示到下标n为止都处理完了,可以输出当前的排列
    if (cur == n + 1) {
        for (int i = 1; i <= n; i++)
            cout << a[i] << " ";
        cout << endl;
        return;
    }
    for (int i = 1; i <= n; i++) { //依次尝试在当前位置填入每一个没有用过的数
        if (!vis[i] && (cur == 1 || abs(i - a[cur - 1]) > 1))
{// 当前位置是第一个位置,或者和它前一个位置的数字相差超过1,才继续搜索
            vis[i] = true;         //标记为已使用
            a[cur] = i;            //记录当前位置的数字
            dfs(cur + 1);          //递归调用继续看剩下位置的排列
            vis[i] = false;        //标记复原,继续看下一种情况
        }
    }
}
int main()
{
    cin >> n;
    dfs(1);
    return 0;
}
```

4.7.3 真题解析

【2021 年第 14 题】以 a 为起点,对如图 4.16 所示的无向连通图进行深度优先遍历,则 b、c、d、e 这 4 个点中有可能作为最后一个遍历到的点的个数为(   )。

A. 1　　　　　　　　　　　　　B. 2
C. 3　　　　　　　　　　　　　D. 4

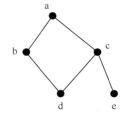

图 4.16

【解析】可能的遍历顺序有 a→b→d→c→e、a→c→d→b→e、a→c→e→d→b,b 和 e 是最后可能遍历到的节点。

【答案】B

4.7.4 习题

1. 图 4.17 所示的 DFS 序不可能是(   )。
   A. 1,2,3,5,4　　　　　　　　　B. 1,2,3,4,5
   C. 1,4,2,3,5　　　　　　　　　D. 1,4,2,5,3

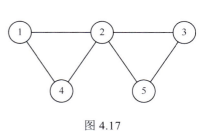

图 4.17

【解析】因为从 2 遍历到 3 之后，必然会继续遍历 5 再遍历 4，所以选项 B 对应的 DFS 序是不可能出现的。

【答案】B

2. 以下关于回溯法叙述错误的是（　　）。
   A．回溯法有"通用解题法"之称，可用于系统地搜索一个问题的所有解或任意解
   B．回溯法是一种既带系统性又带有跳跃性的搜索算法
   C．回溯算法需要借助队列这种结构来保存从根节点到当前扩展节点的路径
   D．回溯算法在生成解空间的任一节点时，先判断该节点是否可能包含问题的解，如果确定不包含，则跳过对该节点为根的子树的搜索，逐层向祖先节点回溯

【解析】回溯算法并不需要借助队列实现，而更多是配合递归使用，借助系统内部的栈存储路径。

【答案】C

3. 下面哪种函数是回溯法中为避免无效搜索采取的策略？（　　）
   A．递归函数　　　B．剪枝函数　　　C．随机数函数　　　D．搜索函数

【解析】剪枝函数在回溯中主要用于避免无效搜索，包括约束函数（减去不满足约束的子树）和限界函数（剪去得不到解或最优解的子树）。

【答案】B

4. 已知一个图的 DFS 序为 a, b, c, d, e, f，则下列说法中正确的是（　　）。
   A．存在一条边连接顶点 a 和 b　　　B．存在一条边连接顶点 b 和 c
   C．存在一条边连接顶点 c 和 d　　　D．不存在一条连接顶点 b 和 d 的边

【解析】根据 DFS 序只能知道序列中的第一个点（a）和第二个点（b）之间存在一条边，其他条件并不能根据 DFS 序得知。

【答案】A

5. 在用回溯法求解 1、2、3、4 这 4 个数的全排列 p_1, p_2, p_3, p_4（$p_1 \sim p_4$ 的取值为 $1 \sim 4$，且互不相同，比如 2、1、4、3 是一种排列）时，若每一层的策略都是优先选择较小的数，则可以创建出一棵搜索树：

   第 1 个点（根节点）在第 0 层，表示初始状态，一个数都没有选择；
   第 2 个点在第 1 层，表示状态 $p_1 = 1$；
   第 3 个点在第 2 层，表示状态 $p_1 = 1, p_2 = 2$；
   第 4 个点在第 3 层，表示状态 $p_1 = 1, p_2 = 2, p_3 = 3$；
   第 5 个点在第 4 层，表示状态 $p_1 = 1, p_2 = 2, p_3 = 3, p_4 = 4$；
   第 6 个点在第 3 层，表示状态 $p_1 = 1, p_2 = 2, p_3 = 4$；
   第 7 个点在第 4 层，表示状态 $p_1 = 1, p_2 = 2, p_3 = 4, p_4 = 3$；
   ……
   则搜索树中第 20 个创建的点所表示的状态为（　　）。
   A．$p_1 = 2$　　　　　　　　　　　　B．$p_1 = 1, p_2 = 4$
   C．$p_1 = 2, p_2 = 1, p_3 = 3$　　　　D．$p_1 = 2, p_2 = 1, p_3 = 4, p_4 = 3$

【解析】全排列过程中搜索树中创建的前 20 个节点如图 4.18 所示。根据图 4.18 可知，第 20 个创建的节点所表示的状态是 $p_1 = 2, p_2 = 1, p_3 = 3$。

【答案】C

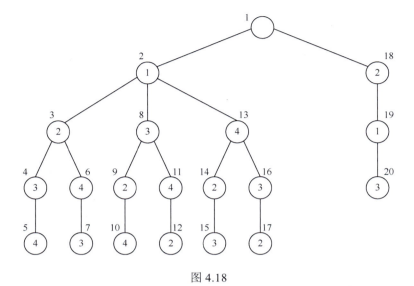

图 4.18

第 5 章　排列组合与数论

在 2019—2024 年这 6 年的 CSP 初级软件能力认证考试中，涉及排列组合与数论的选择题最多达 10 道，具体考点分布及对应的分值见表 5.1。

表 5.1

时间 / 年	排列组合 / 道	数论 / 道
2019	4	6
2020	6	—
2021	4	—
2022	—	—
2023	4	—
2024	4	—

排列组合与数论的思维导图如图 5.1 所示。

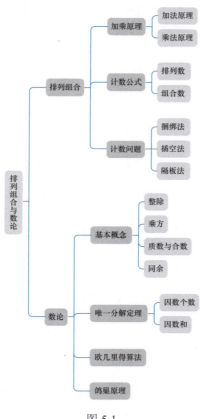

图 5.1

5.1 排列组合

排列和组合是组合数学中的概念，常用于解决计数类问题。

5.1.1 加法原理

如果解决某个问题的方案可以分成互不重复的几类，那么把每一类的方案数加起来，就能得到总的方案数。例如，冰箱里有 3 种果汁、4 种汽水和 5 种牛奶，想要从中选出一种饮料，有 3+4+5 = 12 种方案。

5.1.2 乘法原理

如果解决某个问题的方案可以分成几个步骤，那么把每一步的方案数依次相乘，就能得到总的方案数。例如，快餐店里有 2 种汉堡、3 种小吃、4 种饮料，现在需要依次选择一种汉堡、一种小吃和一种饮料组成套餐，有 2×3×4 = 24 种方案。

5.1.3 排列数

排列数可以写成 A_n^m 的形式，用于表示从 n 个不同的元素里面，选出 m 个元素排成一行的方案数。例如，从 1、2、3 这 3 个数里面，选出 2 个数排成一行，有 6 种方案，即 1 和 2、1 和 3、2 和 1、2 和 3、3 和 1、3 和 2，可以表示成 $A_3^2 = 6$。

在计算 A_n^m 时，可以从左到右依次枚举每个位置有多少种方案。例如，对于 A_9^3，从左边起第一个位置有 9 种选法，还剩下 8 个元素未被选择，那么第二个位置有 8 种选法，同理第三个位置有 7 种选法，把 3 个位置的方案数相乘就是最终的方案数，也就是 $A_9^3 = 9×8×7 = 504$。一般地，A_n^m 可以表示为从 n 开始 m 个连续递减的数的乘积，即 A_n^m = n×(n−1)×⋯×(n−m+1)。特别地，当 m 为 n 时，有 A_n^n = n×(n−1)×⋯×3×2×1 = n!。

A_n^m 也可以用阶乘的除法来表示。例如，$A_9^3 = 9×8×7 = \frac{9×8×7×6×5×4×3×2×1}{6×5×4×3×2×1}$，分子可以表示成 9 的阶乘，分母可以表示成 6 的阶乘，由此得到 $A_9^3 = \frac{9!}{6!}$。通常，A_n^m 可以表示为 n 的阶乘除以 n−m 的阶乘，即 $A_n^m = \frac{n!}{(n-m)!}$。特别地，当 m 为 0 时，有 $A_n^0 = \frac{n!}{(n-0)!} = 1$。

5.1.4 组合数

组合数可以写成 C_n^m 的形式，用于表示从 n 个不同的元素里面，选出 m 个元素的方案数。例如，从 1、2、3 这 3 个数里面，选出 2 个，有 3 种方案：1 和 2、1 和 3、2 和 3，可以表示成 $C_3^2 = 3$。

组合数和排列数的区别在于是否需要区分顺序。求组合数的时候，只是把元素选出来，元素之间是不区分顺序的，例如上面的例子中选出 1、2 和选出 2、1 是同一种方案；而求排列数的时候，在选出元素之后，还需要把它们排成一行区分顺序，例如 1、2 和 2、1 是两种不同的排列。

组合数可以在排列数的基础上计算，例如要计算 C_3^2，可以先算出 A_3^2，然后把重复计算的情况去掉。在计算组合数的时候，选出来的 1 和 2 只会被计算 1 次，而计算排列数的时候，1 和 2 的不同顺序会被计算 2 次。相当于把 1、2 这两个数进行排列，也就是 A_2^2。因此，将 A_3^2 除以 A_2^2，得到的就是 C_3^2 了，即 $C_n^m = \dfrac{A_n^m}{A_m^m}$，用阶乘可以表示为 $C_n^m = \dfrac{n!}{m!(n-m)!}$。特别地，当 m 为 0 时，$C_n^0 = \dfrac{A_n^0}{A_0^0} = \dfrac{n!}{0!(n-0)!} = 1$（根据阶乘的定义，0! = 1）。

组合数具有如下性质。

（1）$C_n^m = C_n^{n-m}$。

C_n^m 表示在 n 个元素里面选出 m 个元素的方案数，C_n^{n-m} 表示在 n 个元素里面选出 n-m 个元素的方案数，二者的方案是一一对应的。拿 C_5^2 和 C_5^3 来举例说明，对于 C_5^2 的每种方案，剩下未被选择的 3 个元素，都对应 C_5^3 的一种方案，例如 C_5^2 的一个方案 1、3 对应 C_5^3 的方案 2、4、5，因此二者的值相等。

（2）$C_n^m = C_{n-1}^m + C_{n-1}^{m-1}$。

C_n^m 表示在 n 个元素里面选择 m 个元素的方案数，考虑所有元素中的最后一个元素，也就是第 n 个元素，存在不被选择和被选择两种情况。如果不被选择，那么需要在剩下的 n−1 个元素里面选择 m 个元素，即 C_{n-1}^m；如果被选择，则需要在剩下的 n−1 个元素里面选择 m−1 个元素，即 C_{n-1}^{m-1}。根据加法原理，二者相加的结果即为 C_n^m。

5.1.5 计数问题

用排列组合法解决计数问题的时候，我们通常会搭配使用一些常见的解题技巧，例如捆绑法、插空法、隔板法等。

（1）**捆绑法**。如果指定某些元素在排列中相邻，那么可以采用"捆绑法"，将这些元素当作一个整体考虑。例如，5 个同学小张、小明、小红、小亮、小李排成一行，要求小明和小亮必须相邻，求方案总数。可以把小明和小亮捆绑到一起，当作 1 个人看待，此时共有"4 个人"，方案数为 A_4^4。对于每种方案里的小明和小亮，既可以让小明在左边、小亮在右边，又可以让小亮在左边、小明在右边，方案数为 A_2^2。利用乘法原理，总方案数为 $A_4^4 \times A_2^2 = 48$。

（2）**插空法**。如果指定某些元素在排列中不能相邻，那么可以采用"插空法"，把这些元素插入其他元素中。例如，5 个同学小张、小明、小红、小亮、小李排成一行，要求小明和小亮一定不能相邻，求方案总数。首先可以把除小明和小亮之外的 3 个同学排成一行，方案数为 A_3^3，这 3 个同学的左右两边共有 4 个空隙，小明和小亮从中选择 2 个不同的空隙，就可以满足不相邻的条件，并且小明和小亮之间也是有顺序的，因此他俩的排列方案数是 A_4^2。利用乘法原理，总方案数为 $A_3^3 \times A_4^2 = 72$。

（3）**隔板法**。隔板法一般用来求解 n 个相同元素分到 m 个不同容器中，且允许容器为空的方案数。例如，把 10 个相同的苹果放入 3 个不同的盘子，盘子可以为空，求方案总数。此时可以用 2 个隔板把 10 个苹果隔开。将第一个隔板左边的苹果放入第 1 个盘子，两个隔板之间的苹果放入第 2 个盘子，第二个隔板右边的苹果放入第 3 个盘子。由于盘子可以为空，因此隔板之间可以没有苹果。如图 5.2 所示，3 个盘子里分别有 3 个、0 个和 7 个苹果。

图 5.2

将 10 个苹果和 2 个隔板一起考虑，也就是将这 12 个东西排成一行，需要从中选出 2 个当作隔板，剩下 10 个当作苹果，因此总方案数为 $C_{12}^2 = 66$。

5.1.6 真题解析

1. 【2019 年第 7 题】把 8 个同样的球放在 5 个同样的袋子里，允许有的袋子空着不放，问共有多少种不同的分法？（　　）

   提示：如果 8 个球都放在 1 个袋子里，无论是哪个袋子，都只算同一种分法。

   A. 22　　　　B. 24　　　　C. 18　　　　D. 20

【解析】可以分情况枚举：如果没有空袋，有 3 种分法；如果有 1 个空袋，有 5 种分法；如果有 2 个空袋，有 5 种分法；如果有 3 个空袋，有 4 种分法；如果有 4 个空袋，有 1 种分法。一共有 18 种分法。

【答案】C

2. 【2019 年第 13 题】有些数字可以颠倒过来看，例如，把 0、1、8 这 3 个数字颠倒过来还是 0、1、8，把 6 颠倒过来是 9，把 9 颠倒过来是 6，其他数字颠倒过来都不构成数字。类似地，一些多位数也可以颠倒过来看，例如 106 颠倒过来是 901。假设某个城市的车牌号码只由 5 位数字组成，每一位都可以取 0 到 9。

   请问这个城市最多有多少个车牌号码倒过来恰好还是原来的车牌号码？（　　）

   A. 60　　　　B. 125　　　　C. 75　　　　D. 100

【解析】前两个数字必须是 0、1、6、8、9 中的一个，并且后两个数字必须和前两个数字对应。例如，前两个数字是 61，那么后两个数字必须是 19。第三个数字必须是 0、1、8 中的一个。可以依次确定 3 个数字，根据乘法原理，方案数为 5×5×3 = 75。

【答案】C

3. 【2020 年第 10 题】5 个小朋友并排站成一列，其中有两个小朋友是双胞胎，如果要求这两个小朋友必须相邻，则有（　　）种不同排列方法。

   A. 48　　　　B. 36　　　　C. 24　　　　D. 72

【解析】采用捆绑法，将双胞胎看作一个人，此时排列方式有 $A_4^4 = 24$ 种，对于其中每种排列，双胞胎都可以互换位置，因此答案为 $A_4^4 \times 2 = 48$。

【答案】A

4. 【2020 年第 14 题】把 10 个三好学生名额分配到 7 个班级，每个班级至少有 1 个名额，那么共有（　　）种不同的分配方案。

   A. 84　　　　B. 72　　　　C. 56　　　　D. 504

【解析】可以采用插空法，10 个名额共有 9 个空隙，需要从中选出 6 个空隙，把名额分成 7

份，每个班级对应 1 份名额，因此答案为 $C_9^6 = 84$。

【答案】A

5. 【2020 年第 15 题】有 5 副不同颜色的手套（共 10 只手套，每副手套左右手各 1 只），一次性从中取 6 只手套，请问恰好能配成两副手套的不同取法有（　　）种。

  A．120   B．180   C．150   D．30

【解析】首先选出 2 副手套，方案数为 C_5^2。然后在剩下的 3 副手套中，选出 2 个单只的手套，可以先确定这 2 只手套的颜色，方案数为 C_3^2。最后在每种颜色里面选择 1 只手套，各有 2 种方案。因此，最终答案为 $C_5^2 \times C_3^2 \times 2 \times 2 = 120$。

【答案】A

6. 【2021 年第 10 题】有 6 个人，两个人组成 1 队，总共组成 3 队，不区分队伍的编号。不同的组队情况有（　　）种。

  A．10   B．15   C．30   D．20

【解析】依次选出 3 支队伍，方案数为 $C_6^2 C_4^2 C_2^2$，由于不区分队伍编号，因此还要再除以 A_3^3，最终结果为 $\dfrac{C_6^2 C_4^2 C_2^2}{A_3^3} = 15$。

【答案】B

7. 【2021 年第 12 题】1、1、2、2、3 这 5 个数字组成不同的三位数有（　　）种。

  A．18   B．15   C．12   D．24

【解析】如果包含两个 1 和一个 2，可以把 3 个数排列，然后去掉两个 1 的重复情况，有 $\dfrac{A_3^3}{A_2^2} = 3$ 种；如果包含两个 1 和一个 3，或者两个 2 和一个 1，或者两个 2 和一个 3，同样分别有 3 种；如果包含 1、2、3 各一个，有 $A_3^3 = 6$ 种。共有 3+3+3+3+6 = 18 种。

【答案】A

8. 【2023 年第 6 题】小明在某一天中依次有 7 个空闲时间段，他想要选出至少一个空闲时间段来练习唱歌，但又希望任意两个练习时间段之间都至少有两个空闲时间段让他休息，则小明一共有（　　）种选择时间段的方案。

  A．31   B．18   C．21   D．33

【解析】本题考查的是"排列组合"这一知识点。只选一个练习时间段的方案有 7 种，选 2 个练习时间段的方案有 10 种，选 3 个练习时间段的方案有 1 种，故共有 18 种选择方案。

【答案】B

9. 【2023 年第 14 题】一个班级有 10 个男生和 12 个女生。如果要选出一个 3 人的小组，并且小组中必须至少包含 1 个女生，那么有多少种可能的组合？（　　）

  A．1420   B．1770   C．1540   D．2200

【解析】本题考查的是"排列组合"这一知识点。要选出一个 3 人的小组，并且小组中必须至少包含 1 名女生，我们可以按照以下几种情况进行计算。

  情况一：选取 1 个女生和 2 个男生。选择女生的方式有 12 种，选择男生的方式有 $C_{10}^2 = 45$ 种，可能的排列组合有 12×45 = 540 种。

  情况二：选取 2 个女生和 1 个男生。选择女生的方式有 $C_{12}^2 = 66$ 种，选择男生的方式有 10 种，可能的排列组合有 66×10 = 660 种。

情况三：选取 3 个女生。选择女生的方式有 $C_{12}^3 = 220$ 种，即可能的排列组合有 220 种。
综上所述，总共可能的组合方式有 540+660+220 = 1420 种。

【答案】A

10. 【2024 年第 3 题】某公司有 10 名员工，分为 3 个部门：A 部门有 4 名员工，B 部门有 3 名员工，C 部门有 3 名员工。现需要从这 10 名员工中选出 4 名组成一个工作组，且每个部门至少要有 1 人。问有多少种选择方式？（　　）
    A. 120　　　　B. 126　　　　C. 132　　　　D. 238

【解析】本题考查的是"排列组合"这一知识点。
    A 部门选 2 人，B 部门、C 部门各一人：$C_4^2 \times C_3^1 \times C_3^1 = 54$；
    B 部门选 2 人，A 部门、C 部门各一人：$C_3^2 \times C_4^1 \times C_3^1 = 36$；
    C 部门选 2 人，A 部门、B 部门各一人：$C_3^2 \times C_4^1 \times C_3^1 = 36$。
    共有 54+36+36 = 126 种选择方式。

【答案】B

11. 【2024 年第 14 题】有 5 个男生和 3 个女生站成一排，规定 3 个女生必须相邻，问有多少种不同的排列方式？（　　）
    A. 4320 种　　　B. 5040 种　　　C. 3600 种　　　D. 2880 种

【解析】采用捆绑法，将 3 个女生"捆绑"在一起，有 A_3^3 种方式，和所有男生站成一排，共有 $A_3^3 \times A_6^6 = 4320$ 种方式。

【答案】A

5.1.7　习题

1. 将 6 个苹果放到 3 个盘子中，允许有的盘子空着不放，共有（　　）种放法。
    A. 5　　　　B. 6　　　　C. 7　　　　D. 8

【解析】不妨设状态 (a,b,c) 表示 3 个盘子分别放有 a、b、c 个苹果，因为苹果和盘子都是一样的，所以可以枚举出所有 $a \leq b \leq c$ 的状态，共 6 种，即 (0,0,6)、(0,1,5)、(0,2,4)、(0,3,3)、(1,1,4) 和 (1,2,3)。

【答案】B

2. 甲、乙、丙、丁、戊这 5 人站在一排，要求甲、乙均不与丙相邻，不同排法有（　　）种。
    A. 12　　　　B. 24　　　　C. 36　　　　D. 54

【解析】若丙在第 1 个位置，则甲、乙在后 3 个位置中选 2 个位置，对应的方案数为 3 个位置中选 2 个的组合数 × 甲乙之间的排列数 × 丁戊之间的排列数 = 3×2×2 = 12；
    若丙在第 2 个位置，则甲、乙必然在第 4、5 个位置，对应的方案数为甲乙之间的排列数 × 丁戊之间的排列数 = 2×2 = 4；
    若丙在第 3 个位置，则甲、乙必然在第 1、5 个位置，对应的方案数为甲乙之间的排列数 × 丁戊之间的排列数 = 2×2 = 4；
    若丙在第 4 个位置，则甲、乙必然在第 1、2 个位置，对应的方案数为甲乙之间的排列数 × 丁戊之间的排列数 = 2×2 = 4；
    若丙在第 5 个位置，则甲、乙在前 3 个位置中选 2 个位置，对应的方案数为 3 个位置中选 2 个的组合数 × 甲乙之间的排列数 × 丁戊之间的排列数 = 3×2×2 = 12。

总的方案数为 12+4+4+4+12 = 36。

【答案】C

3. 8 次射击，命中 3 次，其中恰有 2 次连续命中的情形有（　　）种。

  A. 15　　　　　　B. 30　　　　　　C. 45　　　　　　D. 60

【解析】恰有 2 次连续命中的方案数 = 命中 3 次的方案数-连续命中 3 次的方案数-3 次命中都不连续的方案数。命中 3 次的方案数是从 8 次中选择 3 次，也就是 C_8^3；用捆绑法将连续命中 3 次视为命中 1 次，还有 5 次不命中，连续命中 3 次的方案就是从 6 次中选 1 次，是 C_6^1；用插空法将 3 次命中插入 5 次不命中的空隙之间，也就是 3 次命中都不连续的方案数为 C_6^3，一共有方案数 $C_8^3 - C_6^1 - C_6^3 = 56-6-20 = 30$。

【答案】B

4. 3 名教师教 6 个班的课，每人教两个班，则共有（　　）种分配方案。

  A. 18　　　　　　B. 36　　　　　　C. 54　　　　　　D. 90

【解析】从 6 个班里选 2 个班分配给第一名教师，再从剩下的 4 个班里选 2 个班分配给第二名教师，最后的 2 个班分配给第三名教师，一共有 $C_6^2 C_4^2 C_2^2 = 90$ 种方案。

【答案】D

5. 6 个人站成前后两排，每排 3 人，其中甲站在前排、乙站在后排的站法种数为（　　）。

  A. 72　　　　　　B. 144　　　　　C. 216　　　　　D. 360

【解析】因为甲站在前排，乙站在后排，所以还需从另外 4 人中选择 2 人在前排，因此总的站法种数为：4 个人中选 2 人的组合数 × 前排 3 人的排列数 × 后排 3 人的排列数 = $C_4^2 \times A_3^3 \times A_3^3 = 6×6×6 = 216$。

【答案】C

5.2 数论

  数论是纯粹数学的分支之一，主要研究整数的性质。在本节中，我们将先介绍整除、乘方、质数与合数、同余等基本概念，然后介绍 CSP 中涉及较多的唯一分解定理、欧几里得算法和鸽巢原理。

5.2.1 数论的基本概念

  （1）**整除**：如果整数 a 除以整数 b（b 不为 0）的余数为 0，则称 a 能被 b 整除，或者 b 能整除 a，记作 b|a。那么 b 是 a 的因数或约数，a 是 b 的倍数。

  （2）**乘方**：n 个相同因数 a 的乘积的运算，叫作乘方，表示为 a^n，读作 a 的 n 次方。乘方的结果叫作幂，a 叫作底数，n 叫作指数。特别地，当 a 不为 0 时，$a^0 = 1$。

  （3）**质数与合数**：在大于 1 的自然数中，只有 1 和它本身两个因数的自然数称为质数，或称为素数。除了 1 和它本身，还有其他因数的自然数称为合数。特别地，1 既不是质数，也不是合数。

（4）**同余**：若两个整数 a 和 b 除以同一个正整数 m，得到的余数相等，则称 a 和 b 对模 m 同余，记作 $a \equiv b(\bmod m)$。

同余具有如下性质。

- 传递性：若 $a \equiv b(\bmod m), b \equiv c(\bmod m)$，则 $a \equiv c (\bmod m)$。
- 同余式相加：若 $a \equiv b(\bmod m), c \equiv d(\bmod m)$，则 $a+c \equiv b+d(\bmod m)$。
- 同余式相减：若 $a \equiv b(\bmod m), c \equiv d(\bmod m)$，则 $a-c \equiv b-d(\bmod m)$。
- 同余式相乘：若 $a \equiv b(\bmod m), c \equiv d(\bmod m)$，则 $ac \equiv bd(\bmod m)$。

5.2.2 唯一分解定理

任何一个大于 1 的自然数 n，都可以唯一分解成有限个质数的乘积，写作 $n = p_1^{a_1} p_2^{a_2} \cdots p_m^{a_m}$，表示 n 有 m 种不同的质因数 p_i，每种质因数有 a_i 个（$1 \leq i \leq m$）。例如，$600 = 2^3 \times 3^1 \times 5^2$。

1．因数个数

若自然数 n 唯一分解为 $n = p_1^{a_1} p_2^{a_2} \cdots p_m^{a_m}$，则 n 的因数个数可以表示为 $(a_1+1)(a_2+1) \cdots (a_m+1)$。这是因为 n 的每一个因数也可以表示为 $p_1^{b_1} p_2^{b_2} \cdots p_m^{b_m}$ 的形式，并且 b_1 取值范围从 0 到 a_1，也就是有 a_1+1 种选择方案，同理 b_2 的取值有 a_2+1 种选择方案，……，b_m 的取值有 a_m+1 种选择方案，根据乘法原理，n 有 $(a_1+1)(a_2+1) \cdots (a_m+1)$ 个不同的因数。例如，24 的唯一分解为 $24 = 2^3 \times 3^1$，则 24 的因数个数为 $(3+1)(1+1) = 8$，分别为 1、2、3、4、6、8、12、24。

2．因数和

若自然数 n 唯一分解为 $n = p_1^{a_1} p_2^{a_2} \cdots p_m^{a_m}$，则 n 的所有因数之和可以表示为 $(1 + p_1^1 + \cdots + p_1^{a_1})(1 + p_2^1 + \cdots + p_2^{a_2}) \cdots (1 + p_m^1 + \cdots + p_m^{a_m})$。这是因为 $p_1^{a_1}$ 的因数有 1、p_1^1、p_1^2、…、$p_1^{a_1}$，$p_2^{a_2}$ 的因数有 1、p_2^1、p_2^2、…、$p_2^{a_2}$，…，$p_m^{a_m}$ 的因数有 1、p_m^1、p_m^2、…、$p_m^{a_m}$。根据排列组合的内容可知，n 的所有因数就是从 $p_1^{a_1}$、$p_2^{a_2}$、…、$p_m^{a_m}$ 的每个因数中分别挑选一个相乘得来，根据乘法原理，这些因数的和就是 $(1 + p_1^1 + \cdots + p_1^{a_1})(1 + p_2^1 + \cdots + p_2^{a_2}) \cdots (1 + p_m^1 + \cdots + p_m^{a_m})$。例如，24 的唯一分解为 $24 = 2^3 \times 3^1$，则 24 的所有因数之和为 $(1+2^1+2^2+2^3)(1+3^1) = 60$。

5.2.3 欧几里得算法

如果一个正整数 c，既是整数 a 的因数，又是整数 b 的因数，那么称 c 是 a 和 b 的公因数。两个整数的所有公因数当中，最大的一个称为这两个数的最大公因数，常用 GCD（Greatest Common Divisor）表示。类似地，同时是两个数的倍数的数，称为这两个数的公倍数。两个数的公倍数当中最小的一个，称为它们的最小公倍数，常用 LCM（Least Common Multiple）表示。

欧几里得算法是用来求解两个数的最大公因数的算法。在执行欧几里得算法的过程中，需要不断用两个数当中较大的数除以较小的数，然后对较小的数和余数继续执行欧几里得算法，直到较小的数变成 0 为止，此时较大的数即为所求的最大公因数。

例如，使用欧几里得算法求得 32 和 12 的最大公因数为 4，求解过程如表 5.2 所示。

表 5.2

较大数	较小数	余数
32	12	8
12	8	4
8	4	0
4	0	—

使用欧几里得算法求解最大公因数的递归代码如下：

```
int gcd(int a, int b)
{
    if (b == 0)
        return a;
    else
        return gcd(b, a % b);
}
```

在 gcd() 函数中，首先判断 b 是否为 0，如果 b 为 0，说明此时的 a 即为答案，否则对 b 和 a%b 继续递归调用 gcd() 函数。

可以借助 gcd() 函数，写出求解最小公倍数的 lcm() 函数。因为两个数的乘积除以它们的最大公因数，就等于它们的最小公倍数，因此 lcm() 函数可以这样实现：

```
int lcm(int a, int b)
{
    return a / gcd(a, b) * b;
}
```

这里先用 a 除以 gcd(a, b)，然后再乘以 b，而不是先计算 a 乘以 b，再除以 gcd(a, b)，是为了防止 a 乘以 b 的结果产生溢出。

5.2.4 鸽巢原理

有 n 个笼子和 m×n+1 只鸽子，把所有鸽子关到鸽笼里，那么至少有 1 个笼子里的鸽子数量不少于 m+1 只。例如，把 29 只鸽子放入 7 个笼子，那么至少有 1 个笼子里的鸽子数量不少于 5 只。用反证法证明：假设每个笼子里的鸽子数量都少于 5 只，那么 7 个笼子里最多有 4×7 = 28 只鸽子，与题目 29 只鸽子矛盾，故假设不成立，得出至少有 1 个笼子里的鸽子数量不少于 5 只。

扩展：把 n 个物品放入 m 个容器中，一定至少有一个容器的物品数量不少于 $\left\lceil \frac{n}{m} \right\rceil$ 个（[x] 表示不小于 x 的最小整数）。例如，把 56 个苹果放入 9 个筐里，一定至少有 1 个筐里的苹果不少于 7 个。

5.2.5 真题解析

1. 【2019 年第 9 题】100 以内最大的素数是（　　）。

    A．89　　　　　　B．97　　　　　　C．91　　　　　　D．93

【解析】100 以内最大的素数是 97。98、99 和 100 均不是素数。
【答案】B

2．【2019 年第 10 题】319 和 377 的最大公约数是（　　）。
　　A．27　　　　　B．33　　　　　C．29　　　　　D．31

【解析】如表 5.3 所示，使用欧几里得算法可以求得，319 和 377 的最大公约数是 29。

表 5.3

较大数	较小数	余数
377	319	58
319	58	29
58	29	0
29	0	

【答案】C

3．【2019 年第 12 题】一副纸牌除去大小王有 52 张牌，4 种花色，每种花色 13 张。假设从这 52 张牌中随机抽取 13 张纸牌，则至少有（　　）张牌的花色一致。
　　A．4　　　　　B．2　　　　　C．3　　　　　D．5

【解析】根据鸽巢原理，至少有 $\left\lceil \dfrac{13}{4} \right\rceil = 4$ 张牌的花色一致。
【答案】A

5.2.6　习题

1．300 以内最大的素数是（　　）。
　　A．291　　　　B．293　　　　C．297　　　　D．299

【解析】300 以内最大的素数是 293，297 是 3 的倍数，299 是 13 的倍数。
【答案】B

2．234 和 442 的最大公约数是（　　）。
　　A．2　　　　　B．7　　　　　C．13　　　　　D．26

【解析】如表 5.4 所示，234 和 442 的最大公约数是 26。

表 5.4

较大数	较小数	余数
442	234	208
234	208	26
208	26	0
26	0	

【答案】D

3．195 和 273 的最小公倍数是（　　）。
　　A．1180　　　　B．1365　　　　C．2575　　　　D．2730

【解析】195 和 273 的最小公倍数是 1365。
【答案】B

4. 1000 以内，与 1000 互质的数有（　　）个。

　　A．100　　　　　　B．200　　　　　　C．400　　　　　　D．500

【解析】1000 只有 2 和 5 两个质因数，因此 1000 以内与 1000 互质的数的个数 = 1000−1000 以内 2 的倍数的个数 −1000 以内 5 的倍数的个数 +1000 以内 10 的倍数的个数 = 1000−500−200+100 = 400。

【答案】C

5. 整数 1320 共有（　　）个因数。

　　A．13　　　　　　B．16　　　　　　C．20　　　　　　D．32

【解析】对 1320 分解质因数得 1320 = $2^3 \times 3^1 \times 5^1 \times 11^1$，因此 1320 的因数的个数为 (3+1)×(1+1)×(1+1)×(1+1) = 32 个。

【答案】D

第 6 章　程序阅读

从本章起，我们将开始介绍程序相关内容，包括程序阅读和程序完善。在本章中，我们以 2019—2024 年 CSP 第一轮认证中的真题为例，帮助读者快速了解这种题型。

6.1　2019 年真题解析

6.1.1　第一题

```
1   #include <cstdio>
2   #include <cstring>
3   using namespace std;
4   char st[100];
5   int main() {
6       scanf("%s", st);
7       int n = strlen(st);
8       for (int i = 1; i <= n; ++i) {
9           if (n % i == 0) {
10              char c = st[i - 1];
11              if (c >= 'a')
12                  st[i - 1] = c - 'a' + 'A';
13          }
14      }
15      printf("%s", st);
16      return 0;
17  }
```

【代码解析】

这个程序的作用：给定长度为 n 的字符串，枚举 n 的所有因数，找到因数位置的字符，若字符是小写字母，则将它转化为大写字母。程序用变量 n 表示字符串长度，for 循环表示变量 i 从 1 变化到 n，代码第 9 行表示 i 是 n 的因数，第 10 行中的字符变量 c 获取字符串的第 i 个字符，第 11 行判断 c 是否为小写字母，如果是的话，第 12 行将字符串的第 i 个字符转换为大写字母。最后输出转换后的字符串。

判断题

1. 输入的字符串只能由小写字母或大写字母组成。（　　）

　　A．正确　　　　　　B．错误

【解析】输入的字符串也可以包含数字等其他字符，只是程序对某些特定位置上的小写字符进行修改。

【答案】B

2. 若将第 8 行的 i = 1 改为 i = 0，程序运行时会发生错误。（　　）
   A．正确　　　　　B．错误

【解析】程序第 10 行表示数组下标为 i–1，若 i 等于 0，会造成数组下标为负数，产生运行错误。
【答案】A

3. 若将第 8 行的 i <= n 改为 i * i <= n，程序运行结果不会改变。（　　）
   A．正确　　　　　B．错误

【解析】假设 n>1 且字符串的第 n 个字符是小写字母，因为 n 也是 n 的因数，原程序会把第 n 个字符转化为大写字母。若修改循环为 i * i <= n，i 在小于 n 时就会退出循环，修改后的程序不会将第 n 个字符转化为大写字母，与原程序的执行结果不同。
【答案】B

4. 若输入的字符串全部由大写字母组成，那么输出的字符串就跟输入的字符串一样。（　　）
   A．正确　　　　　B．错误

【解析】程序第 11、12 行代码的作用是将小写字母转换为大写字母。若输入的字符串都由大写字母组成，则输出的字符串和输入的字符串便没有任何区别。
【答案】A

单选题

1. 若输入的字符串长度为 18，那么输入的字符串跟输出的字符串相比，至多有（　　）个字符不同。
   A．18　　　　B．6　　　　C．10　　　　D．1

【解析】18 有 6 个约数，因此程序最多修改字符串中的 6 个字符。
【答案】B

2. 若输入的字符串长度为（　　），那么输入的字符串跟输出的字符串相比，至多有 36 个字符不同。
   A．36　　　　B．100000　　　　C．1　　　　D．128

【解析】若存在 36 个字符不同，说明 n 存在 36 个约数，4 个选项里只有 100000 满足要求。
【答案】B

6.1.2　第二题

```
1   #include<cstdio>
2   using namespace std;
3   int n, m;
4   int a[100], b[100];
5
6   int main() {
7       scanf("%d%d", &n, &m);
8       for (int i = 1; i <= n; ++i)
9           a[i] = b[i] = 0;
10      for (int i = 1; i <= m; ++i) {
11          int x, y;
12          scanf("%d%d", &x, &y);
13          if (a[x] < y && b[y] < x) {
14              if (a[x] > 0)
15                  b[a[x]] = 0;
```

```
16                if (b[y] > 0)
17                    a[b[y]] = 0;
18                a[x] = y;
19                b[y] = x;
20            }
21        }
22        int ans = 0;
23        for (int i = 1; i <= n; ++i) {
24            if (a[i] == 0)
25                ++ans;
26            if (b[i] == 0)
27                ++ans;
28        }
29        printf("%d", ans);
30        return 0;
31    }
```

【代码解析】

这个程序是将数组 a 和数组 b 的元素建立对应关系，其中数组 a 中下标为 x 的元素与数组 b 中下标为 a[x] 的元素对应，数组 b 中下标为 y 的元素与数组 a 中下标为 b[y] 的元素对应。第 10～21 行代码进行了 m 次循环，每次循环先将 x 已有的对应关系 a[x] 与 y 比较大小，y 已有的对应关系 b[y] 与 x 比较大小。当 a[x] 的值比 y 小，同时 b[y] 的值比 x 小时，先执行第 14～17 行的 if 语句，将 x、y 的已有对应关系清除，再执行第 18 行和第 19 行的赋值语句，将 a[x] 更新为 y，b[y] 更新为 x。总结而言就是，如果 x 和 y 不存在对应关系，或者存在的对应关系 a[x]、b[y] 比它们小，则需要重新建立对应关系。第 22～28 行代码的作用是统计数组 a 和 b 中不存在对应关系的个数，那么这个数一定是偶数。

假设输入的 n 和 m 都是正整数，x 和 y 都是在 [1, n] 的范围内的整数，完成下面的判断题和单选题。

判断题

1. 当 m>0 时，输出的值一定小于 2n。（　　）
    A．正确　　　　　　B．错误

【解析】当 m 大于 0 时，至少能建立一组对应关系，不存在对应关系的元素个数一定小于 2n。

【答案】A

2. 执行完第 27 行的 ++ans 时，ans 一定是偶数。（　　）
    A．正确　　　　　　B．错误

【解析】ans 的最终结果一定是偶数，但是在某一次循环结束时，ans 的中间结果有可能是奇数。

【答案】B

3. a[i] 和 b[i] 不可能同时大于 0。（　　）
    A．正确　　　　　　B．错误

【解析】当 m 为 1，并且输入 x = 1，y = 1 的时候，可以使得 a[1] 和 b[1] 同时为 1，大于 0。

【答案】B

4. 若程序执行到第 13 行，x 总是小于 y，那么第 15 行不会被执行。（　　）
    A．正确　　　　　　B．错误

【解析】第 13 行代码比较的是 a[x] 与 y、b[y] 与 x 的大小，假设 x = 3，y = 5，a[x] = 1， b[y] = 1，第 15 行代码会被执行。

【答案】B

单选题

1. 若 m 个 x 两两不同，且 m 个 y 两两不同，则输出的值为（   ）。
   A. 2n-2m   B. 2n+2   C. 2n-2   D. 2n

【解析】m 个 x 两两不同，且 m 个 y 两两不同，m 次循环中会有 2m 个元素建立对应关系，输出结果为 2n-2m。

【答案】A

2. 若 m 个 x 两两不同，且 m 个 y 都相等，则输出的值为（   ）。
   A. 2n-2   B. 2n   C. 2m   D. 2n-2m

【解析】x 和 y 建立对应关系时都会清除之前的对应关系，由于 m 个 y 都相等，最终只会产生一组对应关系，因此没有对应关系的元素数量为 2n-2。

【答案】A

6.1.3 第三题

```
1   #include <iostream>
2   using namespace std;
3   const int maxn = 10000;
4   int n;
5   int a[maxn];
6   int b[maxn];
7   int f(int l, int r, int depth) {
8       if (l > r)
9           return 0;
10      int min = maxn, mink;
11      for (int i = l; i <= r; ++i) {
12          if (min > a[i]) {
13              min = a[i];
14              mink = i;
15          }
16      }
17      int lres = f(l, mink - 1, depth + 1);
18      int rres = f(mink + 1, r, depth + 1);
19      return lres + rres + depth * b[mink];
20  }
21  int main() {
22      cin >> n;
23      for (int i = 0; i < n; ++i)
24          cin >> a[i];
25      for (int i = 0; i < n; ++i)
26          cin >> b[i];
27      cout << f(0, n - 1, 1) << endl;
28      return 0;
29  }
```

【代码解析】

这个程序对数组 a 构造了一棵笛卡儿树（根节点值最小且保持中序遍历的二叉树），并计算节点深度与 b 的加权和。在递归函数 f() 中，第 11～16 行用于找到 a[l]～a[r] 里的最小值 a[mink]，a[mink] 将 a[l]～a[r] 分成左右两段（不包括 a[mink]，左段视为 a[mink] 的左子树，右段视为 a[mink] 的右子树），第 17、18 行对左右子树分别执行递归函数 f()，每一层递归的层数 depth 可视为节点的深度，第 19 行是将节点深度与 b[mink] 进行加权求和。

判断题

1. 如果 a 数组有重复的数字，则程序运行时会发生错误。（　　）

    A．正确　　　　　　B．错误

【解析】程序第 11～16 行在寻找数组 a 中的最小值，只是计算最小值并记录第一个出现的最小值，不会影响程序的正确运行。

【答案】B

2. 如果 b 数组全为 0，则输出为 0。（　　）

    A．正确　　　　　　B．错误

【解析】在递归函数调用的最底层，由于 l > r 的返回值为 0，倒数第二层递归调用的返回值就是 0 + 0 + depth×b[mink]，若 b 数组全为 0，则返回值仍然为 0，以此类推，输出也为 0。

【答案】A

单选题

1. 当 n = 100 时，最坏情况下，与第 12 行的比较运算执行的次数最接近的是（　　）。

    A．5050　　　　B．600　　　　C．6　　　　D．100

【解析】最坏情况为数组 a 从小到大有序，mink 每次都指向第一个元素，mink 作为根节点，左子树为空，元素都堆积在右子树上，所以整棵树有 100 层，第一层递归调用的比较运算执行 100 次，接下来每次递归都减少 1 次比较，所以最终比较次数为 100+99+…+3+2+1 = 5050 次。

【答案】A

2. 当 n = 100 时，最好情况下，与第 12 行的比较运算执行的次数最接近的是（　　）。

    A．100　　　　B．6　　　　C．5000　　　　D．600

【解析】在最好的情况下，mink 每次都指向中间的元素，mink 作为根节点，左子树和右子树元素个数接近相同，所以整棵树有 $\log_2 100 \approx 7$ 层，第一层递归调用的比较运算执行 100 次，接下来第 i 层递归都比上一层减少 2^{i-1} 次比较，所以最终比较次数为 100+99+97+93+85+69+37 = 580 次。

【答案】D

3. 当 n = 10 时，若 b 数组满足对任意 0≤i<n，都有 b[i] = i+1，那么输出结果最大为（　　）。

    A．386　　　　B．383　　　　C．384　　　　D．385

【解析】因为要输出结果最大，首先构造的二叉树应该越深越好，现在共有 10 个节点，因此最深为 10 层，其次深度与 b 数组做加权求和时，应该较小的数字与较小的数字相乘，较大的数字与较大的数字相乘，这样输出结果最大，为 1×1 + 2×2 + … + 10×10 = 385。

【答案】D

4. 当 n = 100 时，如果 b 数组满足"对任意 0≤i<n，都有 b[i]=1"的条件，那么输出结果最小为（　　）。

    A．582　　　　B．580　　　　C．579　　　　D．581

【解析】要使输出结果最小，需要构造一棵完全二叉树，则 100 个节点每层节点个数依次为 1、2、4、8、16、32 和 37。因为权值都是 1，则每个节点的深度求和可得：1×1+2×2+4×3+8×4+16×5+32×6+37×7 = 1+4+12+32+80+192+259 = 580。

【答案】B

6.2 2020 年真题解析

6.2.1 第一题

```
1   #include <cstdlib>
2   #include <iostream>
3   using namespace std;
4
5   char encoder[26] = {'C','S','P',0};
6   char decoder[26];
7
8   string st;
9
10  int main()  {
11    int k = 0;
12    for (int i = 0; i < 26; ++i)
13      if (encoder[i] != 0) ++k;
14    for (char x ='A'; x <= 'Z'; ++x) {
15      bool flag = true;
16      for (int i = 0; i < 26; ++i)
17        if (encoder[i] ==x) {
18          flag = false;
19          break;
20        }
21      if (flag) {
22        encoder[k]= x;
23        ++k;
24      }
25    }
26    for (int i = 0; i < 26; ++i)
27       decoder[encoder[i]- 'A'] = i + 'A';
28    cin >> st;
29    for (int i = 0; i < st.length( ); ++i)
30      st[i] = decoder[st[i] -'A'];
31    cout << st;
32    return 0;
33  }
```

【代码解析】

这个程序自动生成加密字符数组 encoder 和解密字符数组 decoder，并对输入的 st 字符串进行转换。程序第 11 ～ 25 行用于生成字符数组 encoder 的内容，生成规则如下：先向 encoder 中加入字符 C、S、P，接着将 A ～ Z 中除 C、S、P 之外的字符按顺序填入 encoder 中，最终 encoder 中保存 "CSPABDEFGHIJKLMNOQRTUVWXYZ"。程序第 26、27 行用于生成字符数组 decoder 的内容，最终 decoder 中保存 "DEAFGHIJKLMNOPQCRSBTUVWXYZ"。输入的 st 字符串转换规则为 st[i] = decoder[st[i] - 'A']，也就是将 st[i] 在字母表中的顺序（从 0 开始）作为下标，在 decoder 中找到对应的字符，作为 st[i] 转换后的内容。

判断题

1. 输入的字符串应当只由大写字母组成，否则在访问数组时可能越界。（   ）
   A．正确   B．错误

【解析】程序第 30 行的 st[i] -'A' 表明输入应当为大写字母。

【答案】A

2. 若输入的字符串不是空串，则输入的字符串与输出的字符串一定不一样。（　　）

　　A．正确　　　　　　　B．错误

【解析】分析 encoder 和 decoder 所保存的内容后，可以发现从字母 T 开始，加密和解密的字母相同。

【答案】B

3. 将第 12 行的 i<26 改为 i<16，程序运行结果不会改变。（　　）

　　A．正确　　　　　　　B．错误

【解析】程序第 12 ～ 13 行代码用来计算初始字符数组 encoder 中非 0 字符的个数，正好是 decoder 中的前 4 个字符，所以将 i<26 修改为 i<16 并不会影响计数。

【答案】A

4. 将第 26 行的 i<26 改为 i<16，程序运行结果不会改变。（　　）

　　A．正确　　　　　　　B．错误

【解析】程序第 26 ～ 27 行代码将 26 个字母填入字符数组 decoder，将 i<26 改为 i<16 后，不能将 26 个字母全部填入 decoder 中，会影响第 30 行的转换结果。

【答案】B

单选题

1. 若输出的字符串为"ABCABCABCA"，则下列说法正确的是（　　）。

　　A．输入的字符串中既有 S 又有 P　　　B．输入的字符串中既有 S 又有 B

　　C．输入的字符串中既有 A 又有 P　　　D．输入的字符串中既有 A 又有 B

【解析】输出的字符串中包含 A、B、C 这 3 个字符，对应 decoder[2]、decoder[18] 和 decoder[15]，说明转换前的字符是字母表中的第 2 个、第 18 个、第 15 个字符（从 0 开始），也就是 C、S、P。

【答案】A

2. 若输出的字符串为"CSPCSPCSPCSP"，则下列说法正确的是（　　）。

　　A．输入的字符串中既有 P 又有 K　　　B．输入的字符串中既有 J 又有 R

　　C．输入的字符串中既有 J 又有 K　　　D．输入的字符串中既有 P 又有 R

【解析】输出的字符串中包含 C、S、P 这 3 个字符，对应 decoder[15]、decoder[17]、decoder[13]，说明转换前的字符是字母表中的第 15 个、第 17 个、第 13 个字符（从 0 开始），也就是 P、R、N。

【答案】D

6.2.2　第二题

```
1   #include <iostream>
2   using namespace std;
3
4   long long n, ans;
5   int k, len;
6   long long d[1000000];
7
8   int main() {
9       cin >> n >> k;
10      d[0] = 0;
11      len= 1;
```

```
12      ans = 0;
13      for (long long i = 0; i <n; ++i) {
14        ++d[0];
15        for (int j = 0; j + 1<len; ++j) {
16          if (d[j] == k) {
17            d[j] = 0;
18            d[j + 1] += 1;
19            ++ans;
20          }
21        }
22        if (d[len- 1] == k) {
23          d[len - 1] = 0;
24          d[len] =1;
25          ++len;
26          ++ans;
27        }
28      }
29      cout << ans << endl;
30      return 0;
31    }
```

【代码解析】
　　这个程序将十进制的数字 n 转化为 k 进制数，输出的 ans 是转化过程中进位的次数。len 保存转化后数字的长度，数组 d 保存转化后的 k 进制数，其中 d[0] 保存个位上的数字，d[len−1] 保存最高位上的数字。第 13 行的 n 次 for 循环和第 14 行的代码，表示把十进制的 n 拆分成 n 个 1，并累加到 d[0] 里。第 15～20 行的代码，依次从低位开始检查数组 d 中的元素是否等于 k，如果等于 k，需要向更高一位进位，这样符合 k 进制的"满 k 进一"规则。
　　假设输入的 n 是不超过 2^{62} 的正整数，k 都是不超过 10000 的正整数，完成下面的判断题和单选题。

判断题

1．若 k = 1，则输出 ans 时，len = n。（　　）
　　A．正确　　　　　　B．错误

【解析】若 k = 1，第 1 次循环时，第 22 行的 if 条件成立，将执行第 23 ～ 26 行的代码，第 1 次循环结束时，d[0] = 0，d[1] = 1，len = 2。从第 2 次循环开始，当 j = 0 时，第 18 行代码会让 d[1] 递增 1，这样第 22 行的 if 条件再也不会成立了，所以 len 的值始终为 2。
【答案】B

2．若 k>1，则输出 ans 时，len 一定小于 n。（　　）
　　A．正确　　　　　　B．错误
【解析】当 k = 2，n = 0 时，len = 2，此时 len 大于 n。
【答案】B

3．若 k>1，则输出 ans 时，k^{len} 一定大于 n。（　　）
　　A．正确　　　　　　B．错误
【解析】len 为十进制数 n 转换后 k 进制数的长度，说明 $k^{len-1} \leqslant n < k^{len}$。
【答案】A

单选题

1．若输入的 n 等于 10^{15}，输入的 k 为 1，则输出等于（　　）。
　　A．1　　　　　　B．$(10^{30}-10^{15})/2$　　　　　C．$(10^{30}+10^{15})/2$　　　　　D．10^{15}

【解析】当输入的 k 为 1 时,每一次循环都会进位,所以输出数 ans 就为 n。

【答案】D

2. 若输入的 n 等于 205891132094649(3^{30}),输入的 k 为 3,则输出等于(　　)。

　　A．3^{30}　　　　B．$(3^{30}-1)/2$　　　　C．$3^{30}-1$　　　　D．$(3^{30}+1)/2$

【解析】此题需要找到规律。假设现在要算出十进制数 1000 进位了几次,进位到十位,共进位 100 次;进位到百位,共进位 10 次;进位到千位,共进位 1 次,因此共进位 111 次。总结后可以发现,10^n 所需的进位次数为 $1+10^1+10^2+10^3+10^4+\cdots+10^{n-1}$,简化后可得 $(10^n-1)/(10-1)$,所以 k 进制下,k^n 所需的进位次数为 $(k^n-1)/(k-1)$。

【答案】B

3. 若输入的 n 等于 100010002000090,输入的 k 为 10,则输出结果为(　　)。

　　A．11112222444543　　　　　　　　B．11122222444453
　　C．11122222444543　　　　　　　　D．11112222444453

【解析】根据上题的解析,输出的进位数是 $(10^{14}-1)/(10-1)+(10^{10}-1)/(10-1)+2\times(10^6-1)/(10-1)+9\times(10^1-1)/(10-1) = 11112222444453$。

【答案】D

6.2.3　第三题

```
1   #include <algorithm>
2   #include <iostream>
3   using namespace std;
4   
5   int n;
6   int d[50][2];
7   int ans;
8   
9   void dfs(int n, int sum) {
10    if (n == 1) {
11      ans = max(sum, ans);
12      return;
13    }
14    for (int i = 1; i < n; ++i) {
15      int a = d[i - 1][0], b = d[i - 1][1];
16      int x = d[i][0], y = d[i][1];
17      d[i - 1][0] = a + x;
18      d[i - 1][1] = b + y;
19      for (int j = i; j < n - 1; ++j)
20        d[j][0] = d[j + 1][0], d[j][1] = d[j + 1][1];
21      int s = a + x + abs(b - y);
22      dfs(n - 1, sum + s);
23      for (int j = n - 1; j > i; --j)
24        d[j][0] = d[j - 1][0], d[j][1] = d[j - 1][1];
25      d[i - 1][0] = a, d[i - 1][1] = b;
26      d[i][0] = x, d[i][1] = y;
27    }
28  }
29  
30  int main() {
31    cin >> n;
32    for (int i = 0; i < n; ++i)
33      cin >> d[i][0];
34    for (int i = 0; i < n;++i)
```

```
35        cin >> d[i][1];
36      ans = 0;
37      dfs(n, 0);
38      cout << ans << endl;
39      return 0;
40    }
```

【代码解析】

这个程序构建了两个数列——d[][0] 和 d[][1]。深搜函数 dfs() 对两个数列的前 n 行进行操作，第 15 ~ 18 行代码将当前两个数列相邻两行的数值相加，保存于前一行；第 19、20 行代码将后面的行往前移动一行，此时可看成将 n 行数据变成了 n-1 行数据。第 21 行的 a+x+abs(b-y) 将第一个数列相邻两行之和与第二个数列相邻两行之差加起来，并将结果赋值给 s；第 22 行代码将 s 累加给 sum 并对变化后的 n-1 行数据继续进行递归；第 23 ~ 26 行代码是回溯操作，将数据恢复到函数 dfs() 递归之前的样子。ans 保存深搜过程中 sum 的最大值。

判断题

1. 若输入 n 为 0，此程序可能会死循环或发生运行错误。（　　）
    A．正确　　　　　　B．错误

【解析】若 n 为 0，程序进入递归后会立刻返回主函数，并不会出现错误。
【答案】B

2. 若输入 n 为 20，接下来的输入全为 0，则输出为 0。（　　）
    A．正确　　　　　　B．错误

【解析】若输入的数都是 0，那么每次 sum 都只加 0，最终结果也为 0。
【答案】A

3. 输出的数一定不小于输入的 d[i][0] 和 d[i][1] 的任意一个。（　　）
    A．正确　　　　　　B．错误

【解析】当输入的数都大于 0 且 n 等于 1 时，将不会执行第 14 ~ 27 行的代码，ans 一直为 0，小于 d 数组中的元素。
【答案】B

单选题

1. 若输入的 n 为 20，接下来的输入是 20 个 9 和 20 个 0，则输出为（　　）。
    A．1890　　　　B．1881　　　　C．1908　　　　D．1917

【解析】当前输入情况代表不用考虑第二列数列，这样 sum 要取到最大值，就是将每次合并好的行继续与相邻的行进行合并，最终结果为 (9+9)+(9+9+9)+…+(9+9+9+9+9+9) = 1881。
【答案】B

2. 若输入的 n 为 30，接下来的输入是 30 个 0 和 30 个 5，则输出为（　　）。
    A．2000　　　　B．2010　　　　C．2030　　　　D．2020

【解析】当前输入情况代表不用考虑第一列数列，这样最佳解就是将每次合并好的行继续合并，最终结果为 (5-5)+(10-5)+(15-5)+…+(5×29-5) = 2030。
【答案】C

3. 若输入的 n 为 15，接下来的输入是 15 到 1 以及 15 到 1，则输出为（　　）。
    A．2440　　　　B．2220　　　　C．2240　　　　D．2420

【解析】显然，应按照从头到尾的顺序合并数列的每一行，每次计算出 a+x 的值分别是 29、42、54、65、75、84、92、99、105、110、114、117、119、120，每次计算出 abs(b−y) 的值分别是 1、16、30、43、55、66、76、85、93、100、106、111、115、118，将它们加起来可得结果 2240。

【答案】C

6.3 2021 年真题解析

6.3.1 第一题

```
1   #include<iostream>
2   using namespace std;
3   
4   int n;
5   int a[1000];
6   
7   int f(int x)
8   {
9       int ret = 0;
10      for(;x;x&=x-1) ret++;
11      return ret;
12  }
13  
14  int g(int x)
15  {
16      return x & -x;
17  }
18  
19  int main()
20  {
21      cin>>n;
22      for (int i=0;i<n;i++) cin>>a[i];
23      for(int i=0;i<n;i++)
24         cout<<f(a[i])+g(a[i])<<" ";
25      cout<<endl;
26      return 0;
27  }
```

【代码解析】

这个程序里的 f(x) 函数统计 x 的二进制数中 1 的数量，g(x) 函数只保留 x 的二进制数中位数最低的那个 1 的权重，变成了一个新的二进制数。−x 的二进制数是将 x 的二进制数每一位取反，然后加 1。

判断题

1. 输入的 n 等于 1001 时，程序不会发生下标越界。（   ）

   A．正确　　　　　　B．错误

【解析】数组 a 的长度是 1000，最大的下标是 999，n 等于 1001 时越界。

【答案】B

2. 输入的 a[i] 必须全为正整数，否则程序将陷入死循环。（   ）

   A．正确　　　　　　B．错误

【解析】负数也可以进行位运算。

【答案】 B

3．如果输入为"5 2 11 9 16 10"，那么输出为"3 4 3 17 5"。（   ）

　　A．正确　　　　　　B．错误

【解析】 分析 f(x) 和 g(x) 函数，可得出输出为"3 4 3 17 4"。数字 10 的二进制数是 1010，1010 里有 2 个 1，最低位的 1 代表的二进制数是 2，所以 f(10)+g(10) = 2+2 = 4。

【答案】 B

4．如果输入为"1 511998 "，那么输出为"18"。（   ）

　　A．正确　　　　　　B．错误

【解析】 分析 f(x) 和 g(x) 函数，可得计算结果为 16+2 = 18。

【答案】 A

5．将源代码中 g() 函数的定义（第 14 ～ 17 行）移到 main() 函数的后面，程序可以正常编译运行。（   ）

　　A．正确　　　　　　B．错误

【解析】 程序想要运行，需要提前声明函数。

【答案】 B

单选题

当输入为"2 -65536 2147483647"时，输出结果为（   ）。

A．"65532 33"　　　B．"65552 32"　　　C．"65535 34"　　　D．"65554 33"

【解析】 f(2147483647)+g(2147483647) = 31+1 = 32。

【答案】 B

6.3.2　第二题

```
1   #include<iostream>
2   #include<string>
3   using namespace std;
4   
5   char base[64];
6   char table[256];
7   
8   void init()
9   {
10      for(int i=0;i<26;i++) base[i]='A'+i;
11      for(int i=0;i<26;i++) base[26+i]='a'+i;
12      for(int i=0;i<10;i++) base[52+i]='0'+i;
13      base[62]='+',base[63]='/';
14      
15      for(int i=0;i<256;i++) table[i]=0xff;
16      for(int i=0;i<64;i++) table[base[i]]=i;
17      table['=']=0;
18  }
19  
20  string decode(string str)
21  {
22      string ret;
23      int i;
24      for(i=0;i<str.size();i+=4){
25          ret +=table[str[i]]<<2|table[str[i+1]]>>4;
```

```
26            if(str[i+2]!='=')
27                ret +=(table[str[i+1]]&0x0f)<<4|table[str[i+2]]>>2;
28            if(str[i+3]!='=')
29                ret +=table[str[i+2]]<<6|table[str[i+3]];
30        }
31    return ret;
32 }
33
34 int main()
35 {
36     init();
37     cout<< int(table[0]) << endl;
38
39     string str;
40     cin>>str;
41     cout<< decode(str) << endl;
42     return 0;
43 }
```

【代码解析】

这个程序编制了一张表，然后将输入的字符串根据表的内容进行解码。

在 init() 函数中，程序对 base 和 table 数组进行初始化，将 base 数组中依次填入 A～Z、a～z、0～9 和 +、/，table 数组保存 base 数组中字符所在的下标，例如字符 Z 在 base 数组中所在下标是 25，则 table[base[25]] = 25，即 table['Z'] = 25。

在 decode() 函数中，程序把输入的字符串 str 按照每 4 个字符一组，进行解码。其中第 25 行代码表示，第 i 个字符和第 i+1 个字符联合解码出 1 个字符；第 26、27 行代码表示当第 i+2 个字符不是 "=" 时，第 i+1 个字符和第 i+2 个字符联合解码出 1 个字符；第 28、29 行代码表示，当第 i+3 个字符不是 "=" 时，第 i+2 个字符和第 i+3 个字符联合解码出 1 个字符，最后函数返回由这 3 个字符组成的字符串。值得注意的是，char 类型只占 1 字节，所以第 25、27、29 行的左移操作产生的高于 8 位的二进制位会被截掉弃用。

判断题

1. 输出的第二行一定是由小写字母、大写字母、数字和 +、/、= 构成的字符串。（　　）

    A．正确　　　　　　B．错误

【解析】decode() 函数可对字符进行相加操作，因此不一定是 base 数组中保存的字符。

【答案】B

2. 可能存在输入不同，但输出的第二行相同的情形。（　　）

    A．正确　　　　　　B．错误

【解析】输入其他字符时，table 的值为 0xff，因此输出结果很有可能相同。

【答案】A

3. 输出的第一行为 "−1"。（　　）

    A．正确　　　　　　B．错误

【解析】table[0] 为 0xff，又因为这是 8 位的 char，负数由补码保存，因此输出为 −1。

【答案】A

单选题

1. 设输入字符串长度为 n，decode() 函数的时间复杂度为（　　）。

    A．$O(\sqrt{n})$　　　　B．$O(n)$　　　　C．$O(n\log n)$　　　　D．$O(n^2)$

【解析】函数体里只有一个 for 循环，循环次数为 n/4。
【答案】B

2. 如果输入为 "Y3Nx"，那么输出的第二行为（   ）。
   A. "csp"　　　　B. "csq"　　　　C. "CSP"　　　　D. "Csp"

【解析】"Y3Nx" 长度是 4，在 decode() 函数中刚好执行 1 次循环，第 25 行、第 27 行和第 29 行代码等号右边计算出来的值分别是 99、115、113，对应 ASCII 表的字符为 c、s、q。
【答案】B

3. 如果输入为 "Y2NmIDIwMjE = "，那么输出的第二行为（   ）。
   A. "ccf2021"　　B. "ccf2022"　　C. "ccf 2021"　　D. "ccf 2022"

【解析】"Y2NmIDIwMjE = " 长度是 12，在 decode() 函数里执行第 1 次循环，第 25 行、第 27 行和第 29 行代码等号右边计算出来的值分别是 99、99、102，对应 ASCII 表的字符为 c、c、f；在 decode() 函数里执行第 2 次循环，第 25 行、第 27 行和第 29 行代码等号右边计算出来的值分别是 32、50、48，对应 ASCII 表的字符是空格、2、0；在 decode() 函数里执行第 3 次循环，第 25 行、第 27 行代码等号右边计算出来的值分别是 50、49，对应 ASCII 表的字符为 2、1。输出结果为 ccf 2021。
【答案】C

6.3.3 第三题

```
1   #include<iostream>
2   using namespace std;
3
4   const int n = 100000;
5   const int N = n+1;
6
7   int m;
8   int a[N],b[N],c[N],d[N];
9   int f[N],g[N];
10
11  void init()
12  {
13      f[1]=g[1]=1;
14      for(int i=2;i<=n;i++){
15          if(!a[i]){
16              b[m++]=i;
17              c[i]=1,f[i]=2;
18              d[i]=1,g[i]=i+1;
19          }
20          for(int j=0;j<m&&b[j]*i<=n;j++){
21              int k=b[j];
22              a[i*k]=1;
23              if(i%k==0){
24                  c[i*k]=c[i]+1;
25                  f[i*k]=f[i]/c[i*k]*(c[i*k]+1);
26                  d[i*k]=d[i];
27                  g[i*k]=g[i]*k+d[i];
28                  break;
29              }
30              else{
31                  c[i*k]=1;
32                  f[i*k]=2*f[i];
33                  d[i*k]=g[i];
```

```
34                              g[i*k]=g[i]*(k+1);
35                      }
36                  }
37              }
38  }
39
40  int main()
41  {
42       init();
43
44       int x;
45       cin>> x;
46       cout<< f[x] <<' '<<g[x] << endl;
47       return 0;
48  }
```

【代码解析】

程序利用欧拉筛，算出了 x 的因数个数和 x 的因数和。欧拉筛由埃氏筛发展而来。埃氏筛的基本思想是从 2 开始，将每个质数的倍数都标记成合数，以达到筛选素数的目的。欧拉筛的思想则是在埃氏筛的基础上，让每个合数只被它的最小质因子筛选 1 次，以达到不重复标记的目的。

代码中 a 数组用作质数标记，0 为质数，1 为合数（下标 0 除外）；b 数组用来保存质数；c 数组保存最小质因子的数量；d 数组保存取出最小质因子之后的因数之和；f 数组保存因数个数；g 数组保存因数和。第 15 行代码表示 i 是一个质数，第 16～18 行代码将质数 i 的最小质因子数量 1、取出最小质因子之后的因数之和 1、因数个数 2、因数和 i+1 保存在各个数组中。第 20～36 行代码枚举每个质数 b[j]（也就是 k）的 i 倍，显然当 i＞1 时，b[j] 的 i 倍是一个合数，第 22 行代码进行了合数标记。第 23 行代码判断 i 是否是 b[j] 的倍数，也就是 i 本身是否包含质因子 b[j]。

如果是的话，执行第 24～28 行代码，这样操作的含义如下。

（1）b[j]×i 的最小质因数也就是 i 的最小质因数（就是 b[j]），并且个数多 1。

（2）b[j]×i 的因数个数是 i 的因数个数先除以 b[j]×i 的最小质因数 b[j] 的数量 c[i*k]，再乘以 c[i*k]+1。这个式子用到了因数个数公式（见第 5 章唯一分解定理）。假设 i 的唯一分解为 $b[j]^{c[i]} p_2^{a_2} \cdots p_m^{a_m}$，则 i 的因数个数可以表示为 $(c[i]+1)(a_2+1)\cdots(a_m+1)$，那么 b[j]×i 的唯一分解为 $b[j]^{c[i]+1} p_2^{a_2} \cdots p_m^{a_m}$，b[j]×i 的因数个数可以表示为 $(c[i]+2)(a_2+1)\cdots(a_m+1)$，比较可得 b[j]×i 的因数个数是 f[i]/(c[i]+1)*(c[i]+2)，代码中 c[i*k] = c[i]+1，因此用 c[i*k] 替换掉 c[i]+1，就是 f[i]/c[i*k]*(c[i*k]+1)。

（3）b[j]×i 取出最小质因子之后的因数之和就是 i 取出最小质因子之后的因数之和。

（4）b[j]×i 的因数和由两部分组成：一部分是 i 的因数和乘以 b[j]（所有包含 b[j] 的因数之和），另一部分是 i 取出最小质因子之后的因数之和（完全没有 b[j] 的因数之和）。

（5）提前中止循环避免重复标记。

若非如此，则说明 b[j] 是 b[j]×i 的最小质因数，执行第 31～34 行代码，这样操作的含义如下。

（1）b[j]×i 的最小质因数目前只出现了 1 次。

（2）b[j]×i 的因数个数是 i 的因数个数的 2 倍（将 i 的每一个因数乘以 b[j]，也是 b[j]×i 的一部分因数）。

（3）b[j]×i 取出最小质因子之后的因数之和就是 i 的因数之和。
（4）b[j]×i 的因数和是 i 的因数和乘以 b[j]+1（b[j]×i 的因数可分为两部分，一部分是 i 的因数，另一部分是 i 的因数的 b[j] 倍）。

此题难度较高，表 6.1 列出了程序执行结束后各个数组的前 13 个元素的值，以便读者结合表中内容理解代码的含义。比如 a[12] = 1 表示 12 是一个合数，b[12] = 41 表示 41 是第 13 个质数，c[12] = 2 表示 12 有 2 个最小质因子（2 个 2），d[12] = 4 表示 12 取出所有最小质因子之后变成 3，3 的因数之和是 4，f[12] = 6 表示 12 有 6 个因数，g[12] = 28 表示 12 的 6 个因数之和是 28。

表 6.1

下标	0	1	2	3	4	5	6	7	8	9	10	11	12
a	0	0	0	0	1	0	1	0	1	1	1	0	1
b	2	3	5	7	11	13	17	19	23	29	31	37	41
c	0	0	1	1	2	1	1	1	3	2	1	1	2
d	0	0	1	1	1	1	4	1	1	1	6	1	4
f	0	1	2	2	3	2	4	2	4	3	4	2	6
g	0	1	3	4	7	6	12	8	15	13	18	12	28

假设输入的 x 是不超过 1000 的自然数，请完成下面的判断题和单选题。

判断题

1. 若输入不为"1"，把第 13 行删去不会影响输出的结果。（   ）
   A．正确　　　　　　B．错误

【解析】程序没有用到 f[1] 和 g[1] 的地方，删去没有问题。

【答案】A

2. 第 25 行的 f[i]/c[i*k] 可能存在无法整除而向下取整的情况。（   ）
   A．正确　　　　　　B．错误

【解析】根据因数个数公式，c[i*k] 为 f[i] 的一个因数，因此不存在无法取整的情况。

【答案】B

3. 在执行完 init() 后，f 数组不是单调递增的，但 g 数组是单调递增的。（   ）
   A．正确　　　　　　B．错误

【解析】以 4 和 5 为例，4 的因数之和为 7，5 的因数之和为 6，因此 g 数组也不是单调递增的。

【答案】B

单选题

1. init() 函数的时间复杂度为（   ）。
   A．$O(n)$　　　　B．$O(n\log n)$　　　　C．$O(n\sqrt{n})$　　　　D．$O(n^2)$

【解析】欧拉筛是 $O(n)$ 的时间复杂度。

【答案】A

2. 执行 init() 后，f[1],f[2],f[3],…,f[100] 中有（   ）个等于 2。
   A．23　　　　　　B．24　　　　　　C．25　　　　　　D．26

【解析】f 数组存储的是因数个数，那么因数个数等于 2 的数就是质数，该题问的就是 100

以内的质数个数，共 25 个。
【答案】C
3. 如果输入为 "1000"，那么输出为（　　）。
    A．"15 1340"　　　　B．"15 2340"　　　　C．"16 2340"　　　　D．"16 1340"
【解析】1000 的因数个数和因数之和分别为 16 和 2340。
【答案】C

6.4　2022 年真题解析

6.4.1　第一题

```
1   #include<iostream>
2
3   using namespace std;
4
5   int main()
6   {
7       unsigned short x, y;
8       cin >> x >> y;
9       x = (x | x << 2) & 0x33;
10      x = (x | x << 1) & 0x55;
11      y = (y | y << 2) & 0x33;
12      y = (y | y << 1) & 0x55;
13      unsigned short z = x | y << 1;
14      cout << z << endl;
15      return 0;
16  }
```

假设输入的 x、y 均是不超过 15 的自然数，请完成下面的判断题和单选题。
【代码解析】
这是一道位运算的题目，比较简单，根据输入的数据进行模拟即可。

判断题

1. 删去第7行与第13行的unsigned，程序行为不变。（　　）
    A．正确　　　　　　B．错误
【解析】unsigned short 和 short 类型数据都是 16 位，根据输入数据范围和 0x33、0x55 的大小，数据只在低 8 位进行操作，因此不影响程序行为。
【答案】A
2. 将第 7 行与第 13 行的 short 均改为 char，程序行为不变。（　　）
    A．正确　　　　　　B．错误
【解析】char 虽然也是 8 位，但是在第 14 行输出的时候会以字符的形式显示出来，而不会输出数字。
【答案】B
3. 程序总是输出一个整数"0"。（　　）
    A．正确　　　　　　B．错误

【解析】当程序输入"2 2"时,输出为 12。
【答案】B

4. 当输入为"2 2"时,输出为"10"。(   )
   A.正确   B.错误
【解析】当程序输入"2 2"时,输出为 12。
【答案】B

5. 当输入为"2 2"时,输出为"59"。(   )
   A.正确   B.错误
【解析】当程序输入"2 2"时,输出为 12。
【答案】B

单选题
当输入为"13 8"时,输出为(   )。
   A."0"   B."209"   C."197"   D."226"
【解析】模拟后计算出结果是 209。
【答案】B

6.4.2　第二题

```
1  #include<algorithm>
2  #include<iostream>
3  #include<limits>
4
5  using namespace std;
6
7  const int MAXN = 105;
8  const int MAXK = 105;
9
10 int h[MAXN][MAXK];
11
12 int f(int n, int m)
13 {
14     if (m == 1) return n;
15     if (n == 0) return 0;
16
17     int ret = numeric_limits<int>::max();
18     for (int i = 1; i <= n; i++)
19         ret = min(ret, max(f(n - i, m), f(i - 1, m - 1)) + 1);
20     return ret;
21 }
22
23 int g(int n, int m)
24 {
25     for (int i = 1; i <= n; i++)
26         h[i][1] = i;
27     for (int j = 1; j <= n; j++)
28         h[0][j] = 0;
29
30     for (int i = 1; i <= n; i++) {
31         for (int j = 2; j <= m; j++) {
32             h[i][j] = numeric_limits<int>::max();
33             for (int k = 1; k <= i; k++)
34                 h[i][j] = min(
```

```
35                      h[i][j],
36                      max(h[i - k][j], h[k-1][j-1]) + 1);
37         }
38     }
39
40     return h[n][m];
41 }
42
43 int main()
44 {
45     int n, m;
46     cin >> n >> m;
47     cout << f(n, m) << endl << g(n,m) << endl;
48     return 0;
49 }
```

假设输入的 n、m 均是不超过 100 的正整数，完成下面的判断题和单选题。

【代码解析】

观察代码编写方式可以看出函数 f() 和函数 g() 实现了相同的功能，一个是带返回值的搜索函数，另一个是记忆化的搜索函数，它们都可以看作"从高楼往下扔鸡蛋"问题的解题代码。f(n,m) 表示拿 m 个鸡蛋在 n 层楼进行扔鸡蛋测试，找鸡蛋恰好不碎的那个楼层所需要的最少测试次数。先拿 1 个鸡蛋从第 i 层扔下去，如果没有碎，则继续拿 m 个鸡蛋在 i+1～n 这 n-i 层楼里测试，最少测试 f(n-i,m) 次；否则，拿剩下的 m-1 个鸡蛋在 1～i-1 这 i-1 层楼里测试，最少测试 f(i-1,m-1) 次。考虑最坏情况取它们的最大值，也就是 max(f(n-i, m), f(i-1, m-1))，在第 i 层尝试了 1 次，所以一共尝试 max(f(n-i, m), f(i-1, m-1)) +1 次，"从高楼往下扔鸡蛋"问题要找的最少测试次数是 i 在所有取值下这个式子的最小值。函数 g() 的代码实现效果同理。

判断题

1. 当输入为"7 3"时，第 19 行用来取最小值的 min() 函数执行了 449 次。（　　）

   A．正确　　　　　B．错误

【解析】用一张二维表来保存 n 和 m 取不同值时第 19 行的执行次数，如表 6.2 所示。

表 6.2

n	m		
	1	2	3
0			
1			
2			
3			
4			
5			
6			
7			

行号 0～7 代表 n 的不同取值，列号 1～3 代表 m 的不同取值，那么这道题的答案是右下角格子里的数字。现在来补全这张表，根据第 14 行和第 15 行代码，可知 n＝0 或 m＝1 时，比较次数为 0，如表 6.3 所示。

表 6.3

n	m		
	1	2	3
0	0	0	0
1	0		
2	0		
3	0		
4	0		
5	0		
6	0		
7	0		

观察第 18 行和第 19 行代码，执行递归函数 f(n,m) 时，第 18 行 for 循环次数为 n，也就是要执行 n 次比较，第 19 行 f(n−i, m) 和 f(i−1, m−1) 的执行次数，在表格中对应的格子如下：第 n 行第 m 列格子的正上方所有格子，以及这些格子左边紧挨着的所有格子。例如，当输入为"7 3"时，它的比较次数是第 18 行代码的循环次数 7，再加上表 6.4 中所有灰色格子的数字之和。

表 6.4

n	m		
	1	2	3
0	0	0	0
1	0		
2	0		
3	0		
4	0		
5	0		
6	0		
7	0		

根据这个性质，可知第 1 行第 2 列格子中的数字是第 18 行代码的循环次数 1，加上表 6.5 中两个灰色格子的数字之和，也就是 1。

表 6.5

n	m		
	1	2	3
0	0	0	0
1	0	1	
2	0		
3	0		
4	0		
5	0		
6	0		
7	0		

再从左到右、从上到下依次计算出每个格子里的数字，比如计算到第 5 行第 3 列的时候，表格中的内容如表 6.6 所示。

表 6.6

n	m		
	1	2	3
0	0	0	0
1	0	1	1
2	0	3	4
3	0	7	12
4	0	15	32
5	0	31	80
6	0		
7	0		

最后计算出表格内的所有数字，如表 6.7 所示，可以看到右下角格子里的数字是 448。

表 6.7

n	m		
	1	2	3
1	0	1	1
2	0	3	4
3	0	7	12
4	0	15	32
5	0	31	80
6	0	63	192
7	0	127	448

【答案】B

2．输出的两行整数总是相同的。（　　）

　　A．正确　　　　　B．错误

【解析】f() 函数和 g() 函数实现了相同的功能。

【答案】A

3．当 m 为 1 时，输出的第一行总为 n。（　　）

　　A．正确　　　　　B．错误

【解析】根据第 14 行代码，m 为 1 时，返回值为 n。

【答案】B

单选题

1．算法 g(n,m) 最为准确的时间复杂度分析结果为（　　）。

　　A．$O(n^{3/2}m)$　　　B．$O(nm)$　　　C．$O(n^2m)$　　　D．$O(nm^2)$

【解析】g() 函数使用了三重 for 循环，每层循环次数分别是 n、m、n，因此其时间复杂度为 $O(n^2m)$。

【答案】C

2．当输入为"20 2"时，输出的第一行为（　　）。

　　A．"4"　　　　　B．"5"　　　　　C．"6"　　　　　D．"20"

【解析】用一张二维表来保存 n 和 m 取不同值时，输出的第一行内容如表 6.8 所示。

表 6.8

n	m	
	1	2
0		
1		
2		
3		
4		
5		
6		
7		
8		
9		
10		
11		
12		
13		
14		
15		
16		
17		
18		
19		
20		

行号 0～20 代表 n 的不同取值，列号 1～2 代表 m 的不同取值，那么这道题的答案是右下角格子里的数字。现在要做的是补全这张表，根据第 14、15 行代码，可知 n = 0 时，输出的第一行为 0；m = 1 时，输出的第一列为 n，如表 6.9 所示。

表 6.9

n	m	
	1	2
0	0	0
1	1	
2	2	
3	3	
4	4	
5	5	
6	6	
7	7	
8	8	
9	9	
10	10	
11	11	
12	12	

续表

n	m	
	1	2
13	13	
14	14	
15	15	
16	16	
17	17	
18	18	
19	19	
20	20	

观察第 19 行代码，f(n,m) 的值是：从第 n 行第 m 列格子的正上方所有格子中，每次由下往上选择一个格子，以及从 m-1 列的前 n-1 个格子中，每次由上往下选择一个格子，将这两个格子中较大的那个数加 1 并记录下来，在所有记录的数字中选择最小的那个数。例如，表 6.10 中两个深色格子中的较大值加上 1，也就是 2，与两个浅色格子中的较大值加上 1，也就是 2，两个数字 2 中的最小数仍然是 2，作为 f(2,2)，这就是第 2 行第 2 列的值。

表 6.10

n	m	
	1	2
0	0	0
1	1	1
2	2	2
3	3	
4	4	
5	5	
6	6	
7	7	
8	8	
9	9	
10	10	
11	11	
12	12	
13	13	
14	14	
15	15	
16	16	
17	17	
18	18	
19	19	
20	20	

依次补全表格，如表 6.11 所示，可以看到右下角格子里的数字是 6，还可以发现第 2 列的总体规律是：从第 1 行开始，第 2 列的数据依次是 1、2、2、3、3、3……也就是 1 个 1、2 个 2、3 个 3……

表 6.11

n	m	
	1	2
0	0	0
1	1	1
2	2	2
3	3	2
4	4	3
5	5	3
6	6	3
7	7	4
8	8	4
9	9	4
10	10	4
11	11	5
12	12	5
13	13	5
14	14	5
15	15	5
16	16	6
17	17	6
18	18	6
19	19	6
20	20	6

【答案】C

3. 当输入为"100 100"时，输出的第一行为（　　）。

　　A. "6"　　　　　　B. "7"　　　　　　C. "8"　　　　　　D. "9"

【解析】当 m 比较大的时候，从第 1 行开始，第 m 列的数据依次是 1 个 1、2 个 2、4 个 3、8 个 4……，第 100 个数据是 7。换个方式思考，当输入为"100 100"时，表示用 100 个鸡蛋在 100 层楼尝试，说明鸡蛋数量足够多，这时可以考虑二分的方法，第一次在第 50 层尝试，如果碎了，接着在第 1 ~ 49 层尝试；否则，在第 51 ~ 100 层尝试……最后推出尝试次数为 $[\log_2 100] = 7$。

【答案】B

6.4.3　第三题

```
1  #include<iostream>
2  
3  using namespace std;
4  
5  int n, k;
6  
7  int solve1()
8  {
9      int l = 0, r = n;
10     while (l <= r) {
```

```cpp
11          int mid = (l + r) / 2;
12          if (mid * mid <= n) l = mid + 1;
13          else r = mid - 1;
14      }
15      return l - 1;
16  }
17
18  double solve2(double x)
19  {
20      if (x == 0) return x;
21      for (int i = 0; i < k; i++)
22          x = (x + n / x) / 2;
23      return x;
24  }
25
26  int main()
27  {
28      cin >> n >> k;
29      double ans = solve2(solve1());
30      cout << ans << ' ' << (ans * ans == n) << endl;
31      return 0;
32  }
```

假设 int 为 32 位有符号整数类型，输入的 n 是不超过 47000 的自然数、k 是不超过 int 表示范围的自然数，完成下面的判断题和单选题。

【代码解析】

这个程序的 solve1() 函数用二分的方法找到了接近 $\sqrt{n}$ 的整数，solve2() 函数找到了接近 $\sqrt{n}$ 的浮点数，相比 solve1()，solve2() 函数得到的结果更准确。

判断题

1. 该算法最准确的时间复杂度分析结果为 O(logn + k)。（   ）

    A．正确　　　　　B．错误

【解析】solve1() 函数的时间复杂度是 O(logn)，solve2() 函数的时间复杂度是 O(k)，整个时间复杂度是它们的时间复杂度之和。

【答案】A

2. 当输入为"9801 1"时，输出的第一个数为"99"。（   ）

    A．正确　　　　　B．错误

【解析】99 的平方刚好是 9801。

【答案】A

3. 对于任意输入的 n，随着所输入 k 的增大，输出的第二个数会变成"1"。（   ）

    A．正确　　　　　B．错误

【解析】ans*ans 的结果是浮点数，n 是整数，两者之间还是会存在一定的误差。

【答案】B

4. 该程序存在缺陷。当输入的 n 过大时，第 12 行的乘法有可能溢出，因此应当将 mid 强制转换为 64 位整数再计算。（   ）

    A．正确　　　　　B．错误

【解析】因为输入的 n 是不超过 47000 的自然数，所以第 12 行的乘法并不会溢出。

【答案】B

单选题

1. 当输入为"2 1"时，输出的第一个数最接近（　　）。
   A．1　　　　　　　B．1.414　　　　　　C．1.5　　　　　　D．2

   【解析】当输入为"2 1"时，solve1() 函数返回值是 1，solve2() 函数返回值是 1.5。
   【答案】C

2. 当输入为"3 10"时，输出的第一个数最接近（　　）。
   A．1.7　　　　　　B．1.732　　　　　　C．1.75　　　　　　D．2

   【解析】solve2() 函数进行 10 次 for 循环，得到的结果已经非常接近 $\sqrt{n}$。
   【答案】B

3. 当输入为"256 11"时，输出的第一个数（　　）。
   A．等于 16　　　　　　　　　　　　　　B．接近但小于 16
   C．接近但大于 16　　　　　　　　　　　D．前三种情况都有可能

   【解析】256 的平方根就是 16。
   【答案】A

6.5　2023 年真题解析

6.5.1　第一题

```cpp
1   #include <iostream>
2   #include <cmath>
3   using namespace std;
4
5   double f(double a, double b, double c) {
6       double s = (a + b + c) / 2;
7       return sqrt(s * (s - a) * (s - b) * (s - c));
8   }
9
10  int main() {
11      cout.flags(ios::fixed);
12      cout.precision(4);
13
14      int a, b, c;
15      cin >> a >> b >> c;
16      cout << f(a, b, c) << endl;
17      return 0;
18  }
```

假设输入的所有数都为不超过 1000 的正整数，完成下面的判断题和单选题。

【代码解析】

本题主要是实现"海伦公式"。这段代码是计算一个三角形面积的程序，涉及表示三角形的三边长度的 3 个变量 a、b、c，然后用 f() 函数计算三角形的面积，并用 cout 输出结果。

注意：在使用这段代码前，需要确保输入的三边长度满足构成三角形的条件，否则可能会导致计算错误或异常。

判断题

1. 当输入为"2 2 2"时,输出为"1.7321"。(　　)

    A．正确　　　　　B．错误

【解析】通过代值法,根据程序的规则演算,可知边长为 2 的正三角形的面积为 1.7321。

【答案】A

2. 将第 7 行中的"(s-b)*(s-c)"改为"(s-c)*(s-b)"不会影响程序运行结果。(　　)

    A．正确　　　　　B．错误

【解析】因为乘法运算满足交换律,ab = ba,所以 (s-c)(s-b) = (s-b)(s-c)。

【答案】A

3. 程序总是输出 4 位小数。(　　)

    A．正确　　　　　B．错误

【解析】主函数前两行决定了它确实会输出 4 位小数,但是,如果输入的变量不能构成三角形,那么会输出"NaN"。

【答案】B

单选题

1. 当输入为"3 4 5"时,输出为(　　)。

    A．6.0000　　　　B．12.0000　　　　C．24.0000　　　　D．30.0000

【解析】如果看出这段代码考查的是"海伦公式",就能快速确定问题给出的数据可以构成直角三角形,故面积为 3×4÷2 = 6。

【答案】A

2. 当输入为"5 12 13"时,输出为(　　)。

    A．24.0000　　　　B．30.0000　　　　C．60.0000　　　　D．120.0000

【解析】同上,这是个直角三角形,面积为 5×12÷2 = 30。

【答案】B

6.5.2　第二题

```
1   #include <iostream>
2   #include <vector>
3   #include <algorithm>
4   using namespace std;
5   
6   int f(string x, string y) {
7       int m = x.size();
8       int n = y.size();
9       vector<vector<int>> v(m + 1, vector<int>(n + 1, 0));
10      for (int i = 1; i <= m; i++) {
11          for (int j = 1; j <= n; j++) {
12              if (x[i - 1] == y[j - 1]) {
13                  v[i][j] = v[i - 1][j - 1] + 1;
14              } else {
15                  v[i][j] = max(v[i - 1][j], v[i][j - 1]);
16              }
17          }
18      }
19      return v[m][n];
20  }
```

```
21
22  bool g(string x, string y) {
23      if (x.size() != y.size()) {
24          return false;
25      }
26      return f(x + x, y) == y.size();
27  }
28
29  int main() {
30      string x, y;
31      cin >> x >> y;
32      cout << g(x, y) << endl;
33      return 0;
34  }
```

【代码解析】

本题考查的是"最长公共子序列"这一知识点。这段代码实现了一个字符串匹配的功能。其定义了 f() 和 g() 两个函数，函数 f() 接收 x 和 y 两个字符串作为参数，通过动态规划的方法计算 x 和 y 的最长公共子序列的长度，并返回结果。函数 g() 接收 x 和 y 两个字符串作为参数，首先判断它们的长度是否相等，如果不相等，则直接返回 false。接下来，将字符串 x 复制拼接一次得到 x+x，并调用函数 f() 计算 x+x 和 y 的最长公共子序列的长度。如果最长公共子序列的长度等于 y 的长度，则返回 true，否则返回 false。

判断题

1. 函数 f() 的返回值小于等于 min(n,m)。（   ）

　　A．正确　　　　　　B．错误

【解析】函数 f() 求的是 x 和 y 的最长公共子序列的长度，既然是公共子序列，一定小于等于两者长度的较小值。

【答案】A

2. 函数 f() 的返回值等于两个输入字符串的最长公共子串的长度。（   ）

　　A．正确　　　　　　B．错误

【解析】函数 f() 求的是 x 和 y 的最长公共子序列的长度，子串要求连续。

【答案】B

3. 如果输入两个完全相同的字符串，那么函数 g() 的返回值总是 true。（   ）

　　A．正确　　　　　　B．错误

【解析】由前面对函数 g() 的分析可知，输入两个完全相同的字符串，函数 g() 只会返回 true。

【答案】A

选择题

1. 如果将第 19 行中的 v[m][n] 替换为 v[n][m]，那么该程序（   ）。

　　A．行为不变　　　　　　　　　　B．只会改变输出

　　C．一定非正常退出　　　　　　　D．可能非正常退出

【解析】B 和 D 皆有可能，取决于编译器。

【答案】BD

2. 如果输入为"csp-j p-jcs"，那么输出应为（   ）。

　　A．0　　　　　　B．1　　　　　　C．T　　　　　　D．F

【解析】也就是 csp-jcsp-j 和 p-jcs 求最长公共子序列长度，再将结果和 p-jcs 的长度进行比较，以确定它们是否相等。最长公共子序列为 p-jcs，长度与 p-jcs 相同，所以输出 1。

【答案】B

3. 如果输入为"csppsc spsccp"，那么输出应为（　　）。

　　A．T　　　　　　B．F　　　　　　C．0　　　　　　D．1

【解析】也就是 csppsccsppsc 和 spsccp 求最长公共子序列长度，再将结果和 spsccp 的长度进行比较，以确定它们是否相等。最长公共子序列为 spsccp，长度与 spsccp 相同，所以输出 1。

【答案】D

6.5.3　第三题

```
1   #include <iostream>
2   #include <cmath>
3   using namespace std;
4   
5   int solve1(int n){
6       return n * n;
7   }
8   
9   int solve2(int n){
10      int sum = 0;
11      for (int i = 1; i <= sqrt(n); i++){
12          if (n % i == 0){
13              if (n / i == i){
14                  sum += i * i;
15              } else {
16                  sum += i * i + (n / i) * (n / i);
17              }
18          }
19      }
20      return sum;
21  }
22  
23  int main() {
24      int n;
25      cin >> n;
26      cout << solve2(solve1(n)) << " " << solve1((solve2(n))) << endl;
27      return 0;
28  }
```

假设输入的 n 是不超过 1000 的正整数，试完成下面的判断题和单选题。

【代码解析】

　　本题考查的是"数论"这一知识点。函数 solve1() 接收一个整数 n 作为参数，计算并返回 n 的平方。函数 solve2() 接收一个整数 n 作为参数，在循环中找到 n 的所有因子，并计算它们的平方和。具体做法是从 1 遍历到 sqrt(n)，如果 n 能被当前遍历的数整除，则判断 n/i 是否等于 i，如果相等说明是平方数，将其平方添加到 sum 中，否则同时将 i 的平方和 n/i 的平方添加到 sum 中。

判断题

1. 如果输入的 n 为正整数，solve2() 函数的作用是计算 n 所有的因子的平方和。（　　）

　　A．正确　　　　　B．错误

【解析】函数 solve2() 接收一个整数 n 作为参数，在循环中找到 n 的所有因子，并计算它们的平方和。

【答案】A

2. 第 13～14 行代码的作用是避免 n 的平方根因子 i（或 n/i）进入第 16 行而被计算两次。（   ）

　　A．正确　　　　　　B．错误

【解析】n/i == i 就是用来判断 i 是否为 n 的平方根因子的。

【答案】A

3. 如果输入的 n 为质数，solve2(n) 的返回值为 n^2+1。（   ）

　　A．正确　　　　　　B．错误

【解析】函数 solve2() 接收一个整数 n 作为参数，在循环中找到 n 的所有因子，并计算它们的平方和。因为质数只有 1 和它本身两个因子，所以如果 n 是质数，返回值就是 n^2+1。

【答案】A

单选题

1. 如果输入的 n 为质数 p 的平方，那么 solve2(n) 的返回值为（   ）。

　　A．p^2+p+1　　　B．n^2+n+1　　　C．n^2+1　　　D．p^4+2p^2+1

【解析】函数 solve2() 接收一个整数 n 作为参数，在循环中找到 n 的所有因子，并计算它们的平方和。输入的是一个质数 p 的平方，那么因子就是 n、p、1，所以因子平方和就是 n^2+n+1。

【答案】B

2. 当输入为正整数时，第一项减去第二项的差值一定（   ）。

　　A．大于 0　　　　　　　　　　B．大于等于 0 且不一定大于 0
　　C．小于 0　　　　　　　　　　D．小于等于 0 且不一定小于 0

【解析】参考下一题中的输入，651-676<0，可以排除选项 A 和 B。假设输入为 1，输出 "1　1"，那么差值可能为 0，故选 D。

【答案】D

3. 如果输入为 5，那么输出为（   ）。

　　A．651 625　　　B．650 729　　　C．651 676　　　D．652 625

【解析】第一项：solve1(5) = 25，solve2(25) = 1+25+625 = 651。
第二项：solve2(5) = 1+25 = 26，solve1(26) = 676。

【答案】C

6.6　2024 年真题解析

6.6.1　第一题

```
1   #include <iostream>
2   using namespace std;
3
4   bool isPrime(int n){
```

```
 5      if (n <= 1){
 6          return false;
 7      }
 8      for (int i = 2; i * i <= n; i++){
 9          if (n % i == 0){
10              return false;
11          }
12      }
13      return true;
14 }
15
16 int countPrimes(int n){
17     int count = 0;
18     for (int i = 2; i <= n; i++){
19         if (isPrime(i)){
20             count++;
21         }
22     }
23     return count;
24 }
25
26 int sumPrimes(int n){
27     int sum = 0;
28     for (int i = 2; i <= n; i++){
29         if (isPrime(i)){
30             sum += i;
31         }
32     }
33     return sum;
34 }
35
36 int main(){
37     int x;
38     cin >> x;
39     cout << countPrimes(x) << " " << sumPrimes(x) << endl;
40     return 0;
41 }
```

【代码解析】

这段代码用来计算 x 以内质数的个数以及所有质数的和。

判断题

1. 当输入为"10"时，程序的第一个输出为"4"，第二个输出为"17"。（   ）

   A．正确　　　　　　B．错误

【解析】10 以内的质数有 2，3，5，7，它们的和是 17。

【答案】A

2. 若将 isPrime(i) 函数中的条件改为 i <= n / 2，输入"20"时，countPrimes(20) 的输出将变为"6"。（   ）

   A．正确　　　　　　B．错误

【解析】枚举因子的上界变大不会影响结果。20 以内的质数个数为 8。

【答案】B

3. sumPrimes() 函数计算的是 2 到 n 之间的所有素数之和。（   ）

   A．正确　　　　　　B．错误

【解析】sumPrimes() 函数计算的是 n 以内所有质数的和。

【答案】A
单选题
1. 当输入为"50"时，sumPrimes(50) 的输出为（   ）。
   A．1060   B．328   C．381   D．275

【解析】50 以内的质数有 2、3、5、7、11、13、17、19、23、29、31、37、41、43、47，它们的和为 328。

【答案】B

2. 如果将 for (int i = 2 ; i * i <= n ; i++) 改为 for (int i = 2 ; i <= n ; i++)，输入"10"时，程序的输出为（   ）。
   A．将不能正确计算 10 以内素数个数及其和
   B．仍然输出"4"和"17"
   C．输出"3"和"10"
   D．输出结果不变，但运行时间更短

【解析】在 i == n 时，所有数都会被错误地判断为合数。

【答案】A

6.6.2 第二题

```
1  #include <iostream>
2  #include <vector>
3  using namespace std;
4
5  int compute(vector<int> &cost){
6      int n = cost.size();
7      vector<int> dp(n+1, 0);
8      dp[1] = cost[0];
9      for (int i = 2; i <= n; i++){
10         dp[i] = min(dp[i-1], dp[i-2]) + cost[i-1];
11     }
12     return min(dp[n], dp[n-1]);
13 }
14
15 int main(){
16     int n;
17     cin >> n;
18     vector<int> cost(n);
19     for (int i = 0; i < n; i++){
20         cin >> cost[i];
21     }
22     cout << compute(cost) << endl;
23     return 0;
24 }
```

【代码解析】
读入 n 个数并执行 dp() 函数，dp[i] 表示前 i 个数中，第 i 个数必选且相邻两个数字必选一个的前提下，所选元素的和最小。

判断题
1. 当输入的 cost 数组为 {10,15,20} 时，程序的输出为 15。（   ）
   A．正确   B．错误

【解析】选择中间的数字 15。
【答案】A

2. 如果将 dp[i–1] 改为 dp[i–3]，程序可能会产生编译错误。（　　）
   A．正确　　　　　B．错误

【解析】当 i == 2 时，dp[i-3] 会产生运行错误。
【答案】B

3. 程序总是输出 cost 数组中最小的元素。（　　）
   A．正确　　　　　B．错误

【解析】题目并不输出 cost 数组中的最小值。
【答案】B

单选题

1. 当输入的 cost 数组为 {1, 100, 1, 1, 1, 100, 1, 1, 100, 1} 时，程序的输出为（　　）。
   A．6　　　　　　B．7　　　　　　C．8　　　　　　D．9

【解析】可以选择第 1、3、5、7、8、10 个数字，和为 6。
【答案】A

2. 如果输入的 cost 数组为 {10, 15, 30, 5, 5, 10, 20}，程序的输出为（　　）。
   A．25　　　　　　B．30　　　　　　C．35　　　　　　D．40

【解析】可以选择第 2、4、6 个数字，和为 30。
【答案】B

3. 若将代码中的 min(dp[i–1], dp[i–2]) + cost[i–1] 修改为 dp[i–1] + cost[i–2]，输入的 cost 数组为 {5，10，15} 时，程序的输出为（　　）。
   A．10　　　　　　B．15　　　　　　C．20　　　　　　D．25

【解析】dp[1] = 5，dp[2] = dp[1]+cost[0] = 10，dp[3] = dp[2]+cost[1] = 20，输出为 min(dp[2], dp[3]) = 10。
【答案】A

6.6.3 第三题

```
1  #include <iostream>
2  #include <cmath>
3  using namespace std;
4
5  int customFunction(int a, int b) {
6      if(b == 0) {
7          return a;
8      }
9      return a + customFunction(a, b-1);
10 }
11
12 int main() {
13     int x,y;
14     cin >> x >> y;
15     int result = customFunction(x, y);
16     cout << pow(result, 2) << endl;
17     return 0;
```

18 }

【代码解析】
观察发现 customFunction(a,b) 的作用是当 b 非负时，返回 a(b+1)，所以程序为读入 x,y，输出 $(x(y+1))^2$。

判断题

1. 当输入为"2 3"时，customFunction(2, 3) 的返回值为"64"。（　　）
   A．正确　　　　　　B．错误

【解析】 返回值为 $2\times4=8$。

【答案】 B

2. 当 b 为负数时，customFunction(a, b) 会陷入无限递归。（　　）
   A．正确　　　　　　B．错误

【解析】 因为递归出口是 b == 0，当 b 为负数时，该条件不会成立，会继续执行 return a + customFunction(a, b-1)；b 的值越来越小，从而导致 b == 0 的条件无法成立，因此会陷入无限递归。

【答案】 A

3. b 的值越大，程序的运行时间越长。（　　）
   A．正确　　　　　　B．错误

【解析】 整个程序的效率由 customFunction() 函数决定，而该函数的时间复杂度为 O(b)，所以 b 越大程序的运行时间越长。

【答案】 A

单选题

1. 当输入为"5 4"时，customFunction(5, 4) 的返回值为（　　）。
   A．5　　　　　B．25　　　　　C．250　　　　　D．625

【解析】 返回值为 $5\times5=25$。

【答案】 B

2. 如果输入 x = 3 和 y = 3，则程序的最终输出为（　　）。
   A．27　　　　　B．81　　　　　C．144　　　　　D．256

【解析】 最终输出为 $(3\times4)^2=144$。

【答案】 C

3. 若将 customFunction 函数改为"return a + customFunction(a-1, b-1)；"并输入"3 3"，则程序的最终输出为（　　）。
   A．9　　　　　B．16　　　　　C．25　　　　　D．36

【解析】 customFunction(3,3) 的值为 6，程序的最终输出为 $6\times6=36$。

【答案】 D

第 7 章　程序完善

7.1　2019 年真题解析

7.1.1　第一题

（矩阵变幻）有一个奇幻的矩阵，它在不停变幻，其变幻方式为：数字 0 变成矩阵 $\begin{bmatrix} 0 & 0 \\ 0 & 1 \end{bmatrix}$，数字 1 变成矩阵 $\begin{bmatrix} 1 & 1 \\ 1 & 0 \end{bmatrix}$。最初该矩阵只有一个元素 0，经过 n 次变幻，矩阵会变成什么样？

例如，矩阵最初为 [0]。经过 1 次变幻，矩阵变为 $\begin{bmatrix} 0 & 0 \\ 0 & 1 \end{bmatrix}$；经过 2 次变幻，矩阵变为 $\begin{bmatrix} 0 & 0 & 0 & 0 \\ 0 & 1 & 0 & 1 \\ 0 & 0 & 1 & 1 \\ 0 & 1 & 1 & 0 \end{bmatrix}$。

输入一行一个不超过 10 的正整数 n，输出变幻 n 次后的矩阵。请试着补全程序。

【提示】<< 表示二进制左移运算符，例如 $(11)_2 << 2 = (1100)_2$；而 ^ 表示二进制异或运算符，它将两个参与运算的数中的每个对应的二进制位一一进行比较，若两个二进制位相同，则运算结果对应的二进制位为 0，反之为 1。

```
#include <cstdio>
using namespace std;
int n;
const int max_size = 1 << 10;

int res[max_size][max_size];

void recursive(int x, int y, int n, int t) {
    if (n == 0) {
        res[x][y] = ①;
        return;
    }
    int step = 1 << (n - 1);
    recursive(②, n - 1, t);
    recursive(x, y + step, n - 1, t);
    recursive(x + step, y, n - 1, t);
    recursive(③, n - 1, !t);
}

int main() {
    scanf("%d", &n);
```

```
        recursive(0, 0, ④);
        int size = ⑤;
        for (int i = 0; i < size; i++) {
            for (int j = 0; j < size; j++)
                printf("%d", res[i][j]);
            puts("");
        }
        return 0;
    }
```

1. ①处应填（　　）。

    A．n%2　　　　　　　　　　　　B．0
    C．t　　　　　　　　　　　　　　D．1

【解析】n 等于 0 表示到达递归边界，当前要处理的只有一个元素，根据 t 的取值来决定填 0 还是填 1。

【答案】C

2. ②处应填（　　）。

    A．x-step,y-step　　　　　　　　B．x,y-step
    C．x-step,y　　　　　　　　　　D．x,y

【解析】将当前区域划分成 4 块分别填充，其中左上角的一块和当前区域的 t 值相同，对应坐标为 (x,y)。

【答案】D

3. ③处应填（　　）。

    A．x-step,y-step　　　　　　　　B．x+step,y+step
    C．x-step,y　　　　　　　　　　D．x,y-step

【解析】将当前区域划分成 4 块分别填充，其中右下角的一块和当前区域的 t 值相反，对应坐标为 (x+step,y+step)。

【答案】B

4. ④处应填（　　）。

    A．n−1,n%2　　　　　　　　　　B．n,0
    C．n,n%2　　　　　　　　　　　D．n−1,0

【解析】第三个参数表示要填充的区域的大小，最初为 n，也就是整个区域。第四个参数表示当前区域的左上角是填 0 还是填 1，最初为 0。

【答案】B

5. ⑤处应填（　　）。

    A．1<<(n+1)　　　　　　　　　　B．1<<n
    C．n+1　　　　　　　　　　　　D．1<<(n−1)

【解析】size 表示输出的矩阵的尺寸，矩阵每进行一次变幻，尺寸乘以 2，相当于左移 1 位。一共进行了 n 次变幻，因此此处应填 1<<n。

【答案】B

7.1.2　第二题

（计数排序）计数排序是一个广泛使用的排序方法。下面的程序使用双关键字计数排序，将 n 对 10000 以内的整数，按照从小到大的顺序进行排序。例如，有 3 对整数 (3,4)、(2,4) 和 (3,3)，那么对其进行排序后，得到的应该是 (2,4)、(3,3) 和 (3,4)。输入第一行为 n，接下来 n 行，第 i 行有两个数 a[i] 和 b[i]，分别表示第 i 对整数的第一关键字和第二关键字。对输入的整数对按照从小到大的顺序排序，然后将其输出。其中，$1 \leqslant n \leqslant 10^7$，$1 \leqslant a[i]$, $b[i] \leqslant 10^4$，请尝试补全程序。

【提示】应先对第二关键字排序，再对第一关键字排序。数组 ord[] 存储第二关键字排序的结果，数组 res[] 存储双关键字排序的结果。

```
#include <cstdio>
#include <cstring>
using namespace std;
const int maxn = 10000000;
const int maxs = 10000;

int n;
unsigned a[maxn], b[maxn],res[maxn], ord[maxn];
unsigned cnt[maxs + 1];
int main() {
    scanf("%d", &n);
    for (int i = 0; i < n; ++i)
        scanf("%d%d", &a[i], &b[i]);
    memset(cnt, 0, sizeof(cnt));
    for (int i = 0; i < n; ++i)
        ①; // 利用cnt数组统计数量
    for (int i = 0; i < maxs; ++i)
        cnt[i + 1] += cnt[i];
    for (int i = 0; i < n; ++i)
        ②; // 记录初步排序结果
    memset(cnt, 0, sizeof(cnt));
    for (int i = 0; i < n; ++i)
        ③; // 利用cnt数组统计数量
    for (int i = 0; i < maxs; ++i)
        cnt[i + 1] += cnt[i];
    for (int i = n - 1; i >= 0; --i)
        ④ // 记录最终排序结果
    for (int i = 0; i < n; i++)
        printf("%d %d", ⑤);

    return 0;
}
```

1. ①处应填（　　）。

    A．++cnt [i]
    B．++cnt[b[i]]
    C．++cnt[a[i] * maxs+b[i]]
    D．++cnt[a[i]]

【解析】由于要先按第二关键字排序，因此把 b[i] 的出现次数存储在 cnt[i] 中。

【答案】B

2. ②处应填（　　）。

    A．ord[--cnt[a[i]]] = i
    B．ord[--cnt[b[i]]] = a[i]
    C．ord[--cnt[a[i]]] = b[i]
    D．ord[--cnt[b[i]]] = i

【解析】对 cnt[] 数组求前缀和后，cnt[b[i]] 表示 b[i] 在所有数字中的顺序。把 ord[cnt[b[i]]] 赋值为 i，表示第 cnt[b[i]] 个数是 b[i]。由于可能有多个等于 b[i] 的数，因此需要把 cnt[b[i]] 减

1，得到下一个等于 b[i] 的数的顺序。

【答案】D

3. ③处应填（　　）。

    A．++cnt[b[i]]
    B．++cnt[a[i] * maxs+b[i]]
    C．++cnt[a[i]]
    D．++cnt [i]

【解析】需要按第一关键字排序，因此把 a[i] 的出现次数记录在 cnt[i] 中。

【答案】C

4. ④处应填（　　）。

    A．res[--cnt[a[ord[i]]]] = ord[i]
    B．res[--cnt[b[ord[i]]]] = ord[i]
    C．res[--cnt[b[i]]] = ord[i]
    D．res[--cnt[a[i]]] = ord[i]

【解析】第二次排序是在第一次排序的基础上，对 ord[] 数组按第一关键字排序，第一关键字相同的，则保持 ord[] 数组中的相对顺序。处理方式和第一次排序类似，只需要把 b[] 数组换成 a[] 数组，把 i 换成 ord[i]。

【答案】A

5. ⑤处应填（　　）。

    A．a[i], b[i]
    B．a[res[i]], b[res[i]]
    C．a[ord[res[i]]], b[ord[res[i]]]
    D．a[res[ord[i]]], b[res[ord[i]]]

【解析】数组 res[] 存储双关键字排序的结果，因此需要按照 res[] 里存储的顺序，依次输出对应的值。

【答案】B

7.2　2020 年真题解析

7.2.1　第一题

（质因数分解）给出正整数 n，请输出将 n 质因数分解的结果，结果从小到大输出。例如，输入 n=120，程序应该输出 2 2 2 3 5，表示 120=2×2×2×3×5。输入保证 $2 \leqslant n \leqslant 10^9$。提示：先从小到大枚举变量 i，然后用 i 不停试除 n 来寻找所有的质因子。请尝试补全程序。

```
#include <cstdio>
using namespace std;
int n, i;

int main() {
  scanf("d", &n);
  for(i = ①; ② <=n; i ++){
    ③{
      printf("%d ", i);
      n = n / i;
    }
  }
  if(④)
    printf("%d ", ⑤);
  return 0;
```

        }

1. ①处应填（　　）。
    A．1　　　　　　　B．n–1　　　　　　C．2　　　　　　　D．0
【解析】从最小的质数 2 开始试除，因此循环变量 i 初始化为 2。
【答案】C

2. ②处应填（　　）。
    A．n/i　　　　　　B．n/(i*i)　　　　　C．i*i　　　　　　D．i*i*i
【解析】分解质因数时，枚举因数到 $\sqrt{n}$ 即可，时间复杂度为 $O(\sqrt{n})$。
【答案】C

3. ③处应填（　　）。
    A．if(n%i ==0)　　B．if(i*i<= n)　　C．while(n%i ==0)　　D．while(i*i<= n)
【解析】分解质因数时，需要用 n 不断除以 i，直到除不尽为止。
【答案】C

4. ④处应填（　　）。
    A．n>1　　　　　　B．n<= 1　　　　　C．i<n/i　　　　　D．i+i<= n
【解析】需要进行判断，如果最后 n 大于 1，说明此时的 n 也是一个质因数。
【答案】A

5. ⑤处应填（　　）。
    A．2　　　　　　　B．n/i　　　　　　C．n　　　　　　　D．i
【解析】由于此时的 n 也是一个质因数，因此需要输出 n。
【答案】C

7.2.2　第二题

（最小区间覆盖）给出 n 个区间，第 i 个区间的左右端点是 $[a_i, b_i]$。现在要在这些区间中选出若干个，使得区间 $[0, m]$ 被所选区间的并覆盖，即每一个 i（$0 \leq i \leq m$）都在某个所选的区间中。保证答案存在，求所选区间个数的最小值。输入第一行包含两个整数 n 和 m（$1 \leq n \leq 5000$，$1 \leq m \leq 10^9$），接下来的 n 行，每行两个整数 a_i 和 b_i（$0 \leq a_i, b_i \leq m$）。请尝试补全程序。

【提示】使用贪心法解决这个问题。先用 $O(n^2)$ 的时间复杂度排序，然后贪心选择这些区间。

```
#include <iostream>

using namespace std;

const int MAXN = 5000;
int n, m;
struct segment { int a, b; } A[MAXN];

void sort() // 排序
{
    for (int i = 0; i < n; i++)
```

```
      for (int j = 1; j < n; j++)
        if (①)
        {
          segment t = A[j];
          ②
        }
    }

    int main()
    {
      cin >> n >> m;
      for (int i = 0; i < n; i++)
        cin >> A[i].a >> A[i].b;
      sort();
      int p = 1;
      for (int i = 1; i < n; i++)
        if (③)
          A[p++] = A[i];
      n = p;
      int ans =0, r = 0;
      int q = 0;
      while (r < m)
      {
          while (④)
            q++;
          ⑤;
          ans++;
      }
      cout << ans << endl;
      return 0;
    }
```

1. ①处应填（   ）。

    A．A[j].b>A[j−1].b 　　　　　　B．A[j].a<A[j−1].a
    C．A[j].a>A[j−1].a 　　　　　　D．A[j].b<A[j−1].b

【解析】需要按左端点从小到大排序，因此如果 A[j].a 小于 A[j−1].a，则交换 A[j] 和 A[j−1]。
【答案】B

2. ②处应填（   ）。

    A．A[j+1] = A[j];A[j] = t; 　　　B．A[j−1] = A[j];A[j] = t;
    C．A[j] = A[j+1];A[j+1] = t; 　　D．A[j] = A[j−1];A[j−1] = t;

【解析】需要借助中间变量 t 完成 A[j] 和 A[j−1] 的交换。先把 A[j] 的值存放到 t 中，然后把 A[j] 赋值为 A[j−1]，最后把 A[j−1] 赋值为 t，也就是 A[j] 原来的值，即可完成交换。
【答案】D

3. ③处应填（   ）。

    A．A[i].b>A[p−1].b 　　　　　　B．A[i].b<A[i−1].b
    C．A[i].b>A[i−1].b 　　　　　　D．A[i].b<A[p−1].b

【解析】如果 A[i].b ≤ A[p−1].b，那么 A[i] 会完全被 A[p−1] 所包含，可以直接舍掉这个区间，因此只有 A[i].b 大于 A[p−1].b 的时候，才保留这个区间。

【答案】A

4. ④处应填（　　）。

   A．q+1<n&&A[q+1].a<=r
   B．q+1<n&&A[q+1].b<=r
   C．q<n&&A[q].a<=r
   D．q<n&&A[q].b<=r

【解析】r 表示当前已选择的区间覆盖到的最右端点。由于需要找到左端点小于等于 r 的最后一个区间，因此如果 q+1<n 并且 A[q+1].a ≤ r，就把 q 增加 1，继续看下一个区间。

【答案】A

5. ⑤处应填（　　）。

   A．r = max(r,A[q+1].b)
   B．r = max(r,A[q].b)
   C．r = max(r,A[q+1].a)
   D．q++

【解析】选择 A[q] 这个区间之后，需要用它的右端点更新 r 的值，即取 r 和 A[q].b 的最大值，赋值给 r。

【答案】B

7.3　2021 年真题解析

7.3.1　第一题

（Josephus 问题）有 n 个人围成一个圈，依次标号 0 至 n-1。从 0 号开始，依次 0,1,0,1,…交替报数，报到 1 的人会离开，直至圈中只剩下一个人，求最后剩下人的编号。请尝试补全程序。

```
1  #include <iostream>
2  
3  using namespace std;
4  
5  const int MAXN = 1000000;
6  int F[MAXN];
7  
8  int main() {
9    int n;
10   cin >> n;
11   int i = 0, p = 0, c = 0;
12   while (①) {
13     if (F[i] == 0) {
14       if (②) {
15         F[i] = 1;
16         ③;
17       }
18       ④;
19     }
20     ⑤;
21   }
22   int ans = -1;
23   for (i = 0; i < n; i++)
24     if (F[i] == 0)
25       ans = i;
```

```
26    cout << ans << endl;
27    return 0;
28 }
```

1. ①处应填（　　）。
   A. i<n 　　　　 B. c<n 　　　　 C. i<n-1 　　　　 D. c<n-1

【解析】 变量 c 表示当前已经离开的人数，当 c 等于 n-1 时循环结束，所以循环条件为 c<n-1。

【答案】 D

2. ②处应填（　　）。
   A. i％2＝＝0 　　 B. i％2＝＝1 　　 C. p 　　　　 D. !p

【解析】 p 用于判断当前的人是否需要离开，当 p 等于 1 时，当前的人需要离开。

【答案】 C

3. ③处应填（　　）。
   A. i++ 　　 B. i = (i+1)％n 　　 C. c++ 　　 D. p ^ = 1

【解析】 把 F[i] 赋值为 1 表示让标号为 i 的人离开，每次有人离开后，表示已离开人数的变量 c 需要增加 1。

【答案】 C

4. ④处应填（　　）。
   A. i++ 　　 B. i = (i+1)％n 　　 C. c++ 　　 D. p ^ = 1

【解析】 对于还未离开的人，标号是 0 和 1 交替，因此把 p 与 1 做异或操作，如果 p 原本是 0，则会变成 1；如果 p 原本是 1，则会变成 0。

【答案】 D

5. ⑤处应填（　　）。
   A. i++ 　　 B. i = (i+1)％n 　　 C. c++ 　　 D. p ^ = 1

【解析】 循环体执行结束后，接下来需要继续看下一个人，因此把标号加 1。由于标号超过 n-1 之后，需要重新从 0 开始计算，因此需要对 n 取余数。

【答案】 B

7.3.2 第二题

（矩形计数）平面上有 n 个关键点，求有多少个 4 条边都和 x 轴或 y 轴平行的矩形，满足 4 个顶点都是关键点。给出的关键点可能有重复，但完全重合的矩形只计一次。请尝试补全枚举算法。

```
1  #include <iostream>
2
3  using namespace std;
4
5  struct point {
6      int x, y, id;
7  };
8
9  bool equals(point a, point b) {
```

```
10      return a.x == b.x && a.y == b.y;
11  }
12
13  bool cmp(point a, point b) {
14      return ①;
15  }
16
17  void sort(point A[], int n) {
18      for (int i = 0; i < n; i++)
19          for (int j = 1; j < n; j++)
20              if (cmp(A[j], A[j - 1])) {
21                  point t = A[j];
22                  A[j] = A[j - 1];
23                  A[j - 1] = t;
24              }
25  }
26
27  int unique(point A[], int n) {
28      int t = 0;
29      for (int i = 0; i < n; i++)
30          if (②)
31              A[t++] = A[i];
32      return t;
33  }
34
35  bool binary_search(point A[], int n, int x, int y) {
36      point p;
37      p.x = x;
38      p.y = y;
39      p.id = n;
40      int a = 0, b = n - 1;
41      while (a < b) {
42          int mid = ③;
43          if (④)
44              a = mid + 1;
45          else
46              b = mid;
47      }
48      return equals(A[a], p);
49  }
50
51  const int MAXN = 1000;
52  point A[MAXN];
53
54  int main() {
55      int n;
56      cin >> n;
57      for (int i = 0; i < n; i++) {
58          cin >> A[i].x >> A[i].y;
59          A[i].id = i;
60      }
61      sort(A, n);
62      n = unique(A, n);
63      int ans = 0;
64      for (int i = 0; i < n; i++)
65          for (int j = 0; j < n; j++)
66              if (⑤ && binary_search(A, n, A[i].x, A[j].y) &&binary_search(A, n, A[j].x, A[i].y)) {
```

```
67                ans++;
68            }
69    cout << ans << endl;
70    return 0;
71 }
```

1. ①处应填（　　）。

    A．a.x ! = b.x ? a.x<b.x : a.id<b.id

    B．a.x ! = b.x ? a.x<b.x : a.y<b.y

    C．equals(a, b) ? a.id<b.id : a.x<b.x

    D．equals(a, b) ? a.id<b.id : (a.x ! = b.x ? a.x<b.x : a.y<b.y)

【解析】将所有点按横坐标从小到大排序，横坐标相同则按纵坐标从小到大排序，以便后续处理。

【答案】B

2. ②处应填（　　）。

    A．i ==0 || cmp(A[i], A[i−1])

    B．t ==0 || equals(A[i], A[t−1])

    C．i ==0 || !cmp(A[i], A[i−1])

    D．t ==0 || !equals(A[i], A[t−1])

【解析】unique() 函数的作用是去重，如果 A[i] 和 A[t−1] 不相同，则把 A[t] 赋值为 A[i]，并把 t 的值加 1，继续记录下一个点。

【答案】D

3. ③处应填（　　）。

    A．b−(b−a) / 2+1   B．(a+b+1) >> 1

    C．(a+b) >> 1   D．a+(b−a+1) / 2

【解析】二分时 mid 表示中间点，可以把 a+b 除以 2，也就是右移 1 位。

【答案】C

4. ④处应填（　　）。

    A．!cmp(A[mid], p)   B．cmp(A[mid], p)

    C．cmp(p, A[mid])   D．!cmp(p, A[mid])

【解析】binary_search() 函数的作用是，在排好序的数组里面，二分查找某个点 (x,y)。mid 表示中间位置，如果 cmp(A[mid], p) 返回值为真，表示中间位置的点比要查找的点 p 更小，需要把中间位置及其左边的点排除，在右边继续查找。因此把左端点 a 赋值为 mid+1。

【答案】B

5. ⑤处应填（　　）。

    A．A[i].x ==A[j].x

    B．A[i].id<A[j].id

    C．A[i].x ==A[j].x && A[i].id<A[j].id

    D．A[i].x<A[j].x && A[i].y<A[j].y

【解析】枚举的 A[i] 是左下角，A[j] 是右上角，需要保证左下角的 x 坐标和 y 坐标都比右上角的更小。

【答案】D

7.4 2022 年真题解析

7.4.1 第一题

（枚举因数）从小到大打印正整数 n 的所有正因数。试补全枚举程序。

```
1  #include <bits/stdc++.h>
2  using namespace std;
3
4  int main() {
5     int n;
6     cin >> n;
7
8     vector<int> fac;
9     fac.reserve((int)ceil(sqrt(n)));
10
11    int i;
12    for (i = 1; i * i < n; ++i) {
13       if (①) {
14          fac.push_back(i);
15       }
16    }
17
18    for (int k = 0; k < fac.size(); ++k) {
19       cout << ② << " ";
20    }
21    if (③) {
22       cout << ④ << " ";
23    }
24    for (int k = fac.size() - 1; k >= 0; --k) {
25       cout << ⑤ << " ";
26    }
27 }
```

1. ①处应填（　　）。

   A．n % i == 0　　　　　　　　　　　　B．n % i == 1
   C．n % (i‒1) == 0　　　　　　　　　　D．n % (i‒1) == 1

   【解析】这里判断 i 是否为 n 的因数。
   【答案】A

2. ②处应填（　　）。

   A．n / fac[k]　　　B．fac[k]　　　C．fac[k] ‒ 1　　　D．n / (fac[k] ‒ 1)

   【解析】fac 将 n 的所有因数的前半部分有序保存起来，所以这里依次输出 fac 里的元素。
   【答案】B

3. ③处应填（　　）。

   A．(i‒1) * (i‒1) == n　　　　　　　　B．(i‒1) * i == n
   C．i * i == n　　　　　　　　　　　　D．i * (i‒1) == n

   【解析】这里需要判断 n 是不是完全平方数，如果是的话，i 是 n 的因数，且在所有因数里处在正中间的位置。
   【答案】C

4. ④处应填（　　）。

   A．n－i　　　　　B．n－i+1　　　　C．i－1　　　　D．i

【解析】n 是完全平方数，输出正中间的因数 i。

【答案】D

5. ⑤处应填（　　）。

   A．n / fac[k]　　　B．fac[k]　　　　C．fac[k]－1　　　D．n / (fac[k]－1)

【解析】n 所有因数的后半部分与 fac 中的每个元素一一对应，且它们的乘积为 n，因此可以用 n / fac[k] 表示。

【答案】A

7.4.2　第二题

（洪水填充）现有用字符标记像素颜色的 8×8 图像。颜色填充的操作描述如下：给定起始像素的位置和待填充的颜色，将起始像素和所有可达的像素（可达的定义：经过一次或多次的向上、下、左、右这 4 个方向移动所能到达且终点和路径上所有像素的颜色都与起始像素颜色相同）替换为给定的颜色。试补全枚举程序。

```
1   #include <bits/stdc++.h>
2   using namespace std;
3
4   const int ROWS = 8;
5   const int COLS = 8;
6
7   struct Point {
8     int r, c;
9     Point(int r, int c) : r(r), c(c) {}
10  };
11
12  bool is_valid(char image[ROWS][COLS], Point pt,
13               int prev_color, int new_color) {
14    int r = pt.r;
15    int c = pt.c;
16    return (0 <= r && r < ROWS && 0 <= c && c < COLS &&
17           ① && image[r][c] != new_color);
18  }
19
20  void flood_fill(char image[ROWS][COLS], Point cur, int new_color) {
21    queue<Point> queue;
22    queue.push(cur);
23
24    int prev_color = image[cur.r][cur.c];
25    ②;
26
27    while (!queue.empty()) {
28      Point pt = queue.front();
29      queue.pop();
30
31      Point points[4] = {③, Point(pt.r - 1, pt.c),
32                         Point(pt.r, pt.c + 1), Point(pt.r, pt.c - 1)};
33      for (auto p : points) {
34        if (is_valid(image, p, prev_color, new_color)) {
35          ④;
36          ⑤;
```

```
37            }
38          }
39       }
40     }
41
42  int main() {
43     char image[ROWS][COLS] = {{'g', 'g', 'g', 'g', 'g', 'g', 'g', 'g'},
44                              {'g', 'g', 'g', 'g', 'g', 'g', 'r', 'r'},
45                              {'g', 'r', 'r', 'g', 'g', 'r', 'g', 'g'},
46                              {'g', 'b', 'b', 'b', 'b', 'r', 'g', 'r'},
47                              {'g', 'g', 'g', 'b', 'b', 'r', 'g', 'r'},
48                              {'g', 'g', 'g', 'b', 'b', 'b', 'b', 'r'},
49                              {'g', 'g', 'g', 'g', 'g', 'b', 'g', 'g'},
50                              {'g', 'g', 'g', 'g', 'g', 'b', 'b', 'g'}};
51
52     Point cur(4, 4);
53     char new_color = 'y';
54
55     food_fill(image, cur, new_color);
56
57     for (int r = 0; r < ROWS; r++) {
58       for (int c = 0; c < COLS; c++) {
59         cout << image[r][c] << " ";
60       }
61       cout << endl;
62     }
63     // 输出:
64     // g g g g g g g g
65     // g g g g g g r r
66     // g r r g g r g g
67     // g y y y y r g r
68     // g g g y y r g r
69     // g g g y y y y r
70     // g g g g g y g g
71     // g g g g g y y g
72
73     return 0;
74  }
```

1. ①处应填（   ）。

   A．image[r][c] == prev_color B．image[r][c] != prev_color

   C．image[r][c] == new_color   D．image[r][c] != new_color

【解析】判断当前像素颜色是否与起始像素原来的颜色相同。

【答案】A

2. ②处应填（   ）。

   A．image[cur.r+1][cur.c] = new_color B．image[cur.r][cur.c] = new_color

   C．image[cur.r][cur.c+1] = new_color D．image[cur.r][cur.c] = prev_color

【解析】将当前像素颜色替换为给定的颜色。

【答案】B

3. ③处应填（   ）。

   A．Point(pt.r, pt.c)   B．Point(pt.r, pt.c+1)

   C．Point(pt.r+1, pt.c)   D．Point(pt.r+1, pt.c+1)

【解析】数组 Point 存储当前像素的下方、上方、右边、左边的四个像素位置。
【答案】C

4. ④处应填（   ）。

   A. prev_color = image[p.r][p.c]
   B. new_color = image[p.r][p.c]
   C. image[p.r][p.c] = prev_color
   D. image[p.r][p.c] = new_color

【解析】将当前像素颜色替换为给定的颜色。
【答案】D

5. ⑤处应填（   ）。

   A. queue.push(p)
   B. queue.push(pt)
   C. queue.push(cur)
   D. queue.push(Point(ROWS,COLS))

【解析】将当前像素信息加入队列。
【答案】A

7.5 2023 年真题解析

7.5.1 第一题

（寻找被移除的元素）问题：原有长度为 n+1、公差为 1 的等差升序数列，将数列输入到程序的数组时移除了一个元素，导致长度为 n 的升序数组可能不再连续，除非被移除的是第一个或最后一个元素。请在数组不连续时找出被移除的元素，并试着补全程序。

```
1   #include <iostream>
2   #include <vector>
3   
4   using namespace std;
5   
6   int find_missing(vector<int>& nums) {
7       int left = 0, right = nums.size() - 1;
8       while (left < right) {
9           int mid = left + (right - left) / 2;
10          if (nums[mid] == mid + ①) {
11              ②;
12          } else {
13              ③;
14          }
15      }
16      return ④;
17  }
18  
19  int main() {
20      int n;
21      cin >> n;
22      vector<int> nums(n);
23      for (int i = 0; i < n; i++)
24          cin >> nums[i];
25      int missing_number = find_missing(nums);
26      if (missing_number == ⑤) {
27          cout << "Sequence is consecutive" << endl;
```

```
28        } else {
29            cout << "Missing number is " << missing_number << endl;
30        }
31        return 0;
32    }
```

注意：本题主要考查"等差数列"和"二分法"两个知识点。

1. ①处应填（   ）。

    A．1   B．nums[0]   C．right   D．left

【解析】从 nums[mid] 可以看出，mid 是数组的下标，显然不能和数值直接比较，也就是说，mid 应该先与 nums 数组中某个数进行计算后，再与 nums[mid] 比较。nums[mid] = mid+nums[0] 表示 nums[mid] 之前的数不存在被删除的数。

【答案】B

2. ②处应填（   ）。

    A．left = mid+1   B．right = mid−1
    C．right = mid   D．left = mid

【解析】见第 3 题的解析。

【答案】A

3. ③处应填（   ）。

    A．left = mid+1   B．right = mid−1
    C．right = mid   D．left = mid

【解析】将②和③两个空连起来看，通过第 10 行的判断 nums[mid] = mid+nums[0]，所有删除的数后面的下标都会满足条件，所以不可能是 left = mid+1 或 right = mid−1，又注意到二分写法为 mid = left+(right−left)/2，在 {left = mid,right = mid−1} 的情况下会出现死循环，所以组合为 {left = mid+1,right = mid}。

【答案】C

4. ④处应填（   ）。

    A．left+nums[0]   B．right+nums[0]
    C．mid+nums[0]   D．right+1

【解析】显然，C 选项中的 mid 为局部变量，不可能选择。D 选项没有加上 nums[0]，会导致⑤空无法选择。只能选择 A 或者 B，而二分结束时 left = right，这里认为 A 和 B 都是正确的。

【答案】AB

5. ⑤处应填（   ）。

    A．nums[0]+n   B．nums[0]+n−1   C．nums[0]+n+1   D．nums[n−1]

【解析】二分的上界为 nums.size()−1，所以可以直接排除 A 和 C 选项，B 选项会在删除倒数第二个数时出错，故选择 D。

【答案】D

7.5.2 第二题

（编辑距离）给定两个字符串，每次操作可以选择删除（delete）、插入（insert）或替换（replace）一个字符，试求将第一个字符串转换为第二个字符串所需要的最少操作次数，并尝试补全动态规划算法。

```
1   #include <iostream>
2   #include <string>
3   #include <vector>
4   using namespace std;
5
6   int min(int x, int y, int z) {
7       return min(min(x, y), z);
8   }
9
10  int edit_dist_dp(string str1, string str2) {
11      int m = str1.length();
12      int n = str2.length();
13      vector<vector<int>> dp(m + 1, vector<int>(n + 1));
14
15      for (int i = 0; i <= m; i++) {
16          for (int j = 0; j <= n; j++) {
17              if (i == 0)
18                  dp[i][j] = ①;
19              else if (j == 0)
20                  dp[i][j] = ②;
21              else if (③)
22                  dp[i][j] = ④;
23              else
24                  dp[i][j] = 1 + min(dp[i][j - 1], dp[i - 1][j], ⑤);
25          }
26      }
27      return dp[m][n];
28  }
29
30  int main() {
31      string str1, str2;
32      cin >> str1 >> str2;
33      cout << "Minimum number of operations:"
34          << edit_dist_dp(str1, str2) << endl;
35      return 0;
36  }
```

注意：本题主要考查"动态规划"这一知识点。dp[i][j] 表示长度为 i 的 str1 前缀和长度为 j 的 str2 前缀之间的编辑距离。

1. ①处应填（　　）。

   A．j　　　　　　　B．i　　　　　　　C．m　　　　　　　D．n

【解析】dp[0][j] 表示长度为 0 到长度为 j, 显然需要 j 次插入或删除操作。

【答案】A

2. ②处应填（　　）。

   A．j　　　　　　　B．i　　　　　　　C．m　　　　　　　D．n

【解析】同第 1 题的思路。

【答案】B

3. ③处应填（　　）。

   A．str1[i–1] == str2[j–1]　　　　　　B．str1[i] == str2[j]

   C．str1[i–1]! = str2[j–1]　　　　　　D．str1[i]! = str2[j]

【解析】i 和 j 表示字符串的长度，由于字符串下标从 0 开始，因此 i、j 分别需要减 1。
【答案】A

4．④处应填（　　）。

  A．dp[i-1][j-1]+1 B．dp[i-1][j-1] C．dp[i-1][j] D．dp[i][j-1]

【解析】若最后一位相等，则可以直接删除最后一位，即 dp[i][j] = dp[i-1][j-1]。
【答案】B

5．⑤处应填（　　）。

  A．dp[i][j]+1 B．dp[i-1][j-1]+1 C．dp[i-1][j-1] D．dp[i][j]

【解析】如果最后一位不相等，那么应考虑增加、删除和修改三种情况。
对第一个字符串增加：此时抵销掉 str2 的最后一个字符，转化为 dp[i][j-1]。
对第一个字符串删除：第一个字符串去掉了最后一个字符，只剩长度 i-1，转化为 dp[i-1][j]。
对第一个字符串替换：将最后一个字符替换成 str2 的最后一个字符，转化为 dp[i-1][j-1]。
【答案】C

7.6 2024 年真题解析

7.6.1 第一题

（判断平方数）问题：给定一个正整数 n，判断这个数是否为完全平方数，即是否存在一个正整数 x 使得 x 的平方等于 n。请尝试补全程序。

```
1   #include<iostream>
2   #include<vector>
3   using namespace std;
4
5   bool isSquare(int num){
6       int i =   ①   ;
7       int bound =   ②   ;
8       for(; i <= bound; ++i){
9           if (   ③   ) {
10              return   ④   ;
11          }
12      }
13      return   ⑤   ;
14  }
15
16  int main() {
17      int n;
18      cin >> n;
19      if(isSquare(n)) {
20          cout << n << " is a square number" << endl;
21      }else{
22          cout << n << "is not a square number" << endl;
23      }
24      return 0;
25  }
```

代码解释：给定一个正整数 n，判断该数是不是完全平方数，做法为从 1 至 sqrt(num) 进行枚举，若存在某个数 i 的平方等于 n，则 n 为完全平方数。

1. ①处应填（　　）。

   A．1　　　　　　　　B．2　　　　　　　　C．3　　　　　　　　D．4

【解析】从 1 至 sqrt(num) 进行枚举。

【答案】A

2. ②处应填（　　）。

   A．(int)floor(sqrt(num)−1)　　　　　　B．(int)floor(sqrt(num))

   C．floor(sqrt(num/2))−1　　　　　　　D．floor(sqrt(num/2))

【解析】枚举的上界为 floor(sqrt(num))。

【答案】B

3. ③处应填（　　）。

   A．num = 2 * i　　　　　　　　　　　B．num == 2 * i

   C．num = i * i　　　　　　　　　　　D．num == i * i

【解析】判断条件为 num == i*i。

【答案】D

4. ④处应填（　　）。

   A．num = 2 * i　　B．num == 2 * i　　C．true　　　　　　　D．false

【解析】若找到，则返回 true。

【答案】C

5. ⑤处应填（　　）。

   A．num = i * i　　B．num ! = i * i　　C．true　　　　　　　D．false

【解析】若未找到，则返回 false。

【答案】D

7.6.2　第二题

（汉诺塔问题）给定三根柱子，分别标记为 A、B 和 C。初始状态下，柱子 A 上有若干个圆盘，这些圆盘从上到下按从小到大的顺序排列。任务是将这些圆盘全部移到柱子 C 上，且必须保持原有顺序不变。在移动过程中，需要遵守以下规则。

（1）只能从一根柱子的顶部取出圆盘，并将其放入另一根柱子的顶部。

（2）每次只能移动一个圆盘。

（3）小圆盘必须始终在大圆盘之上。

试补全程序。

```
1   #include <bits/stdc++.h>
2   using namespace std;
3
4   void move(char src, char tgt) {
5       cout << "从柱子" << src << "挪到柱子上" << tgt << endl;
6   }
7   void dfs(int i, char src, char tmp, char tgt) {
8       if(i ==   ①   ) {
```

```
 9            move( ②  );
10            return;
11        }
12        dfs(i - 1,  ③   );
13        move(src, tgt);
14        dfs(  ⑤  ,  ④   );
15 }
16
17 int main(){
18     int n;
19     cin >> n;
20     dfs(n, 'A', 'B', 'C');
21 }
```

代码解释：经典汉诺塔问题，要将 n 个盘子从 A 柱移动到 C 柱，方法是使用递归，dfs(i,src,tmp,tgt) 的含义为把第 i 个盘子从 src 柱移动到 tgt 柱，tmp 柱作为中转柱。

1. ①处应填（   ）。

　　A．0　　　　　　　B．1　　　　　　　C．2　　　　　　　D．3

【解析】当 i == 1 时，直接移动即可。

【答案】B

2. ②处应填（   ）。

　　A．src, tmp　　　　B．src, tgt　　　　C．tmp, tgt　　　　D．tgt, tmp

【解析】直接从 src 柱移动到 tgt 柱。

【答案】B

3. ③处应填（   ）。

　　A．src, tmp, tgt　　B．src, tgt, tmp　　C．tgt, tmp, src　　D．tgt, src, tmp

【解析】否则，先将 i-1 个盘子从 src 柱移动到 tmp 柱上，此时可先将 tgt 柱当成中转柱。

【答案】B

4. ④处应填（   ）。

　　A．src, tmp, tgt　　B．tmp, src, tgt　　C．src, tgt, tmp　　D．tgt, src, tmp

【解析】然后将 i-1 个盘子从 tmp 柱移动到 tgt 柱上，此时可将 src 柱当成中转柱。

【答案】B

5. ⑤处应填（   ）。

　　A．0　　　　　　　B．1　　　　　　　C．i-1　　　　　　D．i

【解析】此轮移动盘子数量为 i-1。

【答案】C

第 8 章　综合模拟试卷

8.1　综合模拟试卷 1

一、单项选择题（共 15 题，每题 2 分，共计 30 分；每题有且仅有一个正确选项）

1. 一个 64 位浮点型变量占用（　　）个字节。
   A．4　　　　　　　　B．8　　　　　　　　C．16　　　　　　　　D．128

2. 设有 1000 个已排好序的数据元素，采用折半查找时，最大比较次数为（　　）。
   A．6　　　　　　　　B．8　　　　　　　　C．10　　　　　　　　D．12

3. 现有两幅分辨率为 2048 像素 ×2048 像素的 128 位真彩色图像。要存储这两幅图像，需要多大的存储空间？（　　）
   A．32MB　　　　　　B．64MB　　　　　　C．128MB　　　　　　D．256MB

4. 二进制数 1011.11 转成十进制数是（　　）。
   A．11.55　　　　　　B．11.75　　　　　　C．13.55　　　　　　D．13.75

5. 设简单无向图 G 有 20 条边且每个顶点的度数都是 4，则图 G 有（　　）个顶点。
   A．5　　　　　　　　B．10　　　　　　　C．20　　　　　　　　D．40

6. 周末，桃子和爸爸妈妈一起想动手做 3 道菜。桃子负责洗菜，爸爸负责切菜，妈妈负责炒菜。假设做每道菜的顺序都是：先洗菜 15 分钟，然后切菜 10 分钟，最后炒菜 20 分钟，那么做一道菜需要 45 分钟。注意：两道不同的菜的相同步骤不可以同时进行，例如，第一道菜和第二道菜不能同时洗，也不能同时切。试问做完 3 道菜的最短时间需要（　　）分钟。
   A．85　　　　　　　B．90　　　　　　　C．120　　　　　　　D．135

7. 表达式 (a+b) * (c+d) 的后缀形式是（　　）。
   A．a+b c+d *　　　B．a b c d++*　　　C．a b+c d+*　　　D．a b+c+d*

8. 字符串 hetao 的子串个数是（　　）。
   A．10　　　　　　　B．15　　　　　　　C．16　　　　　　　　D．20

9. 对于入栈顺序为 a,b,c,d,e,f,g 的序列，下列（　　）可能是其合法的出栈序列。
   A．a,b,c,g,f,d,e　　B．c,b,a,f,d,e　　C．c,b,f,g,e,d,a　　D．g,f,e,d,a,b,c

10. 假设 x = true, y = false, z = true，以下逻辑表达式值为真的是（　　）。
    A．$(x \wedge y) \vee (y \wedge z)$　　　　　　B．$x \wedge y \wedge (y \vee z)$
    C．$(x \vee y) \wedge (y \wedge z)$　　　　　　D．$(x \vee y) \wedge (y \vee z)$

11. 一棵具有 8 层的满二叉树中节点数为（　　）。
    A．128　　　　　　B．255　　　　　　C．256　　　　　　D．511

12. 一个字长为 8 位的整数的补码是 10101010,则它的原码是（　　）。
    A. 11011010　　　B. 11010101　　　C. 11010110　　　D. 10110011
13. 一棵二叉树的先序遍历序列是 ABCDEFG,中序遍历序列是 DCBEAFG,则这个二叉树的后序遍历序列为（　　）。
    A. CDFEGBA　　　B. CFDBEAG　　　C. DCEBGFA　　　D. CFBDEGA
14. A、B、C、D、E 这 5 个人从左到右排成一排,且 A、B 必须相邻,则不同的排法数为（　　）。
    A. 24　　　B. 36　　　C. 48　　　D. 60
15. 3 名医生和 6 名护士被分配到 3 所学校为学生体检,每校分配 1 名医生和 2 名护士,不同的分配方法共有（　　）种。
    A. 360　　　B. 540　　　C. 720　　　D. 960

二、**阅读程序**（程序输入不超过数组或字符串定义的范围；判断题正确填 √,错误填 ×；除特殊说明外,判断题每题 1.5 分,选择题每题 3 分,共计 40 分）

（1）

```
1    #include <iostream>
2    using namespace std;
3    char s[100];
4    int cnt[26];
5    int main() {
6        cin >> s;
7        for (int i = 0; s[i]; i++) {
8            if (s[i] >= 'a' && s[i] <= 'z')
9                s[i] -= 'a' - 'A';
10           cnt[s[i]-'A']++;
11       }
12       for (int i = 0, j = 0; j < 26; i++) {
13           while (!cnt[j])
14               j++;
15           s[i] = 'a' + j;
16           cnt[j]--;
17       }
18       cout << s << endl;
19       return 0;
20   }
```

判断题

16. （2 分）输入的字符串应当只由大写英文字母组成,否则会发生数组越界。（　　）
17. （2 分）输入的字符串长度与输出的字符串长度相同。（　　）
18. （2 分）当输入为 hEtAo 时,输出为 AEHOT。（　　）
19. （2 分）当输入为 niceToMeetYou 时,输出为 cieeemnoottyu。（　　）
20. （2 分）若输入的字符串不是空串,则输入的字符串与输出的字符串一定不一样。（　　）

单选题

21. 当输入为 codeInHETAO 时,输出为（　　）。
    A. codeinhetao　　　　　　　　B. OoAdcnEeIHT
    C. acdeehinoot　　　　　　　　D. ooadcneeiht

（2）

```
1    #include <iostream>
2    using namespace std;
3    int f(int n, int m) {
4        if (n == 1) return m;
5        if (m == 1) return n;
6        int res = 0;
7        for (int i = 1; i < n; i++)
8            for (int j = 1; j < m; j++)
9                res += f(i, j);
10       return res;
11   }
12   int n, m;
13   int main() {
14       cin >> n >> m;
15       cout << f(n, m) << endl;
16       return 0;
17   }
```

判断题

22. 计算 f(n,m) 的时间复杂度为 O(n·m)。（　　）
23. 去掉第 4 行的代码，程序将会不停地递归调用而不会返回结果。（　　）
24. 同时去掉第 4 行和第 5 行的代码，程序将会不停地递归调用而不会返回结果。（　　）

单选题

25. 当输入为"5 6"时，输出为（　　）。
    A．92　　　　　B．143　　　　　C．166　　　　　D．175
26. 当输入为"100 2"时，输出为（　　）。
    A．3762　　　　B．4950　　　　C．5050　　　　D．6689
27. 当去掉程序中的第 4 行且输入为"3 6"时，输出为（　　）。
    A．0　　　　　B．7　　　　　C．25　　　　　D．43

（3）

```
1    #include <iostream>
2    using namespace std;
3    int f[1001], g[1001], p[1001], m, n;
4    void init() {
5        f[1] = g[1] = 1;
6        for (int i = 2; i <= 1000; i++) {
7            if (!f[i]) {
8                p[++m] = i;
9                for (int j = i*i; j <= 1000; j += i)
10                   f[j] = 1;
11           }
12           g[i] = g[i-1] + f[i];
13       }
14   }
15   int main() {
16       init();
17       cin >> n;
18       cout << f[n] << endl;
19       cout << g[n] << endl;
20       if (n <= 100)
21           cout << p[n] << endl;
22       return 0;
23   }
```

判断题

28. 第 16 行执行结束后，m 的值为 500。（　　）
29. 第 16 行执行结束后，f[103] 的值为 0。（　　）
30. g[1000]+m 等于 1000。（　　）

单选题

31. 当输入为 123 时，输出的第一行为（　　）。
    A. 0　　　　　　B. 1　　　　　　C. 33　　　　　　D. 123
32. 当输入为 30 时，输出的第二行为（　　）。
    A. 10　　　　　B. 15　　　　　　C. 20　　　　　　D. 25
33. 当输入为 25 时，输出的第三行为（　　）。
    A. 93　　　　　B. 97　　　　　　C. 101　　　　　D. 103

三、完善程序（单选题，每小题 3 分，共计 30 分）

（1）（下一天问题）设计一个算法，这个算法获取今天的日期，计算并返回下一天的日期。我们先设计一个函数 f(y,m)，使其接收的两个参数 y 和 m 分别表示年份和月份，f(y,m) 会返回 y 年 m 月的天数。

在此基础上，计算并输出 y 年 m 月 d 日的下一天的日期。

试补全下方模拟程序。

```
1    #include <iostream>
2    using namespace std;
3    int f(int y, int m)
4    {
5        // 此处为判断并返回y年m月的天数的代码，省略
6    }
7    int main()
8    {
9        int y, m, d;
10       cin >> y >> m >> d;
11       if ( ① )
12           cout << "下一天是" << y << "年" << m << "月" << d+1 << "日" << endl;
13       else if ( ② )
14           cout << "下一天是" << y << "年" << m+1 << "月" << ② << "日" << endl;
15       else
16           cout << "下一天是" << ③ << "年" << ④ << "月" << ⑤ << "日" << endl;
17       return 0;
18   }
```

34. ①处应填（　　）。
    A. d = 1　　　　B. d<f(y,m)　　　C. d ==f(n,m)　　D. d! = 1
35. ②处应填（　　）。
    A. m ==1　　　B. m>1　　　　　C. m<12　　　　　D. m ==12
36. ③处应填（　　）。
    A. y　　　　　　B. y−1　　　　　C. y+1　　　　　D. y/4*4
37. ④处应填（　　）。
    A. 1　　　　　　B. m−1　　　　　C. m　　　　　　D. m+1
38. ⑤处应填（　　）。
    A. 1　　　　　　B. d−1　　　　　C. d　　　　　　D. d+1

（2）（上一个排列问题）给定一个由 1～n 构成的排列 a，求 a 的上一个排列。例如，当 n 等于 3 时，由 1～3 构成的全排列按照从小到大排列如下所示：
- 1,2,3
- 1,3,2
- 2,1,3
- 2,3,1
- 3,1,2
- 3,2,1

其中，排列"3,2,1"的上一个排列为"3,1,2"；排列"3,1,2"的上一个排列为"2,3,1"；排列"2,3,1"的上一个排列为"2,1,3"；排列"2,1,3"的上一个排列为"1,3,2"；排列"1,3,2"的上一个排列为"1,2,3"；排列"1,2,3"没有上一个排列。你的任务是根据输入的排列计算并输出其上一个排列；特别地，若输入的排列没有上一个排列，输出"−1"。

试补全下面的模拟上一个排列的程序。

```
1   #include <iostream>
2   #include <algorithm>
3   using namespace std;
4   int n, a[1000];
5   bool cmp(int a, int b) {
6       return  ① ;
7   }
8   bool pre_permutation(int a[], int n) {
9       int i = n-1;
10      while (i > 0 && a[i-1] < a[i])
11          i--;
12      if ( ② )
13          return false;
14      for (int j = i; j < n; j++) {
15          if (j == n-1 ||  ③ ) {
16              swap( ④ , a[j]);
17              break;
18          }
19      }
20      sort( ⑤ , a+n, cmp);
21      return true;
22  }
23  int main() {
24      cin >> n;
25      for (int i = 0; i < n; i++)
26          cin >> a[i];
27      if (pre_permutation(a, n)) {
28          for (int i = 0; i < n; i++)
29              cout << a[i] << " ";
30      }
31      else {
32          cout << -1 << endl;
33      }
34      return 0;
35  }
```

39. ①处应填（   ）。
    A．a==b   B．a>b   C．a<b   D．a+b

40. ②处应填（　　）。
    A．!i　　　　　B．i = 1　　　　C．i ==1　　　　D．i>1
41. ③处应填（　　）。
    A．a[j] ==a[i]　B．a[j]<a[j+1]　C．a[j+1]>a[i-1]　D．a[j+1]>a[i]
42. ④处应填（　　）。
    A．a[0]　　　　B．a[i-1]　　　C．a[i]　　　　D．a[j+1]
43. ⑤处应填（　　）。
    A．a[i]　　　　B．a+i-1　　　C．a+i　　　　D．a+j

8.2 综合模拟试卷 2

一、单项选择题（共 15 题，每题 2 分，共计 30 分；每题有且仅有一个正确选项）

1. 以下哪个是面向过程的程序设计语言？（　　）
   A．C　　　　　B．C++　　　　C．Python　　　D．Java
2. 1GB 代表的字节数是（　　）。
   A．2 的 10 次方　B．2 的 20 次方　C．2 的 30 次方　D．2 的 40 次方
3. 八进制数 356.433 转成十六进制数是（　　）。
   A．EE.AD8　　　B．EF.EDB　　　C．FC.3E　　　D．FD.ADC
4. 二进制数 00101100 和 00011101 的和是（　　）。
   A．00111101　　B．01000001　　C．01100001　　D．01101001
5. （　　）是一种先进后出的线性表。
   A．栈　　　　　B．队列　　　　C．哈希表　　　D．二叉树
6. 下列网络协议中，（　　）不是用于电子邮件的协议。
   A．IMAP　　　　B．SMTP　　　　C．POP3　　　　D．P2P
7. 3 名男生与 3 名女生站成一排，若要求男女相间，则不同的排法数为（　　）。
   A．36　　　　　B．55　　　　　C．72　　　　　D．108
8. 已知一棵二叉树有 100 个节点，则其中至多有（　　）个节点有 2 个子节点。
   A．23　　　　　B．35　　　　　C．49　　　　　D．82
9. （　　）算法的平均时间复杂度为 O(nlogn)，其中 n 是待排序的元素个数。
   A．冒泡排序　　B．选择排序　　C．快速排序　　D．插入排序
10. 原字符串中任意一段连续的字符所组成的新字符串称为子串，则字符串 ABBCCC 共有
    （　　）个不同的非空子串。
    A．11　　　　　B．14　　　　　C．17　　　　　D．20
11. 1685 和 2022 的最大公约数是（　　）。
    A．13　　　　　B．59　　　　　C．139　　　　　D．337
12. 以下排序算法中，不需要进行关键字比较操作的算法是（　　）。
    A．归并排序　　B．快速排序　　C．基数排序　　D．堆排序
13. 从 1 到 2022 这 2022 个整数中，共有（　　）个包含数字 2 的数。
    A．367　　　　　B．565　　　　　C．729　　　　　D．933

14. 考虑如下递归算法的伪代码：

```
solve(n,m)
    if n==1 return 1
    else if m==1 return n
    else return f(n-1,m)+f(n,m-1)
```

则调用 solve(5,6) 得到的结果是（　　）。

A．126　　　　　　　　　　　　　　B．210
C．252　　　　　　　　　　　　　　D．283

15. 从 ENIAC 到当前最先进的计算机，冯·诺依曼体系结构始终占有重要地位。冯·诺依曼体系结构的核心内容是（　　）。

A．采用开关电路　　　　　　　　　B．采用半导体器件
C．采用存储程序和程序控制原理　　D．采用机器学习算法

二、阅读程序（程序输入不超过数组或字符串定义的范围；判断题正确填√，错误填×；除特殊说明外，判断题每题 1.5 分，选择题每题 3 分，共计 40 分）

（1）

```
1   #include <iostream>
2   using namespace std;
3   int n, a[1000];
4   void check(int& a, int& b) {
5       if (a > b) {
6           int t = a;
7           a = b;
8           b = t;
9       }
10  }
11  int main() {
12      cin >> n;
13      a[1] = n/2+1;
14      for (int i = 2; i <= n; i++)
15          a[i] = (a[i-1] * 5 - 2) % n + 1;
16      for (int i = 2; i <= n; i++)
17          check(a[1], a[i]);
18      for (int i = 3; i <= n; i++)
19          check(a[2], a[i]);
20      cout << a[1] << endl;
21      cout << a[2] << endl;
22      return 0;
23  }
```

判断题

16. （2 分）当输入为 1000 时，程序会发生数组越界。（　　）
17. （2 分）对于任意输入的 n，a[1] 到 a[n] 是一个 1 到 n 的排列。（　　）
18. （2 分）当输入为 5 时，输出的第一行为 3。（　　）
19. （2 分）当输入为 10 时，输出的第一行为 7。（　　）
20. （2 分）当 n>1 时，输出的第一行的数字总是小于输出的第二行的数字。（　　）

单选题

21. 当输入为 20 时，输出的第二行数字为（　　）。

A．2　　　　　　B．3　　　　　　C．4　　　　　　D．5

（2）

```
1    #include <iostream>
2    using namespace std;
3    int a[] = {1,3,5,7,9,13,18,22,37,45,51,62,77,89,93}, x;
4    int main() {
5        cin >> x;
6        int left = 0, right = 15, mid, p = -1, count = 0;
7        while (left < right) {
8            mid = (left + right - 1) / 2;
9            count++;
10           if (a[mid] == x) {
11               p = mid;
12               break;
13           }
14           else if (a[mid] < x)
15               left = mid + 1;
16           else
17               right = mid;
18       }
19       cout << p << endl;
20       cout << count << endl;
21       return 0;
22   }
```

判断题

22. 输入的 x 不能大于 15，否则会发生数组越界。（   ）
23. 输出的第一行不会大于 14。（   ）
24. 输出的第二行不会大于 4。（   ）

单选题

25. 当输入为 5 时，输出的第一行为（   ）。

    A．−1   B．1   C．2   D．3

26. 当输入为 12 时，输出的第一行为（   ）。

    A．−1   B．1   C．2   D．3

27. 当输入为 37 时，输出的第二行为（   ）。

    A．1   B．2   C．3   D．4

（3）

```
1    #include <cstring>
2    using namespace std;
3    char s[1000];
4    int f[1000][8], n, x, y;
5    int Log2(int x) {
6        int a = 0, b = 1;
7        while (b*2 <= x) {
8            a ++;
9            b *= 2;
10       }
11       return a;
12   }
13   int main() {
14       cin >> s >> x >> y;
15       n = strlen(s);
```

```
16      for (int i = 0; i < n; i++)
17          f[i][0] = s[i];
18      for (int i = 1; (1<<i) <= n; i++)
19          for (int j = 0; j+(1<<i)-1 < n; j++)
20              f[j][i] = max(f[j][i-1], f[j+(1<<i-1)][i-1]);
21      int z = Log2(y-x+1);
22      cout << (char)max(f[x][z], f[y-(1<<z)+1][z]) << endl;
23      return 0;
24  }
```

判断题

28. 当输入为 CGFCDBAE 2 6 时，输出为 G。（   ）
29. 当输入的第一个字符串的长度为 500 时，会发生数组越界。（   ）
30. 交换第 19 行和第 20 行的代码并不会影响程序的输出结果。（   ）

单选题

31. Log2(15) 的返回值为（   ）。
    A. 2   B. 3   C. 4   D. 5
32. 当输入为 HETAOACCEPT 0 9 时，输出结果为（   ）。
    A. H   B. E   C. P   D. T
33. 当输入为 CodeInHETAO 4 10 时，输出结果为（   ）。
    A. I   B. n   C. T   D. O

三、完善程序（单选题，每小题 3 分，共计 30 分）

（1）（汽水问题）桃子从商店里买了 n 瓶核桃味汽水，她每喝完一瓶汽水，就把瓶盖保存起来，k 个瓶盖可以换一瓶新的汽水，请计算桃子最终能喝多少瓶汽水。需要注意的是，在本题中，桃子不可以赊账。例如，若 5 个瓶盖可以换一瓶汽水，但是桃子现在有 4 个瓶盖，则桃子先赊一个瓶盖购买汽水，然后将 5 个瓶盖还给商店，这个行为在本题中是不可以进行的。

试补全该模拟程序。

```
1   #include <iostream>
2   using namespace std;
3   int main()
4   {
5       int n,          // n表示当前购买但未喝的汽水瓶数
6           k,          // k表示可以兑换一瓶汽水的瓶盖数
7           s = 0,      // s记录桃子喝了的汽水总瓶数
8           t = 0;      // t记录桃子拥有的瓶盖数量
9       cin >> n >> k;
10      do
11      {
12          s += ① ;
13          t += ② ;
14          n = ③ ;
15          t %= ④ ;
16      } while ( ⑤ );
17      cout << s << endl;
18      return 0;
19  }
```

34. ①处应填（   ）。
    A. n   B. k   C. s   D. t

35. ②处应填（　　）。
    A．n　　　　　B．k　　　　　C．s　　　　　D．t
36. ③处应填（　　）。
    A．n　　　　　B．k　　　　　C．s　　　　　D．t/k
37. ④处应填（　　）。
    A．n　　　　　B．k　　　　　C．s　　　　　D．t
38. ⑤处应填（　　）。
    A．n>0　　　　B．t>0　　　　C．n<k　　　　D．t＞＝k

（2）（最优装配问题）有 n 个盒子需要打包邮寄给同一个买家，每个盒子有一个体积，用 a[i] 表示第 i 个盒子的体积，已知若第 i 个盒子的体积不超过第 j 个盒子体积的一半（2×a[i]≤a[j]），就可将第 i 个盒子放入第 j 个盒子内一起打包，但是同一个包裹内最多装两个盒子（不能将一个装有盒子的盒子再放入另一个盒子中），卖家希望尽可能多地将盒子合并在一起以减少打包的包裹数量。下面的代码使用二分算法求解并输出最少打包数量。

试补全二分算法。

```
1    #include <iostream>
2    #include <algorithm>
3    using namespace std;
4    int n, a[1000];
5    bool check(int x) {
6        for (int i = 1; i <= x; i++)
7            if (2 * a[i] > ① )
8                return false;
9        return true;
10   }
11   int main() {
12       cin >> n;
13       for (int i = 1; i <= n; i++)
14           cin >> a[i];
15       sort(a+1, ② );
16       int l = 0, r = n/2, mid, res;
17       while ( ③ ) {
18           mid = (l + r) / 2;
19           if (check(mid)) {
20               res = mid;
21               ④ ;
22           } else {
23               ⑤ ;
24           }
25       }
26       cout << n - res << endl;
27       return 0;
28   }
```

39. ①处应填（　　）。
    A．a[n-i]　　　B．a[n+1-i]　　C．a[n-x+i]　　D．a[n-x+i+1]
40. ②处应填（　　）。
    A．a[n]　　　　B．a+n　　　　C．a+n+1　　　D．a-n
41. ③处应填（　　）。
    A．l！＝r　　　B．l<r　　　　C．l<＝r　　　D．r-l！＝1

42. ④处应填（　　）。
    A．l = mid−1　　　B．l = mid+1　　　C．r = mid−1　　　D．r = mid+1
43. ⑤处应填（　　）。
    A．l = mid−1　　　B．l = mid+1　　　C．r = mid−1　　　D．r = mid+1

8.3 综合模拟试卷 3

一、单项选择题（共 15 题，每题 2 分，共计 30 分；每题有且仅有一个正确选项）

1. 计算机如果缺少（　　），将无法正常启动。
    A．CPU　　　　　　B．键盘　　　　　　C．硬盘　　　　　　D．鼠标
2. 下列表示数据的选项中，（　　）表示的数据最大。
    A．36000 KB　　　B．33 MB　　　　　C．0.03 GB　　　　D．36500000 B
3. 如果一棵二叉树只有根节点，那么这棵二叉树的高度为 1。则一棵高度为 3 的二叉树有
   （　　）种不同的形态。
    A．16　　　　　　　B．19　　　　　　　C．21　　　　　　　D．25
4. 对于入栈顺序为 a, b, c, d, e 的序列，下列（　　）不是合法的出栈序列。
    A．a, b, c, d, e　　B．e, d, c, b, a　　C．a, c, b, d, e　　D．e, d, b, c, a
5. 二进制数 11001.1 对应的十进制数是（　　）。
    A．23.2　　　　　　B．25.5　　　　　　C．36.2　　　　　　D．49.5
6. 若根节点的深度记为 1，则一棵恰有 2022 个叶节点的二叉树的深度最少是（　　）。
    A．10　　　　　　　B．11　　　　　　　C．12　　　　　　　D．13
7. 一个正整数在八进制下有 100 位，则它在二进制下不可能有（　　）位。
    A．297　　　　　　B．298　　　　　　C．299　　　　　　D．300
8. 2000 以内，与 2000 互质的正整数有（　　）个。
    A．500　　　　　　B．800　　　　　　C．1000　　　　　　D．1200
9. 下面的 lowbit(x) 函数返回整数 x 在二进制表示下最低一位 1 对应的数字。例如，lowbit(5) = 1，
   lowbit(12) = 4。

   ```
   int lowbit(int x)
   {
       return _____;
   }
   ```

   则可填入空格内的正确语句是（　　）。
    A．x & -x　　　　　　　　　　　　　　B．x >> 1
    C．x | x-1　　　　　　　　　　　　　　D．x ^ 1
10. 一个人站在坐标 (0,0) 处，面朝 x 轴正方向。第 1 轮，他向前走 1 单位距离，然后右
    转；第 2 轮，他向前走 2 单位距离，然后右转；第 3 轮，他向前走 3 单位距离，然后
    右转……他一直这么走下去。则第 2022 轮后，他的坐标是（　　）。
    A．(1011,−1012)　　　　　　　　　　B．(1011,1012)
    C．(2022,1011)　　　　　　　　　　　D．(2022,−1011)

11. 从一个 5×5 的棋盘（不可旋转）中选取不在同一行也不在同一列上的两个方格，共有（　　）种方法。
    A．50　　　　　　B．100　　　　　　C．125　　　　　　D．200
12. 设 int 类型变量 x 和 y 均已赋值，且均为正整数，则以下语句中不能表示 x 除以 y 向上取整的是（　　）。
    A．(x+y−1)/y　　　　　　　　　　　B．(x−1)/y+1
    C．(int)(x+0.5)/y　　　　　　　　　D．(int)(1.0*x/y+0.5)
13. 8 张椅子放成一排，4 人就座，其中恰有连续 3 个空位的坐法有（　　）种。
    A．360　　　　　　B．480　　　　　　C．720　　　　　　D．1220
14. 有向图中每个顶点的度等于该顶点的（　　）。
    A．入度与出度的较小值　　　　　　B．入度与出度的较大值
    C．入度与出度之和　　　　　　　　D．入度与出度之差
15. 以下哪个奖项是计算机科学领域的最高奖？（　　）
    A．冯·诺依曼奖　　　　　　　　　B．菲尔兹奖
    C．图灵奖　　　　　　　　　　　　D．香农奖

二、阅读程序（程序输入不超过数组或字符串定义的范围；判断题正确填 √，错误填 ×；除特殊说明外，判断题每题 1.5 分，选择题每题 3 分，共计 40 分）

（1）

```
1   #include <cstdio>
2   #include <cstring>
3   using namespace std;
4   char s[101];
5   int n, cnt[26];
6   int main() {
7       scanf("%s", s);
8       n = strlen(s);
9       for (int i = 0; i < n; i++) {
10          if (s[i] >= 'A' && s[i] <= 'Z')
11              cnt[s[i]-'A']++;
12          if (s[i] >= 'a' && s[i] <= 'z')
13              cnt[s[i]-'a']++;
14          if (s[i] >= '0' && s[i] <= '9')
15              cnt[s[i]-'0']++;
16      }
17      int p = 0;
18      for (int i = 1; i < 26; i++)
19          if (cnt[i] > cnt[p])
20              p = i;
21      printf("%d\n", p);
22      return 0;
23  }
```

假设输入的字符串长度不超过 100，完成下面的判断题和单选题。

判断题

16. 输入的字符串只能由小写字母或大写字母组成。（　　）
17. 将第 9 行的 i<n 改成 i<=n，程序运行时可能会发生错误。（　　）
18. 将第 12 行的 s[i] >= 'a' && s[i] <= 'z' 改成 s[i] >= 'a'，程序运行时可能会发生错误。（　　）

19. 若输入的字符串全部由数字字符组成，则输出的整数必然小于 10。（　　）

单选题

20. 若输入为 ABCDcbaAcDbC，输出为（　　）。
    A. 0　　　　　　B. 1　　　　　　C. 2　　　　　　D. 3
21. 若输入为 a2B3233CCDC，输出为（　　）。
    A. 0　　　　　　B. 1　　　　　　C. 2　　　　　　D. 3

（2）

```
1    #include <iostream>
2    using namespace std;
3    int a[101], n, cnt;
4    int main() {
5        cin >> n;
6        for (int i = 1; i <= n; i ++) {
7            cin >> a[i];
8            int j = i;
9            while (j > 1 && a[j] < a[j/2]) {
10               cnt++;
11               int t = a[j];
12               a[j] = a[j/2];
13               a[j/2] = t;
14               j /= 2;
15           }
16       }
17       cout << cnt << endl;
18       return 0;
19   }
```

假设输入的 n 是正整数，a[i] 都是在 [1,n] 范围内的整数，完成下面的判断题和单选题。

判断题

22. 循环结束时，a[1] 保存的是输入的 n 个数中的最小值。（　　）
23. 循环结束时，a[1] ~ a[n] 按升序排序（a[1] ≤ a[2] ≤ … ≤ a[n]）。（　　）
24. 当 n 为 10 时，无论输入的 a[1] ~ a[n] 值为多少，输出的 cnt 不会大于 19。（　　）
25. 当 n 为 100 时，无论输入的 a[1] ~ a[n] 值为多少，输出的 cnt 不会大于 450。（　　）

单选题

26. 当输入的 n 为 5，a[1] ~ a[5] 依次为 3,5,2,4,1 时，输出的结果为（　　）。
    A. 1　　　　　　B. 2　　　　　　C. 3　　　　　　D. 4
27. 当输入的 n 为 5，a[1] ~ a[5] 依次为 2,3,1,4,5 时，输出的结果为（　　）。
    A. 1　　　　　　B. 2　　　　　　C. 3　　　　　　D. 4

（3）

```
1    #include <iostream>
2    using namespace std;
3
4    int c[100], n, s, cnt, ans;
5
6    void calln(int x) {
7        while (x) {
8            n++;
9            x >>= 1;
```

```
10        }
11    }
12
13    int bitcount(int x) {
14        int cnt = 0;
15        while (x) {
16            cnt += x & 1;
17            x >>= 1;
18        }
19        return cnt;
20    }
21
22    int main() {
23        cin >> s;
24        calln(s);
25        for (int i = s; i; i = s & (i-1)) {
26            cnt++;
27            c[bitcount(i)] += i;
28        }
29        for (int i = 1; i <= n; i++)
30            ans = max(ans, c[i]);
31        cout << cnt << endl;
32        cout << ans << endl;
33        return 0;
34    }
```

假设输入的 s 为正整数且不超过 10^9，完成下面的判断题和单选题。

判断题

28. 输出的第一行不会超过输入的 s。（　　）
29. bitcount(x) 函数用于计算 x 对应的二进制整数的位数。（　　）
30. 输入的 s 不应大于 100，否则会发生数组越界。（　　）

单选题

31. （4 分）当输入的 s 为 23 时，输出的第一行整数为（　　）。
    A. 3　　　　B. 7　　　　C. 15　　　　D. 31

32. （4 分）当输入的 s 为 11 时，输出的第二行整数为（　　）。
    A. 11　　　B. 16　　　C. 19　　　D. 22

33. （4 分）当输入的 s 为 127 时，输出的第二行整数为（　　）。
    A. 1980　　B. 2540　　C. 2870　　D. 3200

三、完善程序（单选题，每小题 3 分，共计 30 分）

（1）（排序问题）小核桃发明了一个排序算法，用于将 n 个整数从小到大排序后输出。下面是他编写的排序代码，但是有一部分丢失了。

试补全下方的排序代码，使其能够将 n 个整数从小到大排序后输出。

```
1    #include <iostream>
2    using namespace std;
3    int main() {
4        int n, a[101], i, t;
5        cin >> n;
6        for (i = 0; i < n; i++)
7            cin >> a[i];
8        ① = 1;
```

```
9        while ( ② ) {
10           if (i==0 || ③ ) {
11               i++;
12           }
13           else {
14               t = a[i];
15               a[i] =  ④ ;
16               a[i-1] = t;
17                ⑤ ;
18           }
19       }
20       for (i = 0; i < n; i++)
21           cout << a[i] << endl;
22       return 0;
23   }
```

34. ①处应填（   ）。
    A. i   B. n   C. t   D. a[0]
35. ②处应填（   ）。
    A. i>0   B. i>1   C. i<n   D. i<=n
36. ③处应填（   ）。
    A. i == 1   B. i == n
    C. a[i-1]<=a[i]   D. a[i-1]>=a[i]
37. ④处应填（   ）。
    A. a[0]   B. a[i-1]   C. a[i+1]   D. a[n-1]
38. ⑤处填写（   ）可以使程序运行得最快。
    A. i = 0   B. i = 1   C. i--   D. i++

（2）（第 k 大的数）给定一个大小为 n 的数列，寻找数列中第 k 大的值。下方的代码基于快速排序的思想，使用分治策略解决这个问题。

试补全分治程序。

```
1    #include <iostream>
2    using namespace std;
3
4    int n, k, a[100001];
5
6    int kth_largest(int l, int r, int k) {
7        int i = l, j = r, t = a[l];
8        while (i < j) {
9            while (i < j && a[j] <= t)
10                ① ;
11           a[i] = a[j];
12           while (i < j && a[i] >= t)
13                ② ;
14           a[j] = a[i];
15       }
16       a[i] = t;
17       if ( ③ )
18           return a[i];
19       if ( ④ )
20           return kth_largest(l, i - 1, k);
21       return kth_largest(i+1, r,  ⑤ );
```

```
22      }
23
24  int main() {
25      cin >> n >> k;
26      for (int i = 1; i <= n; i++)
27          cin >> a[i];
28      cout << kth_largest(1, n, k) << endl;
29      return 0;
30  }
```

39. ①处应填（   ）。

    A．i--　　　　　　B．i++　　　　　　C．j--　　　　　　D．j++

40. ②处应填（   ）。

    A．i--　　　　　　B．i++　　　　　　C．j--　　　　　　D．j++

41. ③处应填（   ）。

    A．i-l<k　　　　　B．i-l>k　　　　　C．i-l == k　　　　D．i-l+1 == k

42. ④处应填（   ）。

    A．i-l == k　　　　B．i-l<k　　　　　C．i-l+1>k　　　　D．i-l-1<k

43. ⑤处应填（   ）。

    A．k-l+i-1　　　　B．k-l+i　　　　　C．k+l-i-1　　　　D．k+l-i

8.4　参考答案

8.4.1　综合模拟试卷 1 答案

一、单项选择题

1．B。解析：8 位浮点型变量占用 1 字节，因此 64 位浮点型变量占用 8 字节。

2．C。解析：折半查找的最大比较次数为 $\lceil \log_2 1000 \rceil = 10$ 次。其中 $\lceil x \rceil$ 表示 x 向上取整的结果。

3．C。解析：128 位等价于 128/8 = 16B，两幅图像占用的空间为 2×2048×2048×16B = 128MB。

4．B。解析：$(1011.11)_2 = 1×2^3+0×2^2+1×2^1+1×2^0+1×2^{-1}+1×2^{-2} = 8+0+2+1+0.5+0.25 = 11.75$。

5．B。解析：无向图中顶点的度数之和 = 边数 ×2 = 20×2 = 40，因此顶点个数 = 40/4 = 10。

6．A。解析：每位家庭成员完成工作的最快时间如表 8.1 所示，因此做完 3 道菜的最短时间为 85 分钟。

表 8.1

分工	第一道菜	第二道菜	第三道菜
桃子（洗菜）	第 0～15 分钟	第 15～30 分钟	第 30～45 分钟
爸爸（切菜）	第 15～25 分钟	第 30～40 分钟	第 45～55 分钟
妈妈（炒菜）	第 25～45 分钟	第 45～65 分钟	第 65～85 分钟

7. C。解析：根据表达式 (a+b) * (c+d) 构建表达式树，如图 8.1 所示。

据此可得后缀表达式为 a b+c d+*。

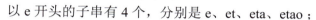

8. C。解析：对于字符串 hetao：

以 h 开头的子串有 5 个，分别是 h、he、het、heta、hetao（字符串本身也算其子串）；

以 e 开头的子串有 4 个，分别是 e、et、eta、etao；

以 t 开头的子串有 3 个，分别是 t、ta、tao；

以 a 开头的子串有 2 个，分别是 a、ao；

以 o 开头的子串有 1 个，是 o。

图 8.1

除此以外，题目中没有强调非空子串，所以空串也应该算其子串。因此，字符串 hetao 的子串个数为 5+4+3+2+1+1=16。

9. C。解析：按照"入栈→入栈→入栈→出栈→出栈→入栈→入栈→入栈→出栈→入栈→出栈→出栈→出栈→出栈"的顺序，入栈序列 a,b,c,d,e,f,g 对应的出栈序列为 c,b,f,g,e,d,a。

10. D。解析：$(x \vee y) \wedge (y \vee z)$=(true) $\wedge$ (true)=true。

11. B。解析：8 层的满二叉树的节点个数为 $2^0+2^1+\cdots+2^7=2^8-1=255$。

12. C。解析：符号位为 1，可推出是负数，因此可以按照"补码 = 反码 +1"的规律推出补码 10101010 对应的反码为 10101001，再将反码的数值位取反得到原码为 11010110。

13. C。解析：根据先序遍历序列和中序遍历序列可还原出二叉树结构，如图 8.2 所示。

继而得出其后序遍历序列为 DCEBGFA。

14. C。解析：考虑将 A 和 B 看作一个整体，因 A、B 相邻，所以它们两者之间的排列方案数为 A_2^2=2，C、D、E 组成的是一个包含 3 个数的排列，对应的排列方案数为 A_3^3=6，将 A、B 这个整体放入 C、D、E 组成的排列中，一共有 4 个位置可选（分别是第一个数之前、第一个数和第二个数之间、第二个数和第三个数之间，以及第三个数之后），对应的方案数为 C_4^1=4，因此总的方案数为 $A_2^2 \times A_3^3 \times C_4^1$=48。

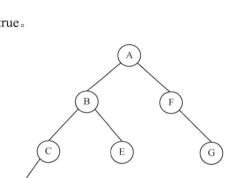

图 8.2

15. B。解析：3 名医生分配到 3 所学校可视为 3 个人的排列 A_3^3，从 6 名护士中选出 2 名护士去第 1 所学校的方案数为 C_6^2，从剩余 4 名护士中选出 2 名护士去第 2 所学校的方案数为 C_4^2，剩余 2 名护士去第 3 所学校的方案数为 C_2^2，因此总的方案数为 $A_3^3 \times C_6^2 \times C_4^2 \times C_2^2$=540。

二、阅读程序

（1）

16. 错误。解析：输入的字符串也可包含小写英文字母，因为程序中有将小写英文转成大写英文字母的代码实现。

17. 正确。解析：程序实现的功能就是将输入的字符串中的字符全部转成大写英文字母并从小到大排序后输出，因此输出的字符串长度与输入的字符串长度相同。

18. 错误。解析：当输入为 hEtAo 时，输出应为 aehot。

19. 错误。解析：当输入为 niceToMeetYou 时，输出应为 ceeeimnoottuy。

20. 错误。解析：当输入的字符串是升序的且仅由小写英文字母组成时，输出的字符串与输入的字符串一样。

21. C。解析：当输入为 codeInHETAO 时，对应的输出结果为 acdeehinoot。

（2）

22. 错误。解析：由于存在大量的重叠问题，因此计算 f(n,m) 的时间复杂度远超 O(n·m)。

23. 错误。解析：即使去掉第 4 行的代码，程序在 m=1 时会返回 n，在 n<1 时会返回 0，因此不会无限递归下去。

24. 错误。解析：即使同时去掉第 4 行和第 5 行的代码，程序在 n<1 和 m<1 时也会返回 0，因此不会无限递归下去。

25. D。解析：f(5,6)=175。

26. B。解析：f(100,2)=f(1,1)+f(2,1)+f(3,1)+…+f(99,1)=1+2+3+…+99=4950。

27. B。解析：需要注意的是，当去掉第 4 行的代码后，边界条件是：当 m=0 时返回 n，否则当 n=1 时，f(n,m) 返回 0。据此计算得到 f(3,6)=7。

（3）

28. 错误。解析：init() 函数调用结束后，m 的值为 1～1000 范围内素数的个数，虽然我们不能很快得出这个数值，但是容易发现 1～1000 范围内素数的个数肯定比非素数的个数要少，所以 m 不可能是 500。

29. 正确。解析：init() 函数调用结束后，所有素数 i 对应的 f[i] 均为 0，所有非素数 i 对应的 f[i] 均为 1。因为 103 是素数，所以 f[103]=0。

30. 正确。解析：g[1000] 表示的是 1～1000 中非素数的个数，m 表示的是 1～1000 中素数的个数，因此 g[1000]+m 等于 1000。

31. B。解析：因为 123 不是素数，所以 f[123]=1。

32. C。解析：g[30] 表示 1～30 范围内非素数的个数，1～30 范围内共有 20 个非素数，所以 f[30]=20。

33. B。解析：p[i] 表示第 i 个素数，我们可以依次列举出前 25 个素数：2,3,5,7,11,13,17,19,23,29,31,37,41,43,47,53,59,61,67,71,73,79,83,89,97，可得第 25 个素数 p[25]=97。

三、完善程序

（1）下一天问题。

34. B。解析：若为"d<f(y,m)"，y 年 m 月 d 日的下一天是 y 年 m 月 d+1 日。

35. C。解析：若为"d==f(y,m)"，说明是该月的最后一天，此时若"m<12"，则 y 年 m 月 d 日的下一天是 y 年 m+1 月 1 日。

36. C。解析：当"d<f(y,m)"和"m<12"均不成立时，说明"m==12"且"d==31"，说明是 y 年的最后一天，因此它对应的下一天是 y+1 年 1 月 1 日。

37. A。

38. A。

（2）上一个排列问题。

通过分析问题代码，可得本题的思路是先找到满足 a[i-1]>a[i] 的最小的下标 i，然后从 a[i] 到 a[n-1] 中找到最大的满足 a[j]<a[i-1] 的 a[j]，并将 a[i-1] 与 a[j] 交换，然后对 a[i]～a[n-1] 从大到小排序，即实现求解 a 的上一个排列。

39．B。解析：通过上面的分析可得 cmp() 函数想要实现的效果是"从大到小排"，因此①处应填"a>b"。

40．A。解析：若循环结束时 i 的值为 0，说明序列是升序的，一个升序的排列本身就是最小的排列，没有上一个排列，因此②处应填"!i"。

41．C。解析：因为 a[i] 到 a[n-1] 是升序的，且 a[i]<a[i-1]，所以从 i 到 n-1 找到最后一个满足 a[j]<a[i-1] 的 a[j] 即为要交换的那个数，且 a[j+1]>a[i-1]，故应选 C。

42．B。解析：需要将 a[i] 到 a[n-1] 中最大的那个小于 a[i-1] 的数（a[j]）找出来与 a[i-1] 交换，因此是将 a[i-1] 与 a[j] 进行交换，故应选 B。

43．C。解析：需要将 a[i] 到 a[n-1] 从大到小排序，故应选 C。

8.4.2 综合模拟试卷 2 答案

一、单项选择题

1．A。解析：C 语言是面向过程的编程语言；C++、Python、Java 均为面向对象的编程语言。

2．C。解析：1 GB=2^{30} B。

3．A。解析：八进制数 356.433 对应的十六进制数是 EE.AD8。

4．B。解析：二进制数 00101100+00011101=01000001。

5．A。解析：栈的特点是先进后出，后进先出。

6．D。解析：POP3（邮局协议的第 3 个版本）、SMTP（简单邮件传输协议）、IMAP（交互式邮件存取协议）均为电子邮件中常用的协议；P2P 对等网络是一种网络结构，与电子邮件传输无关。

7．C。解析：因要求男女相间，则男生和女生的位置共有如下两种不同方案：

（1）男生在第 1、3、5 个位置，女生在第 2、4、6 个位置；

（2）女生在第 1、3、5 个位置，男生在第 2、4、6 个位置。

其中，男生之间的排列方案数为 A_3^3 种，女生之间的排列方案数为 A_3^3 种，因此总的排列方案数为 $C_2^1 \times A_3^3 \times A_3^3 =72$。

8．C。解析：包含 100 个节点的二叉树中共有 99 条边，对于任意一个节点，它若要包含 2 个子节点，则需要 2 条边分别连向它的两个子节点，99/2=49.5，因此最多有 49 个节点具有 2 个子节点。

9．C。解析：快速排序算法的平均时间复杂度为 O(nlogn)。

10．B。解析：

（1）以 A 开头共有 6 个不同的子串，分别是 A、AB、ABB、ABBC、ABBCC、ABBCCC；

（2）以 B 开头共有 5 个不同的子串，分别是 B、BB、BBC、BBCC、BBCCC；

（3）以 C 开头共有 3 个不同的子串，分别是 C、CC、CCC。

因此共有 6+5+3=14 个不同的非空子串。

11. D。解析：1685 和 2022 的最大公约数是 337。

12. C。解析：基数排序不需要进行关键字比较。

13. B。解析：不妨先思考 0～99 这 100 个数中包含 2 的数的个数，可以发现，除了 20～29 这 10 个数，还存在 2、12、32、42、52、62、72、82、92 这 9 个数是包含 2 的，因此 0～99 范围内共有 10+9=19 个包含 2 的数。据此可以推导出 100～199 范围内包含 2 的数的个数也为 19，对于 300～399,400～499,…,900～999 也可以发现同样的规律，但是 200～299 这 100 个数的百位都是 2，因此这 100 个数都是包含 2 的数。因此 0～999 范围内包含 2 的数的个数 =100+19×9=271，同理可得 1000～1999 范围内包含 2 的数的个数也为 271。而 2000～2022 这 23 个数都是包含 2 的数（因为千位为 2），所以 0～2022 范围内包含 2 的数的个数为 271×2+23=565。因 0 不包含 2，因此可得：1～2022 范围内的整数中包含 2 的数的个数为 565。

14. B。解析：根据函数的推导公式可得 solve(5,6) 的结果为 210。

15. C。解析：冯·诺依曼体系结构的核心内容是采用存储程序和程序控制原理。

二、阅读程序

（1）分析如下。

16. 正确。解析：当 n=1000 时，会使用到下标为 1000 的数组元素 a[1000]，而数组的元素下标从 0 到 999，因此会发生数组越界。

17. 错误。解析：解决本题最简单的办法就是找一个"反例"，可以发现，当 n=3 时，a[1]=2,a[2]=3,a[3]=2，并不是一个 1～n 的排列。

18. 正确。解析：输入为 5 时，输出的第一行为 3。

19. 错误。解析：输入为 10 时，输出的第一行为 1。

20. 错误。解析：该程序的目的是将 n 个数的最小值交换到 a[1]，将第二小的值交换到 a[2]，其中可能存在多个数的值均为最小值的情况，此时 a[1]=a[2]。

21. C。解析：当 n=20 时，a 数组中的 20 个元素分别为 11、14、9、4、19、14、9、4、19、14、9、4、19、14、9、4、19、14、9 和 4，其中次小值为 4。

（2）本程序使用二分查找算法寻找 x 在数组 a 中对应的下标 p（若 x 在数组中不存在，则 p=-1），同时使用 count 记录二分查找的次数。

22. 错误。解析：变量 x 并不对应数组下标，所以 x 的值并不会造成数组越界。

23. 正确。解析：因为 p 对应数组 a 的下标，所以若找到 a[p]=x，则 p 的值介于 0 和 14 之间，若没有找到，则 p=-1，所以 p 的值不会超过 14。

24. 正确。解析：变量 count 的值对应二分查找的次数，对于长度为 15 的数组 a，二分查找的次数不会超过 $[\log_2 15]$ =4。

25. C。解析：a[2]=5。

26. A。解析：a 数组中不存在任何一个元素等于 12，所以输出的第一行为 -1。

27. D。解析：一共二分查找了 4 次，对应的 a[mid] 分别为 a[7]=22,a[11]=62,a[9]=45,a[8]=37。

（3）本题基于倍增思想构造 ST 表求解区间最大/最小值查询（RMQ）问题，输出 s[x] 到 s[y] 中 ASCII 码最大的那个字符。

28. 错误。解析：当输入为 CGFCDBAE 2 6 时，输出为 F。需要注意的是数组下标从 0 开始计算。

29．正确。解析：因为 f 数组的第二维只开了 8 的大小，所以虽然第一维的大小是 1000，但是只要 n 大于 2^7=128，计算 f 数组元素时就会发生数组越界。

30．错误。解析：因为 ST 表需要先计算所有的 f[i][0]，再由 f[i][0] 推导出所有的 f[i][1]，然后由 f[i][1] 推导出所有的 f[i][2]，因此第 19 行和第 20 行代码的顺序不能改变。

31．B。解析：函数 Log2(x) 返回的是 [$\log_2 x$] 的结果（其中 [x] 表示 x 向下取整），因此 Log2(x) 的返回值是 3。

32．D。解析：HETAOACCEPT 0 9 中 ASCII 码最大的字符是 T。

33．B。解析：CodeInHETAO 4 10 中 ASCII 码最大的字符是 n。需要注意的是，小写英文字母的 ASCII 码都大于大写英文字母。

三、完善程序

（1）汽水问题。

34．A。解析：喝了 n 瓶汽水，已喝汽水总量增加 n，即①处应填 "n"。

35．A。解析：喝了 n 瓶汽水，瓶盖总量增加 n，即②处应填 "n"。

36．D。解析：用 t 个瓶盖最多可兑换 t/k 瓶汽水，所以③处应填 "t/k"。

37．B。解析：兑换尽可能多的汽水后，剩余瓶盖数量为 t%k，所以此题选 B。

38．A。解析：只要能兑换至少 1 瓶汽水（n>0），就继续循环。

（2）最优装配问题。

39．C。解析：第 i 小的数应与第 x+1−i 大的数进行比较，所以此题选 C。

40．C。解析：输入是从 a[1] 到 a[n]，因此排序也是从 a[1] 到 a[n]，对应的 sort() 函数应写为 sort(a+1, a+n+1)，所以此题选 C。

41．C。解析：根据二分法的写法，可知判断的区间范围是 [l,r]，因此二分法的判断条件是 r≥l，即选项 C。

42．B。解析：因为 check(x) 判断能够凑成 x 对，所以条件成立时应让 l=mid+1 以寻找更大的答案，条件不成立时应让 r=mid−1 以寻找更小的答案。④处代码为前一种情况，所以此题应选 B。

43．C。

8.4.3　综合模拟试卷 3 答案

一、单项选择题

1．A。解析：计算机缺少 CPU 将无法正常启动。

2．A。解析：不妨将单位全都转成 MB。

- 36000 KB ≈ 35.2 MB
- 33 MB=33 MB
- 0.03 GB=30.72 MB
- 36500000 B ≈ 34.8 MB

因此 36000 KB 最大。

3．C。解析：不妨设状态 f_i 表示所有高度≤i 的二叉树的不同形态树，则可得推导公式为 $f_i=(f_{i-1}+1)^2$，因此可得 $f_1=1$，$f_2=4$，$f_3=25$，高度为 3 的二叉树的不同形态数为 f_3-f_2=25−4=21。其对应的 21 种不同形态如图 8.3 所示。

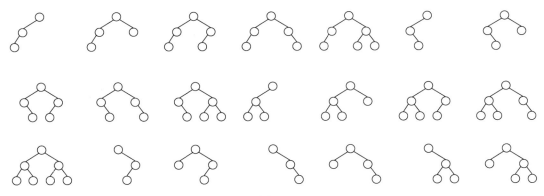

图 8.3

4. D。解析：对于出栈序列 e, d, b, c, a，因为入栈序列是 a,b,c,d,e，在 b,c 均未出栈的情况下，e,d 先出栈，说明在 e,d 出栈时 c 在 b 的顶端，所以必然 c 先出栈，与出栈序列矛盾，因此选项 D 不是合法的出栈序列。

5. B。解析：二进制数 11001.1 = 十进制 $1×2^4+1×2^3+0×2^2+0×2^1+1×2^0+1×2^{-1}$=16+8+0+0+1+0.5=25.5。

6. C。解析：相同深度的二叉树中满二叉树包含的叶节点个数最多。一棵深度为 h 的满二叉树具有 2^{h-1} 个叶节点，因为深度为 11 的满二叉树包含的叶节点个数为 2^{10}=1024，深度为 12 的满二叉树包含的叶节点个数为 2^{11}=2048，且 1024<2022≤2048，所以包含 2022 个叶节点的二叉树深度至少为 12。

7. A。解析：因为八进制的 1 位对应二进制的 3 位，所以八进制数的后 99 位均对应二进制的 3 位，总位数为 99×3=297，最高位可能对应二进制的 1～3 位（八进制 1 对应二进制 1，八进制 2 对应二进制 10，八进制 3 对应二进制 11，八进制 4 对应二进制 100，八进制 5 对应二进制 101，八进制 6 对应二进制 110，八进制 7 对应二进制 111），因此一个 100 位的八进制数转成二进制数可能是 298 位、299 位或 300 位。

8. B。解析：对于 2000 来说，它只包含两个不同的质因子：2 和 5。与 2000 互质的数是既不包含因数 2 也不包含因数 5 的所有数字，2000 以内包含因数 2 的数共有 2000/2=1000 个，包含因数 5 的数共有 2000/5=400 个，同时包含因数 2 和 5 的数（即包含因数 10 的数）有 2000/10=200 个，因此可得：包含因数 2 或 5 的数共有 1000+400-200=1200 个，2000 以内与 2000 互质的数的个数为 2000-1200=800 个。

9. A。解析：填入"x & -x"语句，可得到 x 在二进制表示下最低一位 1 对应的整数。

10. A。解析：可以将 4 轮看成一个循环，每个循环执行完后，x 将会减 2，y 将会加 2，前 2020 轮有 2020/4=505 个循环，因此前 2020 轮之后的坐标是 (-1010,1010)，第 2021 轮 x 增加了 2021（变成 -1010+2021=1011），第 2022 轮 y 减小了 2022（变成 1010-2022=-1012），因此最终的坐标是 (1011,-1012)。

11. D。解析：相当于从 5 行中选两行，再从 5 列中选 2 列，其中 2 个方格之间有 A_2^2 种排列，因此总的方案数为 $C_5^2 × C_5^2 × A_2^2$=200。

12. C。解析：分析代码可得 C 错误。在比赛时考虑时间因素，也可采用"套例子"的方法。例如，设 x=3,y=2（期望的结果为 2），将其代入 4 个选项，可得 A、B、D 的结果均为 2，而 C 的结果为 1，所以选 C。

13．B。解析：4 个人之间的排列数为 A_4^4，可以想象将连续的 3 个空位看作一组，另一个空位看作一组，将两组空位插入 4 个人之间的 5 个位置，方案数为 C_5^2，两组空位之间的排列数为 A_2^2，因此总的方案数为 $A_4^4 \times C_5^2 \times A_2^2$ =480。

14．C。解析：有向图中每个顶点的度等于该顶点的入度与出度之和。

15．C。解析：图灵奖是计算机科学领域的最高奖。

二、阅读程序

（1）分析如下。

16．错误。解析：输入的字符串可包含除字母和数字以外的字符，只不过程序并不会处理。

17．错误。解析：程序运行时不会发生错误，因为 s[n]=='\0'，不满足任何一个 if 条件。

18．正确。解析：因为输入的字符串可能包含 ASCII 码大于 'z' 的 ASCII 码的字符，此时对于 cnt 数组来说，可能发生数组越界。

19．正确。解析：因为数字字符对应的是 cnt[0] 到 cnt[9]，所以当输入的字符串全由数字字符组成时，结果必然在 0～9 范围内。

20．C。解析：字符串 ABCDcbaAcDbC 中字符 C 与 c 出现的次数最多（共 4 次），对应的下标为 2。

21．D。解析：数字 0～9 出现的次数记录在 cnt[0]～cnt[9]，字母 a～z 出现的次数记录在 cnt[0]～cnt[25]，字母 A～Z 出现的次数记录在 cnt[0]～cnt[25]。字符串 'a2B3233CCDC' 里，数字 2 出现 2 次，使 cnt[2] 增加 2；数字 3 出现 3 次，使 cnt[3] 增加 3；字母 a 出现 1 次，使 cnt[0] 增加 1；字母 B 出现 1 次，使 cnt[1] 增加 1；字母 C 出现 3 次，使 cnt[2] 增加 3；字母 D 出现 1 次，使 cnt[3] 增加 1。所以 cnt[2] 的值最大，是 5。程序输出下标 2。

（2）分析如下。

22．正确。解析：循环过程中时刻能保证对于任意 a[i]，若 i>1，则 a[i/2] ≤ a[i]，所以 a[1] 最小。

23．错误。解析：程序能保证 a[i/2] 和 a[i] 之间的大小关系，而数组中一些元素的大小关系是无法确定的，比如 a[2] 和 a[3]，所以程序并不能保证 a[1]～a[n] 是升序的。

24．正确。解析：可以发现，当 n 个元素按逆序输入时，输出的 cnt 是最大的。不妨设 a[1]=10,a[2]=9,…,a[10]=1，那么输入 a[1] 后交换了 0 次，输入 a[2] 后交换了 1 次，输入 a[3] 后交换了 1 次，输入 a[4] 后交换了 2 次，输入 a[5] 后交换了 2 次，输入 a[6] 后交换了 2 次，输入 a[7] 后交换了 2 次，输入 a[8] 后交换了 3 次，输入 a[9] 后交换了 3 次，输入 a[10] 后交换了 3 次，因此总共交换了 0+1+1+2+2+2+2+3+3+3=19 次。

25．错误。解析：当 n 个元素按逆序输入时，输出的 cnt 最大，同时对于第 i 个元素 a[i]，交换次数为 $[\log_2 i]$ −1 次。因此：

对于第 1 个数（共 1 个数），各交换了 0 次；

对于第 2～3 个数（共 2 个数），各交换了 1 次；

对于第 4～7 个数（共 4 个数），各交换了 2 次；

对于第 8～15 个数（共 8 个数），各交换了 3 次；

对于第 16～31 个数（共 16 个数），各交换了 4 次；

对于第 32 ~ 63 个数（共 32 个数），各交换了 5 次；

对于第 64 ~ 100 个数（共 37 个数），各交换了 6 次。

总的交换次数为 1×0+2×1+4×2+8×3+16×4+32×5+37×6=480 次 >450 次。

26．D。解析：输入 a[3]（2）后交换了 1 次，输入 a[4]（4）后交换了 1 次，输入 a[5]（1）后交换了 2 次，共交换了 4 次。

27．A。解析：只在输入 a[3]（1）后交换了 1 次。

（3）分析如下。

28．正确。解析：n 代表 s 的二进制表示中共有多少位为 1，而 cnt=2^n-1，具有 n 位 1 的所有二进制整数中数值最小的即为 2^n-1，因此 cnt ≤ s 成立。

29．错误。解析：bitcount(x) 函数计算的是 x 的二进制表示中共有多少位为 1。

30．错误。解析：数组下标对应的是 i 的二进制数表示中 1 出现的位数，对于 1 ~ 10^9 范围内的整数，其二进制表示中 1 出现的位数不会超过 100，因此不会发生数组越界。

31．C。解析：因为 $(23)_{10}=(10111)_2$，所以 n=4，得 cnt=2^n-1=15。

32．D。解析：c[1]=8+2+1=11，c[2]=10+9+3=22，c[3]=11，得 ans=22。

33．B。解析：通过分析代码可得 $c[i]=\frac{C_n^i \cdot i}{n} \times 127$，因此 c[1]=127，c[2]=762，c[3]=1905，c[4]=2540，c[5]=1905，c[6]=762，c[7]=127，得 ans=2540。

三、完善程序

（1）排序问题。

34．A。解析：需要将循环变量 i 进行初始化。

35．C。解析：数组下标从 0 到 n-1，所以循环的条件是 i<n。

36．C。解析：程序的目的是不断地比较 a[i-1] 和 a[i]，若 a[i-1]>a[i]，则交换 a[i-1] 和 a[i]；③处填 "a[i-1]<=a[i]"，则不用交换，直接执行第 11 行的 "i++" 即可。

37．B。解析：第 14 ~ 16 行使用三步交换法交换 a[i] 和 a[i-1] 的数值，故选 B。

38．C。解析：若在⑤处填写 "i=0" 或 "i=1"，程序仍能够正常运行，但是通过分析可以发现，若设 i' 为目前 i 变化成的最大值，则 a[1] ~ a[i'-1] 已满足升序，所以即使将 i 重置为 0 或 1，它仍会不停自增到 i' 并根据条件进行交换与自减操作，因此执行 "i=0" 或 "i=1" 语句的计算量总是大于等于执行 "i--" 语句的计算量，执行 "i--" 是最快的方案。执行 "i++" 语句是错误的。

（2）第 k 大的数。

39．C。解析：该空与下一空与快速排序的逻辑相同，易得第 ① 空填 "j--"，第 ② 空填 "i++"。

40．B。

41．D。解析：循环操作结束后能保证区间 [l,i-1] 内的数都大于等于 a[i]，区间 [i+1,r] 内的数都小于等于 a[i]，因此 a[i] 恰为区间 [l,r] 内第 k 大的数，则应执行 "i-l+1==k" 语句。

42．C。解析：若执行 "i-l+1>k" 语句，则去区间 [l,i-1] 继续查找第 k 大的数。

43．C。解析：若执行 "i-l+1<k" 语句，则区间 [l,r] 内第 k 大的数应该在区间 [i+1,r] 内，但是因为区间 [l,i] 内的 i-l+1 个数都大于等于区间 [i+1,r] 内的数，因此应去区间 [i+1,r] 内找第 k-(i-l+1)=k+l-i-1 大的数，即选 C。

第二部分　CSP-J 第二轮认证

CSP-J 第二轮认证为机试，由 4 道编程题目组成，题目难度由浅入深，内容涉及广泛，包括但不限于基础语法、常见数据结构和算法、树和图论、复杂度优化等。本书第二部分通过讲解 2019—2024 年的 24 道真题和 4 道模拟题，介绍常见解题技巧和方法。

第 9 章　第二轮认证真题讲解

9.1　2019 年真题讲解

数字游戏

【题目描述】

小 K 同学向小 P 同学发送了一个长度为 8 的 **01 字符串**来玩数字游戏，小 P 同学想要知道字符串中究竟有多少个 1。

注意：01 字符串为每一个字符是 0 或者 1 的字符串，如"101"（不含双引号）为一个长度为 3 的 01 字符串。

【输入格式】

输入文件名为 number.in。

输入文件只有一行，是一个长度为 8 的 01 字符串 s。

【输出格式】

输出文件名为 number.out。

输出文件只有一行，包含一个整数，即 01 字符串中**字符** 1 的个数。

【样例 1 输入】

00010100

【样例 1 输出】

2

【样例 1 解释】

该 01 字符串中有 2 个字符 1。

【样例 2 输入】

11111111

【样例 2 输出】

8

【样例 2 解释】

该 01 字符串中有 8 个字符 1。

【样例 3】

见选手目录下的 number/number3.in 和 number/number3.ans（见 CCF 官方网站）。

【数据规模与约定】

对于 20% 的数据，保证输入的字符全部为 0。

对于 100% 的数据，输入只能包含字符 0 和字符 1，字符串长度固定为 8。

【分析】

这道题需要统计一个长度为 8 的只包含"0""1"的字符串中"1"的个数。

因为对于 20% 的数据范围，保证输入的字符全都是"0"，所以直接输出 0 就可以拿到 20 分。

满分做法很多，可以输入 8 次单个字符，统计"1"的个数；也可以直接读入一个字符串，枚举字符串的每一位，统计"1"的个数；甚至可以直接用 int 类型读取这个数，然后通过数位分解来处理。下面给出采用第二种方法的参考代码。

【参考代码】

```cpp
#include <bits/stdc++.h>
using namespace std;
string s;
int ans;
int main()
{
    ios::sync_with_stdio(false);
    cin.tie(0);
    cin >> s;
    ans = 0;
    for (int i = 0; i < s.length(); i++)
        if (s[i] == '1')
            ans++;
    cout << ans << endl;
    return 0;
}
```

公交换乘

【题目描述】

著名旅游城市 B 市为了鼓励大家采用公共交通方式出行，推出了一种地铁换乘公交车的优惠方案，如下所示。

（1）搭乘一次地铁即可获得一张优惠票，有效期为 45 分钟。你可以在有效期内用这张优惠票免费搭乘一次票价不超过地铁票价的公交车。"在有效期内"是指开始乘公交车的时间与开始乘地铁的时间之差小于等于 45 分钟，即

$$t_{bus} - t_{subway} \leqslant 45$$

（2）搭乘地铁获得的优惠票可以累积，即可以连续搭乘若干次地铁后，再连续使用优惠票搭乘公交车。

（3）搭乘公交车时，如果可以使用优惠票，则一定会使用优惠票；如果有多张优惠票满足条件，则优先消耗获得最早的优惠票。

现在你得到了小轩最近的公共交通出行记录，能帮他算算开销吗？

【输入格式】

输入文件名为 transfer.in。

输入文件的第一行包含一个正整数 n，代表乘车记录的数量。

接下来的 n 行，每行包含 3 个整数，相邻两数之间以一个空格分隔。第 i 行的第 1 个整数代表第 i 条记录乘坐的交通工具，0 代表地铁，1 代表公交车；第 2 个整数代表第 i 条记录乘车的票价 $price_i$；第三个整数代表第 i 条记录开始乘车的时间 t_i（单位分钟，距 0 时刻的时间）。

我们保证出行记录是按照开始乘车的时间顺序给出的，且不会有两次乘车记录出现在同一分钟。

【输出格式】

输出文件名为 transfer.out。

输出文件有一行，包含一个正整数，代表小轩出行的总花费。

【样例 1 输入】

```
6
0 10 3
1 5 46
0 12 50
1 3 96
0 5 110
1 6 135
```

【样例 1 输出】

```
36
```

【样例 1 解释】

第一条记录，在第 3 分钟花费 10 元乘坐地铁。

第二条记录，在第 46 分钟乘坐公交车，可以使用第一条记录中乘坐地铁获得的优惠票，因此没有花费。

第三条记录，在第 50 分钟花费 12 元乘坐地铁。

第四条记录，在第 96 分钟乘坐公交车，由于距离第三条记录中乘坐地铁已超过 45 分钟，所以优惠票已失效，花费 3 元乘坐公交车。

第五条记录，在第 110 分钟花费 5 元乘坐地铁。

第六条记录，在第 135 分钟乘坐公交车，由于此时手中只有第五条记录中乘坐地铁获得的优惠票有效，而本次公交车的票价为 6 元，高于第五条记录中地铁的票价 5 元，所以不能使用优惠票，花费 6 元乘坐公交车。

总共花费 36 元。

【样例 2 输入】

```
6
0 5 1
0 20 16
0 7 23
1 18 31
1 4 38
1 7 68
```

【样例 2 输出】

```
32
```

【样例 2 解释】

第一条记录，在第 1 分钟花费 5 元乘坐地铁。

第二条记录，在第 16 分钟花费 20 元乘坐地铁。

第三条记录，在第 23 分钟花费 7 元乘坐地铁。

第四条记录，在第 31 分钟乘坐公交车，此时只有第二条记录中乘坐的地铁票价高于本次公交车票价，所以使用第二条记录中乘坐地铁获得的优惠票。

第五条记录，在第 38 分钟乘坐公交车，此时第一条和第三条记录中乘坐地铁获得的优惠票都可以使用，使用获得最早的优惠票，即第一条记录中乘坐地铁获得的优惠票。

第六条记录，在第 68 分钟乘坐公交车，使用第三条记录中乘坐地铁获得的优惠票。

总共花费 32 元。

【样例 3】

见选手目录下的 transfer/transfer3.in 和 transfer/transfer3.ans（见 CCF 官方网站）。

【数据规模与约定】

对于 30% 的数据，$n \leq 1000$，$t_i \leq 10^6$。

另有 15% 的数据，$t_i \leq 10^7$，$price_i$ 都相等。

另有 15% 的数据，$t_i \leq 10^9$，$price_i$ 都相等。

对于 100% 的数据，$n \leq 10^5$，$t_i \leq 10^9$，$1 \leq price_i \leq 1000$。

【分析】

这是一道模拟题，需要按照题目规则进行模拟。

对于每次选择的交通工具，如果是地铁，需要花费票价并得到一张优惠票。如果是公交车，则需要查询之前所有的优惠票，找到时间最早、45 分钟内、票价大于等于当前票价且没使用过的优惠票。可以使用结构体来存储每次交通方式的类型、票价、时间。由于每次乘坐地铁的记录都对应着一张优惠票，因此还需要再记录地铁对应的优惠票是否用过，最后按照题意模拟即可。

每次乘坐公交车时，从第一次出行记录开始往后查询优惠票，程序的时间复杂度会是 $O(n^2)$，只能拿到 30 分。注意，题目保证了不会有两次乘车记录出现在同一分钟，因此 45 分钟内的地铁乘坐记录只会出现在最近的 45 次记录中。这样每次乘坐公交车时只需要在最近 45 次记录中查询优惠票，把程序的时间复杂度降到了 $O(45n)$。

【参考代码】

```cpp
#include <bits/stdc++.h>
using namespace std;
struct Node
{
    bool type;
    int price;
    int t;
    bool used;
};
Node a[100005];
long long n, ans;
int main()
{
    ios::sync_with_stdio(false);
    cin.tie(0);
```

```
    cin >> n;
    for (int i = 0; i < n; i++)
    {
        cin >> a[i].type >> a[i].price >> a[i].t;
        if (a[i].type == 0)
            a[i].used = false; //如果是地铁，标记有一张未使用的优惠票
        else
            a[i].used = true;
    }
    ans = 0;
    for (int i = 0; i < n; i++)
    {
        //地铁直接乘坐
        if (a[i].type == 0)
            ans += a[i].price;
        else
        {
            bool f = false;
            //查找前45个交通方式，找到合适的优惠票
            for (int j = max(0, i - 45); j < i; j++)
            {
                if (a[j].used == false && a[i].t - a[j].t <= 45 &&
                    a[j].price >= a[i].price)
                {
                    f = true;
                    a[j].used = true;
                    break;
                }
            }
            //没有优惠票，就原价乘坐公交车
            if (!f)
                ans += a[i].price;
        }
    }
    cout << ans << endl;
    return 0;
}
```

纪念品

【题目描述】

小伟突然获得了一种超能力，他可以预知未来 T 天 N 种纪念品每天的价格。某个纪念品的价格是指购买一个该纪念品所需的金币数量，以及卖出一个该纪念品换回的金币数量。

每天，小伟可以**无限次**进行以下两种交易。

（1）任选一个纪念品，若手上有足够多的金币，以当日价格购买该纪念品。

（2）卖出持有的任意一个纪念品，以当日价格换回金币。

每天卖出纪念品换回的金币可以**立即**用于购买纪念品，当日购买的纪念品也可以当日卖出换回金币。当然，一直持有纪念品也是可以的。

假设 T 天之后小伟的超能力消失，他必须在第 T 天卖出**所有**纪念品换回金币。

小伟现在有 M 枚金币，他想要在超能力消失后拥有尽可能多的金币。

【输入格式】

输入文件名为 souvenir.in。

第一行包含 3 个正整数，相邻两数之间以一个空格分开，分别代表未来天数 T、纪念品数量 N、小伟现在拥有的金币数量 M。

接下来 T 行，每行包含 N 个正整数，相邻两数之间以一个空格分隔。第 i 行的 N 个正整数分别为 $P_{i,1}, P_{i,2}, \cdots, P_{i,N}$，其中 $P_{i,j}$ 表示第 i 天第 j 种纪念品的价格。

【输出格式】

输出文件名为 souvenir.out。

输出仅一行，包含一个正整数，用于表示小伟在超能力消失后最多能拥有的金币数量。

【样例 1 输入】

```
6 1 100
50
20
25
20
25
50
```

【样例 1 输出】

```
305
```

【样例 1 解释】

最佳策略如下。

（1）第二天花光所有 100 枚金币买入 5 个纪念品 1。

（2）第三天卖出 5 个纪念品 1，获得金币 125 枚。

（3）第四天买入 6 个纪念品 1，剩余 5 枚金币。

（4）第六天必须卖出所有纪念品换回 300 枚金币，第四天剩余 5 枚金币，共 305 枚金币。

超能力消失后，小伟最多拥有 305 枚金币。

【样例 2 输入】

```
3 3 100
10 20 15
15 17 13
15 25 16
```

【样例 2 输出】

```
217
```

【样例 2 解释】

最佳策略如下。

（1）第一天花光所有金币买入 10 个纪念品 1。

（2）第二天卖出全部纪念品 1，得到 150 枚金币并买入 8 个纪念品 2 和 1 个纪念品 3，剩余 1 枚金币。

（3）第三天必须卖出所有纪念品，换回 216 枚金币，第二天剩余 1 枚金币，共 217 枚金币。

超能力消失后，小伟最多拥有 217 枚金币。

【样例 3】

见选手目录下的 souvenir/souvenir3.in 和 souvenir/souvenir3.ans（见 CCF 官方网站）。

【数据规模与约定】

对于 10% 的数据，T=1。

对于 30% 的数据，T ≤ 4，N ≤ 4，M ≤ 100，所有价格 $10 \leq P_{i,j} \leq 100$。

另有 15% 的数据，T ≤ 100，N=1。

另有 15% 的数据，T=2，N ≤ 100。

对于 100% 的数据，T ≤ 100，N ≤ 100，$M \leq 10^3$，所有价格 $1 \leq P_{i,j} \leq 10^4$，数据保证任意时刻，小伟手上的金币数不可能超过 10^4。

【分析】

这道题已知 N 件物品未来 T 天的价格，需要通过交易来让手中的 M 枚金币尽可能变多，并且交易不限次数且没有手续费。

首先看数据范围：对于 T=1 的 10 分，因为只有一天，所以每件物品只有一个价格，无论进行多少次买卖，钱都不会变多。因此 T=1 时直接输出 M 即可；对于 N=1 的 15 分，只有一件商品，那么只要明天比今天贵，今天应该能买多少就买多少。因为明天可以先直接全部卖掉，这样就实现了赚钱最大化，然后再考虑明天是否重新买回。

由 N=1 的情况进一步总结得出，对于每一天的每件物品，就是使用当天的价格赚取今明两天的差价。这实际上是一个完全背包问题的模型，每天都是一轮完全背包问题。每一天手中的金币为背包总体积，每件物品的体积就是物品当天的价格，每件物品的价值就是当天与次日的价格差，这样做一次完全背包就能计算出来每天最多能赚多少钱。程序的时间复杂度是 O(NMT)。

【参考代码】

```cpp
#include <bits/stdc++.h>
using namespace std;
int t, n, m;
int a[105][105]; //a[i][j]：第i天，j号物品的价格
int f[10005];
int main()
{
    ios::sync_with_stdio(false);
    cin.tie(0);
    cin >> t >> n >> m;
    for (int i = 0; i < t; i++)
        for (int j = 0; j < n; j++)
            cin >> a[i][j];
    //一天天做，比较今天与明天
    for (int i = 0; i < t - 1; i++)
    {
        //考虑每一件物品
        memset(f, 0, sizeof(f));
        for (int j = 0; j < n; j++)
        {
            if (a[i + 1][j] > a[i][j])
            {
                //体积：a[i][j]，价值：a[i+1][j] - a[i][j]
                for (int k = a[i][j]; k <= m; k++)
                {
                    f[k] = max(f[k],
```

```
                            f[k - a[i][j]] + a[i + 1][j] - a[i][j]);
                }
            }
        }
        //每一件物品考虑完后,f[m]即m元最多赚的钱
        m += f[m];
    }
    cout << m << endl;
    return 0;
}
```

加工零件

【题目描述】

凯凯的工厂正在有条不紊地生产一种神奇的零件。工厂里有 n 位工人，工人们按 1～n 的顺序编号。某些工人之间存在双向的零件传送带。可以保证的是，每两名工人之间最多只存在一条传送带。

如果 x 号工人想生产一个被加工到第 L（L>1）阶段的零件，则**所有**与 x 号工人有传送带**直接**相连的工人，都需要生产一个被加工到第 L-1 阶段的零件（但 x 号工人自己**无须**生产第 L-1 阶段的零件）。

如果 x 号工人想生产一个被加工到第 1 阶段的零件，则**所有**与 x 号工人有传送带**直接**相连的工人，都需要为 x 号工人提供一个原材料。

轩轩是 1 号工人。现在给出 q 张工单，第 i 张工单表示编号为 a_i 的工人想生产一个第 L_i 阶段的零件。轩轩想知道对于每张工单，他是否需要给别人提供原材料。他知道聪明的你一定可以帮他计算出来！

【输入格式】

输入文件名为 work.in。

第一行 3 个正整数 n、m 和 q，分别表示工人的数目、传送带的数目和工单的数目。

接下来的 m 行，每行两个正整数 u 和 v，表示编号为 u 和 v 的工人之间存在一条零件传送带。保证 u ≠ v。

接下来的 q 行，每行两个正整数 a 和 L，表示编号为 a 的工人想生产一个第 L 阶段的零件。

【输出格式】

输出文件名为 work.out。

输出共 q 行，每行一个字符串 Yes 或者 No。如果按照第 i 张工单生产，需要编号为 1 的轩轩提供原材料，则在第 i 行输出 Yes；否则，在第 i 行输出 No。注意，输出不含引号。

【样例 1 输入】

```
3 2 6
1 2
2 3
1 1
2 1
3 1
1 2
2 2
3 2
```

【样例 1 输出】

```
No
Yes
No
Yes
No
Yes
```

【样例 1 解释】

编号为 1 的工人想生产第 1 阶段的零件，需要编号为 2 的工人提供原材料。

编号为 2 的工人想生产第 1 阶段的零件，需要编号为 1 和 3 的工人提供原材料。

编号为 3 的工人想生产第 1 阶段的零件，需要编号为 2 的工人提供原材料。

编号为 1 的工人想生产第 2 阶段的零件，需要编号为 2 的工人生产第 1 阶段的零件，需要编号为 1 和 3 的工人提供原材料。

编号为 2 的工人想生产第 2 阶段的零件，需要编号为 1 和 3 的工人生产第 1 阶段的零件，他/她们都需要编号为 2 的工人提供原材料。

编号为 3 的工人想生产第 2 阶段的零件，需要编号为 2 的工人生产第 1 阶段的零件，需要编号为 1 和 3 的工人提供原材料。

【样例 2 输入】

```
5 5 5
1 2
2 3
3 4
4 5
1 5
1 1
1 2
1 3
1 4
1 5
```

【样例 2 输出】

```
No
Yes
No
Yes
Yes
```

【样例 2 解释】

编号为 1 的工人想生产第 1 阶段的零件，需要编号为 2 和 5 的工人提供原材料。

编号为 1 的工人想生产第 2 阶段的零件，需要编号为 2 和 5 的工人生产第 1 阶段的零件，需要编号为 1、3、4 的工人提供原材料。

编号为 1 的工人想生产第 3 阶段的零件，需要编号为 2 和 5 的工人生产第 2 阶段的零件，需要编号为 1、3、4 的工人生产第 1 阶段的零件，需要编号为 2、3、4、5 的工人提供原材料。

编号为 1 的工人想生产第 4 阶段的零件，需要编号为 2 和 5 的工人生产第 3 阶段的零件，需要编号为 1、3、4 的工人生产第 2 阶段的零件，需要编号为 2、3、4、5 的工人生产第 1 阶段的零件，需要全部工人提供原材料。

编号为1的工人想生产第5阶段的零件，需要编号为2和5的工人生产第4阶段的零件，需要编号为1、3、4的工人生产第3阶段的零件，需要编号为2、3、4、5的工人生产第2阶段的零件，需要全部工人生产第1阶段的零件，需要全部工人提供原材料。

【样例3】
见选手目录下的 work/work3.in 和 work/work3.ans（见 CCF 官方网站）。

【数据规模与约定】
共 20 个测试点。
$1 \leq u,v,a \leq n$。
测试点 1～4，$1 \leq n,m \leq 1000$，q=3，L=1。
测试点 5～8，$1 \leq n,m \leq 1000$，q=3，$1 \leq L \leq 10$。
测试点 9～12，$1 \leq n,m,L \leq 1000$，$1 \leq q \leq 100$。
测试点 13～16，$1 \leq n,m,L \leq 1000$，$1 \leq q \leq 10^5$。
测试点 17～20，$1 \leq n,m,q \leq 10^5$，$1 \leq L \leq 10^9$。

【分析】
此题是一道图论的题目，可以将每个工人看作一个点，将双向的零件传送带看作无向边。

直观的做法是按照题目描述的规则，使用递归直接模拟，这样可以通过前 8 个测试点拿到 40 分。对于满分的做法，需要观察这个无向图自身的性质，容易发现当 x 号点生产一个 L 阶段的零件时，如果能找到一条从 x 号点到 1 号点距离为 L 的路径，那么就需要 1 号点提供原材料。

通过样例2的情况，我们发现3号点到1号点有两条简单路径，即 3→2→1 与 3→4→5→1。那么，如果 3 号点想生产第 1 阶段的零件，因为两条简单路径的最短长度是 2，因此至少需要生产第 2 阶段的零件才能到达 1 号点。此外，所有大于 2 的偶数阶段也都是需要 1 号点给原材料的，因此会有 3→2→1…→2→1 这样的方式使得 1 号点需要提供原材料。同理可得，所有大于等于 3 的奇数阶段也会需要 1 号点提供原材料，因为可以通过 3→4→5→1…→5→1 的方式到达 1 号点，如图 9.1 所示。

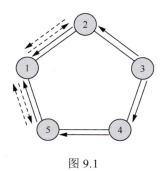

图 9.1

由此可以得出，只需要预处理出 1 号点到其他所有点的最短奇数路径与最短偶数路径的长度。当 x 号点生产一个 L 阶段的零件时，如果 L 是奇数并且 L 大于等于 x 号点到 1 号点的最短奇数路径长度，就需要 1 号点提供原材料。如果 L 是偶数并且 L 大于等于 x 号点到 1 号点的最短偶数路径长度，就需要 1 号点提供原材料。

【参考代码】

```cpp
#include <bits/stdc++.h>
using namespace std;
int n, m, Q;
//g[i]存储所有与i相连的点
vector<int> g[100005];
//odd[i]：从1到i的最短奇数路径的长度
//even[i]：从1到i的最短偶数路径的长度
int odd[100005], even[100005];
queue<int> q;
int main()
{
    ios::sync_with_stdio(false);
    cin.tie(0);
    cin >> n >> m >> Q;
    for (int i = 1; i <= m; i++)
    {
        int u, v;
        cin >> u >> v;
        g[u].push_back(v);
        g[v].push_back(u);
    }
    memset(odd, 0x3f, sizeof(odd));
    memset(even, 0x3f, sizeof(even));
    even[1] = 0;
    q.push(1);
    while (!q.empty())
    {
        int u = q.front();
        q.pop();
        for (int i = 0; i < g[u].size(); i++)
        {
            int v = g[u][i];
            //u->i
            bool flag = false; //是否有优化
            if (odd[u] + 1 < even[v])
            {
                even[v] = odd[u] + 1;
                flag = true;
            }
            if (even[u] + 1 < odd[v])
            {
                odd[v] = even[u] + 1;
                flag = true;
            }
            if (flag)
                q.push(v);
        }
    }
    for (int i = 1; i <= Q; i++)
    {
        int a, L;
        cin >> a >> L;
        if (L % 2 == 0 && even[a] <= L)
            cout << "Yes" << endl;
        else if (L % 2 == 1 && odd[a] <= L)
            cout << "Yes" << endl;
        else
```

```
        cout << "No" << endl;
    }
    return 0;
}
```

9.2 2020 年真题讲解

"优秀的拆分"（power）

【题目描述】

一般来说，一个正整数可以拆分成若干个正整数的和。例如，1=1，10=1+2+3+4 等。

对于正整数 n 的一种特定拆分，我们称它为"优秀的拆分"，当且仅当在这种拆分下，n 被分解为若干个**不同**的 2 的**正整数**次幂。注意，一个数 x 能被表示成 2 的正整数次幂，当且仅当 x 能通过正整数个 2 相乘在一起得到。

例如，$10=8+2=2^3+2^1$ 是一个"优秀的拆分"。但是，$7=4+2+1=2^2+2^1+2^0$ 就不是一个"优秀的拆分"，因为 1 不是 2 的正整数次幂。

现在，给定正整数 n，你需要判断这个数的所有拆分中是否存在"优秀的拆分"。若存在，请给出具体的拆分方案。

【输入格式】

输入文件名为 power.in。

输入文件只有一行——一个整数 n，代表需要判断的数。

【输出格式】

输出文件名为 power.out。

如果这个数的所有拆分中存在"优秀的拆分"，那么你需要按照**从大到小**的顺序输出这个拆分中的每一个数，且将相邻两个数用一个空格隔开。可以证明，在规定了拆分数字的顺序后，该拆分方案是唯一的。

若不存在"优秀的拆分"，则输出"-1"（不包含双引号）。

【样例 1 输入】

6

【样例 1 输出】

4 2

【样例 1 解释】

$6=4+2=2^2+2^1$ 是一个"优秀的拆分"。注意，6=2+2+2 不是一个"优秀的拆分"，因为拆分成的 3 个数不满足每个数互不相同。

【样例 2 输入】

7

【样例 2 输出】

-1

【样例 3】
见选手目录下的 power/power3.in 与 power/power3.ans（见 CCF 官方网站）。
【数据范围与提示】
对于 20% 的数据，$n \leq 10$。
对于另外 20% 的数据，保证 n 为奇数。
对于另外 20% 的数据，保证 n 为 2 的正整数次幂。
对于 80% 的数据，$n \leq 1024$。
对于 100% 的数据，$1 \leq n \leq 10^7$。
【分析】
显然，当 n 为偶数时，n 的二进制数里的每一个"1"都对应一个 2 的正整数次幂，且这些正整数次幂互不相同，因此每次都寻找最大的并且不大于 n 的 2 的正整数次幂，再用 n 减去这个正整数次幂，继续寻找，直到 n 变为 0。
【参考代码】

```cpp
#include <bits/stdc++.h>
using namespace std;
int n;
int main()
{
    ios::sync_with_stdio(false);
    cin.tie(0);
    cin >> n;
    if (n % 2 == 1)
        cout << -1 << endl;
    else
    {
        //找到第一个大于等于n的2的正整数次幂
        int p = 1;
        while (p < n)
            p *= 2;
        //拆分n
        while (n > 0)
        {
            //找到不大于n的最大的2的正整数次幂
            while (p > n)
                p /= 2;
            cout << p << " ";
            n -= p;
        }
    }
    return 0;
}
```

直播获奖（live）

【题目描述】

NOI 2130 即将举行。为了增加观赏性，CCF 决定逐一评出每个选手的成绩，并直播即时的获奖分数线。假设本次竞赛的获奖率为 w%，即当前排名前 w% 的选手的最低成绩就是即时的分数线。

更具体地，若当前已评出了 p 个选手的成绩，则当前计划获奖人数为 max(1,[p*w%])，其中 w 是获奖百分比，[x] 表示对 x 向下取整，max(x,y) 表示 x 和 y 中较大的数。如有选手成绩相同，则所有成绩并列的选手都能获奖，因此实际获奖人数可能比计划的多。

作为评测组的技术人员，请你帮 CCF 写一个直播程序。

【输入格式】

输入文件名为 live.in。

第一行有两个整数 n 和 w，分别代表选手总数与获奖率。

第二行有 n 个非负整数，依次代表逐一评出的选手成绩。

【输出格式】

输出文件名为 live.out。

只有一行，包含 n 个非负整数，依次代表选手成绩逐一评出后即时的获奖分数线。请将相邻两个整数用一个空格分隔。

【样例 1 输入】

```
10 60
200 300 400 500 600 600 0 300 200 100
```

【样例 1 输出】

```
200 300 400 400 400 500 400 400 300 300
```

【样例 1 解释】

本题的解释见表 9.1。

表 9.1

已评测选手人数	1	2	3	4	5	6	7	8	9	10
计划获奖人数	1	1	1	2	3	3	4	4	5	6
已评测选手的分数从高到低排列（其中，分数线用粗体加黑标出）	**200**	**300** 200	**400** 300 200	500 **400** 300 200	600 500 **400** 300 200	600 600 **500** 400 300 200	600 600 500 **400** 300 200 0	600 600 500 **400** 300 300 200 0	600 600 500 400 **300** 300 200 200 0	600 600 500 400 300 **300** 200 200 100 0

注意，在第 9 名选手的成绩评出之后，计划获奖人数为 5 人，但由于选手的分数有并列的情况，因此实际会有 6 人获奖。

【样例 2 输入】

```
10 30
100 100 600 100 100 100 100 100 100 100
```

【样例 2 输出】

```
100 100 600 600 600 600 100 100 100 100
```

【样例 3】
见选手目录下的 live/live3.in 与 live/live3.ans（见 CCF 官方网站）。

【数据范围与提示】
本题目的测试点编号及 n 的取值见表 9.2。

表 9.2

测试点编号	n
1～3	10
4～6	500
7～10	2000
11～17	10000
18～20	100000

对于所有测试点，每个选手的成绩均为不超过 600 的非负整数，获奖百分比 w 是一个正整数，且 $1 \leq w \leq 99$。

在计算计划获奖人数时，如用浮点类型的变量（如 C/C++ 中的 float、double，Pascal 中的 real、double、extended 等）存储获奖比例 w%，则计算 5×60% 时的结果可能为 3.000001，也可能为 2.999999，向下取整后的结果不确定。因此，建议仅使用整型变量，以计算出准确值。

【分析】
要求解这道题目，只需要模拟一个实时排序的过程，计算出实时分数线。

无论是使用插入排序，还是归并排序、快速排序，甚至直接调用 sort() 函数，由于每次都要重新执行一轮排序，因此总的时间复杂度是 $O(n^2)$ 或者 $O(n^2 \log n)$，都不能拿到满分。需要注意的是，每个选手的分数都在 600 以内，因此你可以使用计数排序，这样在每一轮里，用 $O(1)$ 的复杂度新增一个分数，然后使用最多 600 次的循环即可找到分数线。

【参考代码】

```cpp
#include <bits/stdc++.h>
using namespace std;
int n, w, x, num, cnt[601];
int main()
{
    ios::sync_with_stdio(false);
    cin.tie(0);
    cin >> n >> w;
    memset(cnt, 0, sizeof(cnt));
    for (int i = 1; i <= n; i++)
    {
        cin >> x;
        cnt[x]++; //计数排序
        //找分数线
        num = max(i * w / 100, 1);
        for (int j = 600; j >= 0; j--)
        {
            if (num > cnt[j])
                num -= cnt[j];
            else
```

```
            {
                cout << j << " ";
                break;
            }
        }
    }
    return 0;
}
```

表达式（expr）

【题目描述】

小 C 热衷于学习数理逻辑。有一天，他发现了一种特别的逻辑表达式。在这种逻辑表达式中，所有操作数都是变量，且它们的取值只能为 0 或 1，运算从左往右进行。如果表达式中有括号，则先计算括号内的子表达式的值。特别地，这种表达式有且仅有以下几种运算。

（1）与运算：a & b。当且仅当 a 和 b 的值都为 1 时，该表达式的值为 1。其余情况该表达式的值为 0。

（2）或运算：a | b。当且仅当 a 和 b 的值都为 0 时，该表达式的值为 0。其余情况该表达式的值为 1。

（3）取反运算：!a。当且仅当 a 的值为 0 时，该表达式的值为 1。其余情况该表达式的值为 0。

小 C 想知道，给定一个逻辑表达式和其中每一个操作数的初始取值后，再取反某一个操作数的值时，原表达式的值为多少。

为了化简对表达式的处理，我们给出约定：表达式将采用**后缀表达式**的方式输入。

后缀表达式的定义如下。

（1）如果 E 是一个操作数，则 E 的后缀表达式是它本身。

（2）如果 E 是 E_1 op E_2 形式的表达式，其中，op 是任何二元操作符，且优先级不高于 E_1、E_2 中括号外的操作符，则 E 的后缀式为$E_1'E_2'$ op，其中，E_1'、E_2'分别为 E_1、E_2 的后缀式。

（3）如果 E 是 (E_1) 形式的表达式，则 E_1 的后缀式就是 E 的后缀式。

同时为了方便，输入中应遵循如下规则。

- 与运算符（&）、或运算符（|）、取反运算符（!）的左右**均有一个空格**，但表达式末尾**没有空格**。
- 操作数由小写字母 x 与一个正整数拼接而成，正整数表示这个变量的下标。例如，x10 表示下标为 10 的变量 x_{10}。数据保证**每个变量在表达式中恰好出现一次**。

【输入格式】

输入文件名为 expr.in。

第一行包含一个字符串 s，表示上文描述的表达式。

第二行包含一个正整数 n，表示表达式中变量的数量。表达式中变量的下标为 1,2,⋯,n。

第三行包含 n 个整数，第 i 个整数表示变量 x_i 的初值。

第四行包含一个正整数 q，表示询问的个数。

接下来的 q 行，每行一个正整数，表示需要取反的变量的下标。注意，每一个询问的修改都是**临时的**，即之前询问中的修改不会对后续的询问造成影响。

数据保证输入的表达式合法。变量的初值为 0 或 1。

【输出格式】

输出文件名为 expr.out。

输出一共有 q 行，每行一个 0 或 1，表示该询问下表达式的值。

【样例 1 输入】

```
x1 x2 & x3 |
3
1 0 1
3
1
2
3
```

【样例 1 输出】

```
1
1
0
```

【样例 1 解释】

该后缀表达式的中缀表达式形式为 $(x_1 \& x_2) | x_3$。

对于第一次询问，将 x_1 的值取反。此时，3 个操作数对应的赋值依次为 0，0，1。原表达式的值为 (0&0) | 1=1。

对于第二次询问，将 x_2 的值取反。此时，3 个操作数对应的赋值依次为 1，1，1。原表达式的值为 (1&1) | 1=1。

对于第三次询问，将 x_3 的值取反。此时，3 个操作数对应的赋值依次为 1，0，0。原表达式的值为 (1&0) | 0=0。

【样例 2 输入】

```
x1 ! x2 x4 | x3 x5 ! & & ! &
5
0 1 0 1 1
3
1
3
5
```

【样例 2 输出】

```
0
1
1
```

【样例 2 解释】

该表达式的中缀表达式形式为 $(!x_1)\&(!((x_2|x_4)\&(x_3\&(!x_5))))$。

【样例 3】

见选手目录下的 expr/expr3.in 与 expr/expr3.ans（见 CCF 官方网站）。

【数据范围与提示】

对于 20% 的数据，表达式中有且仅有与运算（&）或者或运算（|）。

对于另外 30% 的数据，|s| ≤ 1000，q ≤ 1000，n ≤ 1000。
对于另外 20% 的数据，变量的初值全为 0 或全为 1。
对于 100% 的数据，$1 \leq |s| \leq 1 \times 10^6$，$1 \leq q \leq 1 \times 10^5$，$2 \leq n \leq 1 \times 10^5$。
其中，|s| 表示字符串 s 的长度。

【分析】

这道题给了一个包含 n 个变量的逻辑表达式，以及 n 个变量的初值。需要在算出表达式的初始值后，处理 q 个问题，每次计算某个变量取反后是否会影响表达式的初始值。

对于 20% 的数据，由于仅有与运算或者或运算，因此这部分数据是非常好处理的。比如仅有与运算，那么当变量初始值全为 1 时，无论哪个变量取反，都会让表达式变为 0。当变量初始值只有一个 0 时，表达式初始值为 0，只有初始值为 0 的变量取反会让表达式的值变为 1，其他的变量取反的话，表达式的值都仍然为 0。当变量初始值有多于一个 0 时，无论哪个变量取反，表达式的值都会保持为 0。

对于另外 30% 的数据，由于 n 与 q 都比较小，可以每次都重新计算完整的表达式的值。但是，对于 100% 的数据，我们需要先通过后缀表达式构建一棵表达式树，表示变量的节点编号是从 1 到 n，表示运算的节点编号从 n+1 开始。紧接着可以用一次 dfs() 函数求出表达式最初的取值，并得到每个子节点的取反是否会影响根节点的值。如果与运算节点的一个子节点为 0，那么另一个子节点的取值不会影响最终结果。如果或运算节点的一个子节点为 1，那么另一个子节点的取值不会影响最终结果。

当某个节点不会影响最终结果时，它的所有子节点也不会影响最终结果。可以再进行一次 dfs() 函数运算，自上而下看每个节点，如果它的父节点不会影响最终结果，那么它也一定不会影响最终结果。

最后，依次处理每个询问，如果当前变量不会影响最终结果，那么输出初始的结果，否则把初始结果取反后输出。

【参考代码】

```
#include <bits/stdc++.h>
using namespace std;
string s;
stack<int> sta;
int a[1000005];
int son[1000005][2], tot;
int flag[1000005], c[1000005];
int n, q;
int dfs(int u, int g)
{
    a[u] ^= g;
    if (u <= n)
    {
        return a[u];
    }
    int x = dfs(son[u][0], g ^ flag[son[u][0]]);
    int y = dfs(son[u][1], g ^ flag[son[u][1]]);
    if (a[u] == 2)
    {
        if (x == 0)
            c[son[u][1]] = 1;
        if (y == 0)
```

```
                c[son[u][0]] = 1;
            return x & y;
        }
        else
        {
            if (x == 1)
                c[son[u][1]] = 1;
            if (y == 1)
                c[son[u][0]] = 1;
            return x | y;
        }
}
void dfs2(int u)
{
    if (u <= n)
        return;
    c[son[u][0]] |= c[u];
    c[son[u][1]] |= c[u];
    dfs2(son[u][0]);
    dfs2(son[u][1]);
}
int main()
{
    ios::sync_with_stdio(false);
    cin.tie(0);
    getline(cin, s);
    cin >> n;
    tot = n;
    for (int i = 1; i <= n; i++)
        cin >> a[i];
    for (int i = 0; i < s.length(); i += 2)
    {
        if (s[i] == 'x')
        {
            int x = 0;
            i++;
            while (s[i] != ' ')
            {
                x = x * 10 + s[i] - '0';
                i++;
            }
            i--;
            sta.push(x);
        }
        else if (s[i] == '&')
        {
            int x = sta.top();
            sta.pop();
            int y = sta.top();
            sta.pop();
            sta.push(++tot);
            a[tot] = 2;
            son[tot][0] = x;
            son[tot][1] = y;
        }
        else if (s[i] == '|')
        {
            int x = sta.top();
```

```
            sta.pop();
            int y = sta.top();
            sta.pop();
            sta.push(++tot);
            a[tot] = 3;
            son[tot][0] = x;
            son[tot][1] = y;
        }
        else if (s[i] == '!')
        {
            flag[sta.top()] ^= 1;
        }
    }
    int ans = dfs(tot, flag[tot]);
    dfs2(tot);
    cin >> q;
    while (q--)
    {
        int x;
        cin >> x;
        if (c[x])
            cout << ans << endl;
        else
            cout << !ans << endl;
    }
    return 0;
}
```

方格取数（number）

【题目描述】

设有 n×m 的方格图，每个方格中都有一个整数。现有一只小熊，想从图的左上角走到右下角，每一步只能向上、向下或向右走一格，并且不能重复经过已经走过的方格，也不能走出边界。小熊会取走所有经过的方格中的整数，求它能取到的整数之和的最大值。

【输入格式】

输入文件名为 number.in。

第一行有两个整数 n,m。

接下来 n 行，每行 m 个整数，依次代表每个方格中的整数。

【输出格式】

输出文件名为 number.out。

输出为一个整数，表示小熊能取到的整数之和的最大值。

【样例 1 输入】

3 4
1 -1 3 2
2 -1 4 -1
-2 2 -3 -1

【样例 1 输出】

【样例 1 解释】

按图 9.2 所示的走法,取到的数之和为 1+2+(−1)+4+3+2+(−1)+(−1)=9,可以证明为最大值。

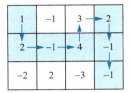

图 9.2

注意,图 9.3 所示的走法是错误的,因为第 2 行第 2 列的方格走过了两次,而根据题意,不能重复经过已经走过的方格。

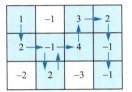

图 9.3

另外,图 9.4 所示的走法也是错误的,因为没有走到右下角的终点。

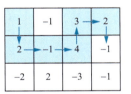

图 9.4

【样例 2 输入】

```
2 5
-1 -1 -3 -2 -7
-2 -1 -4 -1 -2
```

【样例 2 输出】

```
-10
```

【样例 2 解释】

按图 9.5 所示的走法,取到的数之和为 (−1)+(−1)+(−3)+(−2)+(−1)+(−2)=−10,可以证明为最大值。因此,请注意,取到的数之和的最大值可能是负数。

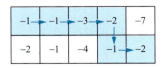

图 9.5

【样例 3】
见选手目录下的 number/number3.in 与 number/number3.ans（见 CCF 官方网站）。
【数据范围与提示】
对于 20% 的数据，n,m ≤ 5。
对于 40% 的数据，n,m ≤ 50。
对于 70% 的数据，n,m ≤ 300。
对于 100% 的数据，$1 \leq n,m \leq 10^3$。方格中整数的绝对值不超过 10^4。
【分析】
这道题题意比较简单，基础分也给得比较明确，直接按照题意深搜处理的话，时间复杂度为 O(3nm)，就能拿到 20 分了。对于 100% 的数据，如果用 f[x][y] 存储走到位置 (x,y) 时的最大和，由于既可以往上走又可以往下走，因此可以再增加一个维度 z，用来记录上一步是从上往下走过来的还是从下往上走过来的。在具体的代码中，使用递推、动态规划或者记忆化搜索都可以。下面的参考代码采用了记忆化搜索的方法。
【参考代码】

```
#include <bits/stdc++.h>
using namespace std;
long long INF = 20000000000LL;
long long n, m;
long long a[1005][1005], f[1005][1005][2];
//记忆化搜索，当前位置 (x,y)
long long dfs(long long x, long long y, long long z)
{
    if (x < 1 || x > n || y < 1 || y > m)
        return -INF;
    if (f[x][y][z] != -INF)
        return f[x][y][z];
    if (z == 0)
        f[x][y][z] = max(max(dfs(x + 1, y, 0),
                             dfs(x, y - 1, 0)),
                         dfs(x, y - 1, 1)) +
                     a[x][y];
    else
        f[x][y][z] = max(max(dfs(x - 1, y, 1),
                             dfs(x, y - 1, 0)),
                         dfs(x, y - 1, 1)) +
                     a[x][y];
    return f[x][y][z];
}
int main()
{
    ics::sync_with_stdio(false);
    cin.tie(0);
    cin >> n >> m;
    for (long long i = 1; i <= n; ++i)
        for (long long j = 1; j <= m; ++j)
        {
            cin >> a[i][j];
            f[i][j][0] = f[i][j][1] = -INF;
        }
    f[1][1][0] = f[1][1][1] = a[1][1];
    cout << dfs(n, m, 1) << endl;
    return 0;
}
```

9.3　2021 年真题讲解

分糖果（candy）

【题目背景】

红太阳幼儿园的小朋友们开始分糖果啦！

【题目描述】

红太阳幼儿园有 n 个小朋友，你是其中之一。n 始终大于等于 2。

有一天，你在幼儿园的后花园里发现无穷多颗糖果，你打算拿一些糖果回去分给幼儿园的小朋友们。

由于你只是个平凡的幼儿园小朋友，所以你的体力有限，至多只能拿 R 块糖回去。

但是拿的太少不够分，所以你至少要拿 L 块糖回去。保证 n ≤ L ≤ R。

也就是说，如果你拿了 k 块糖，那么需要保证 L ≤ k ≤ R。

如果你拿了 k 块糖，就把这 k 块糖放到篮子里，并要求大家按照如下方案分糖果：只要篮子里有**不少于** n 块糖果，幼儿园的所有 n 个小朋友（包括你自己）都从篮子中拿走**恰好一块糖**，直到篮子里的糖数量**少于** n 块。此时篮子里剩余的糖果均归你所有——这些糖果是**作为你搬糖果的奖励**。

作为幼儿园的小朋友，你希望让**作为你搬糖果的奖励**的糖果数量（**而不是你最后获得的总糖果数量！**）尽可能多，因此你需要写一个程序，依次输入 n、L 和 R，并输出你最多能获得多少**作为你搬糖果的奖励**的糖果数量。

【输入格式】

从文件 candy.in 中读入数据。

输入一行，包含 3 个正整数 n、L 和 R，分别表示小朋友的个数、糖果数量的下界和上界。

【输出格式】

输出到文件 candy.out 中。

输出一行，是一个整数，表示你最多能获得的**作为你搬糖果的奖励**的糖果数量。

【样例 1 输入】

7 16 23

【样例 1 输出】

6

【样例 1 解释】

拿 k=20 块糖放入篮子里。

篮子里现在糖果数 20 ≥ n=7，因此所有小朋友获得 1 块糖；

篮子里现在糖果数变成 13 ≥ n=7，因此所有小朋友获得 2 块糖；

篮子里现在糖果数变成 6<n=7，因此这 6 块糖是**作为你搬糖果的奖励**。

容易发现，你获得的**作为你搬糖果的奖励**的糖果数量不可能超过 6 块（不然，篮子里的糖果数量最后仍然不少于 n，需要继续让每个小朋友拿一块），因此答案是 6。

【样例 2 输入】

10 14 18

【样例 2 输出】

8

【样例 2 解释】

容易发现，当你拿的糖数量 k 满足 14=L≤k≤R=18 时，所有小朋友获得一块糖后，剩下的 k-10 块糖总是**作为你搬糖果的奖励**的糖果数量，因此拿 k=18 块是最优解，答案是 8。

【样例 3】

见选手目录下的 candy/candy3.in 与 candy/candy3.ans（见 CCF 官方网站）。

【数据范围与提示】

本题目的测试点编号及 n、R 和 R-L 的取值范围见表 9.3。

表 9.3

测试点编号	n	R	R-L
1	≤2	≤5	≤5
2	≤5	≤10	≤10
3	≤10^3	≤10^3	≤10^3
4	≤10^5	≤10^5	≤10^5
5	≤10^3	≤10^9	≤0
6			≤10^3
7	≤10^5		≤10^5
8	≤10^9		≤10^9
9			
10			

对于所有数据，保证 2≤n≤L≤R≤10^9。

【分析】

阅读题目容易发现，如果初始糖果有 x 块，最终得到的搬糖果的奖励就是 x%n。而这道题需要奖励尽可能多，所以就是在找除以 n 的余数的最大值。

很容易想到直接枚举 L 和 R 之间的每个数找最大值。这样直接暴力枚举的话，根据题目的数据范围，前 7 个测试点都是可以通过的，而最后 3 个测试点则可能会超时。

进一步分析后会发现，如果 L 除以 n 的商等于 R 除以 n 的商，那么余数必然是越来越大的，余数的最大值就是 R%n。而如果 L 除以 n 的商不等于 R 除以 n 的商，那么 L 和 R 之间必然存在除以 n 的余数为 n-1 的数，此时答案就是 n-1。这样时间复杂度就由 O(R-L) 降到了 O(1)，可以拿到满分。

【参考代码】

```cpp
#include <bits/stdc++.h>
using namespace std;
long long n, L, R, l1, l2, r1, r2;
int main()
{
    ios::sync_with_stdio(false);
    cin.tie(0);
    cin >> n >> L >> R;
    l1 = L / n;
    l2 = L % n;
    r1 = R / n;
    r2 = R % n;
    if (r1 > l1)
        cout << n - 1 << endl;
    else
        cout << r2 << endl;
    return 0;
}
```

插入排序（sort）

【题目描述】

插入排序是一种常见且简单的排序算法。小 Z 是一名大一新生，今天上课的时候刚听 H 老师讲了插入排序算法。

假设比较两个元素的时间为 O(1)，则插入排序可以以 $O(n^2)$ 的时间复杂度完成长度为 n 的数组的排序。不妨假设这 n 个数字分别存储在 $a_1, a_2, \cdots, a_n$ 之中，则如下伪代码给出了插入排序算法的一种最简单的实现方式。

下面是 C/C++ 的示范代码：

```cpp
for (int i = 1; i <= n; i++)
    for (int j = i; j >= 2; j--)
        if (a[j] < a[j-1]) {
            int t = a[j-1];
            a[j-1] = a[j];
            a[j] = t;
        }
```

下面是 Pascal 的示范代码：

```pascal
for i:=1 to n do
    for j:=i downto 2 do
        if a[j]<a[j-1] then
            begin
                t:=a[i];
                a[i]:=a[j];
                a[j]:=t;
            end;
```

为了帮助小 Z 更好地理解插入排序，H 老师布置了这么一道家庭作业：H 老师给了一个长度为 n 的数组 a，数组下标从 1 开始，并且数组中的所有元素均为非负整数。小 Z 需要完成在数组 a 上的 Q 次操作，操作共两种，参数分别如下。

（1）1 x v：这是第一种操作，会将 a 的第 x 个元素，也就是 a_x 的值，修改为 v。保证

$1 \leqslant x \leqslant n$, $1 \leqslant v \leqslant 10^9$。注意，这种操作会改变数组的元素，修改得到的数组会被保留，也会影响后续的操作。

（2）2 x：这是第二种操作，假设 H 老师按照**上面的伪代码**对 a 数组进行排序，你需要告诉 H 老师原来 a 的第 x 个元素（也就是 a_x）在排序后的新数组所处的位置。此处，$1 \leqslant x \leqslant n$。**注意，这种操作不会改变数组的元素，排序后的数组不会被保留，也不会影响后续的操作。**

H 老师不喜欢过多的修改，所以他要求类型 1 的操作次数不超过 5000。

小 Z 不会做这道题，他找到了你来帮助他解决这个问题。

【输入格式】

从文件 sort.in 中读入数据。

输入的第一行包含两个正整数 n 和 Q——表示数组长度和操作次数。保证 $1 \leqslant n \leqslant 8000$，$1 \leqslant Q \leqslant 2 \times 10^5$。

输入的第二行包含 n 个空格分隔的非负整数，其中第 i 个非负整数表示 a_i。保证 $1 \leqslant a_i \leqslant 10^9$。

接下来 Q 行，每行 2～3 个正整数，表示一次操作，操作格式见题目描述。

【输出格式】

输出到文件 sort.out 中。

对于每一次类型为 2 的询问，输出一行一个正整数表示答案。

【样例 1 输入】

```
3 4
3 2 1
2 3
1 3 2
2 2
2 3
```

【样例 1 输出】

```
1
1
2
```

【样例 1 解释】

在修改操作之前，假设 H 老师进行了一次插入排序，则原序列的 3 个元素在排序结束后所处的位置分别是 3,2,1。

在修改操作之后，假设 H 老师进行了一次插入排序，则原序列的 3 个元素在排序结束后所处的位置分别是 3,1,2。

注意，虽然此时 $a_2 = a_3$，但是我们**不能将其视为相同的元素**。

【样例 2】

见选手目录下的 sort/sort2.in 与 sort/sort2.ans（见 CCF 官方网站）。

该测试点数据范围同测试点 1～2。

【样例 3】

见选手目录下的 sort/sort3.in 与 sort/sort3.ans（见 CCF 官方网站）。

该测试点数据范围同测试点 3～7。

【样例 4】

见选手目录下的 sort/sort4.in 与 sort/sort4.ans（见 CCF 官方网站）。

该测试点数据范围同测试点 12～14。

【数据范围与提示】

对于所有测试数据，满足 $1 \leq n \leq 8000$，$1 \leq Q \leq 2\times10^5$，$1 \leq x \leq n$，$1 \leq v, a_i \leq 10^9$。

对于所有测试数据，保证在所有 Q 次操作中，至多有 5000 次操作属于类型一。

各测试点的附加限制及特殊性质见表 9.4。

表 9.4

测试点编号	n	Q	特殊性质
1,2,3,4	≤ 10	≤ 10	无
5,6,7,8,9	≤ 300	≤ 300	无
10,11,12,13	≤ 1500	≤ 1500	无
14,15,16	≤ 8000	≤ 8000	保证所有输入的 a_i，v 互不相同
17,18,19	≤ 8000	≤ 8000	无
20,21,22	≤ 8000	$\leq 2\times10^5$	保证所有输入的 a_i，v 互不相同
23,24,25	≤ 8000	$\leq 2\times10^5$	无

【分析】

本题目给的插入排序算法是一个稳定的排序算法，给出了 Q 次操作，你需要在动态修改单个元素的同时进行稳定排序，并进行排名的查询。

由于修改操作（操作 1）的次数最多为 5000 次，而总操作次数最多是 2×10^5 次，因此在每次修改后进行排序，比每次查询时进行排序的次数更少。每次修改操作完成后，可以使用对下标进行排序的算法，下标对应的元素相等时，按照下标从小到大排序，这样就可以实现稳定排序了。如果每次修改后都使用时间复杂度为 O(nlogn) 的 sort() 方法排序，总的时间复杂度就是 O(5000nlogn)，能稳过前 13 个测试点。

如果要拿到满分，就需要更好的排序算法了。由题意容易发现，每次修改一个数后，整个序列除了这个数都是有序的，因此不需要执行整体的排序，只需要把这个数放到合适的位置就好了。你可以使用插入排序的思想，把这个数插入合适的位置，这样只需要 O(n) 的时间复杂度就能把序列再次变成有序的，总的时间复杂度为 O(5000n)。

【参考代码】

```cpp
#include <bits/stdc++.h>
using namespace std;
int n, Q;
int a[8005];
int id[8005]; //id[i]: a[i] 的当前排名
int so[8005]; //a[i] 排序后的下标
//根据原数比较两个下标的大小
bool cmp(int x, int y)
{
    if (a[x] == a[y])
```

```
        return x < y;
    return a[x] < a[y];
}
//将第now名维护到合适位置
void c(int now)
{
    while (now > 1 && cmp(so[now], so[now - 1]))
    {
        swap(so[now], so[now - 1]);
        id[so[now]] = now;
        now--;
    }
    while (now < n && cmp(so[now + 1], so[now]))
    {
        swap(so[now + 1], so[now]);
        id[so[now]] = now;
        now++;
    }
    id[so[now]] = now;
}
int main()
{
    ios::sync_with_stdio(false);
    cin.tie(0);
    cin >> n >> Q;
    for (int i = 1; i <= n; i++)
    {
        cin >> a[i];
        so[i] = i;
    }
    //第一轮排序使用sort 进行整体排序
    sort(so + 1, so + n + 1, cmp);
    for (int i = 1; i <= n; i++)
        id[so[i]] = i;
    //执行 Q次操作
    while (Q--)
    {
        int op, x, v;
        cin >> op;
        if (op == 1)
        {
            cin >> x >> v;
            if (v == a[x])
                continue;
            else
            {
                a[x] = v;
                c(id[x]);
            }
        }
        else
        {
            cin >> x;
            cout << id[x] << "\n";
        }
    }
    return 0;
}
```

网络连接（network）

【题目描述】

TCP/IP 是网络通信领域的一项重要协议。今天，你的任务就是尝试利用这个协议，还原一个简化后的网络连接场景。

在本题目中，计算机分为两大类：服务机（Server）和客户机（Client）。服务机负责建立连接，客户机负责加入连接。

需要进行网络连接的计算机共有 n 台，编号为 1～n，这些机器将按编号递增的顺序依次发起一条建立连接或加入连接的操作。

每台机器在尝试建立或加入连接时需要提供一个地址串。服务机提供的地址串表示它尝试建立连接的地址，客户机提供的地址串表示它尝试加入连接的地址。

一个符合规范的地址串应当具有以下特征。

（1）必须形如 **a.b.c.d:e** 的格式，其中 a、b、c、d、e 均为非负整数。

（2）$0 \leqslant$ a、b、c、d $\leqslant 255$，$0 \leqslant$ e $\leqslant 65535$。

（3）a、b、c、d、e 均不能含有多余的前导 0。

相应地，不符合规范的地址串可能具有以下特征。

（1）不是形如 **a.b.c.d:e** 格式的字符串，例如含有多于 3 个字符"."或多于 1 个字符":"等情况。

（2）整数 a、b、c、d、e 中某一个或多个超出上述范围。

（3）a、b、c、d、e 中某一个或多个含有多余的前导 0。

例如，地址串 192.168.0.255:80 是符合规范的，但 192.168.0.999:80、192.168.00.1:10、192.168.0.1:088、192:168:0:1.233 均是不符合规范的。

如果服务机或客户机在发起操作时提供的地址串不符合规范，这条操作将被直接忽略。

在本题目中，假定凡是符合上述规范的地址串均可参与正常的连接，因此你无须考虑每个地址串的实际意义。

由于网络阻塞等原因，不允许两台服务机使用相同的地址串，如果此类现象发生，后一台尝试建立连接的服务机将会无法成功建立连接；除此之外，凡是提供符合规范的地址串的服务机均可成功建立连接。

如果某台提供符合规范的地址的客户机在尝试加入连接时，与先前某台已经成功建立连接的服务机提供的地址串相同，这台客户机就可以成功加入连接，并称其连接到这台服务机；如果找不到这样的服务机，则认为这台客户机无法成功加入连接。

注意，尽管不允许两台不同的服务机使用相同的地址串，但多台客户机使用同样的地址串，以及同一台服务机同时被多台客户机连接的情况是被允许的。

你的任务很简单：在给出每台计算机的类型以及地址串之后，判断这台计算机的连接情况。

【输入格式】

从文件 network.in 中读入数据。

第 1 行，一个正整数 n。

接下来的 n 行，每行两个字符串 op,ad，按照编号从小到大给出每台计算机的类型及地址串。

其中，op 保证为字符串 Server 或 Client 之一，ad 为一个长度不超过 25 的，仅由数字、字符"."和字符":"组成的非空字符串。

每行的两个字符串之间用一个空格分隔开，每行的末尾没有多余的空格。

【输出格式】

输出到文件 network.out 中。

输出共 n 行，每行一个正整数或字符串表示第 i 台计算机的连接状态。

如果第 i 台计算机为服务机，则又分为如下 3 种情况。

（1）如果其提供符合规范的地址串且成功建立连接，输出字符串 OK。

（2）如果其提供符合规范的地址串，但由于先前有相同地址串的服务机而无法成功建立连接，输出字符串 FAIL。

（3）如果其提供的地址串不是符合规范的地址串，输出字符串 ERR。

如果第 i 台计算机为客户机，则又分为如下 3 种情况。

（1）如果其提供符合规范的地址串且成功加入连接，输出一个正整数表示这台客户机连接到的服务机的编号。

（2）如果其提供符合规范的地址串，但无法成功加入连接时，输出字符串 FAIL。

（3）如果其提供的地址串不是符合规范的地址串，输出字符串 ERR。

【样例 1 输入】

```
5
Server 192.168.1.1:8080
Server 192.168.1.1:8080
Client 192.168.1.1:8080
Client 192.168.1.1:80
Client 192.168.1.1:99999
```

【样例 1 输出】

```
OK
FAIL
1
FAIL
ERR
```

【样例 1 解释】

计算机 1 为服务机，提供符合规范的地址串 192.168.1.1:8080，成功建立连接。

计算机 2 为服务机，提供与计算机 1 相同的地址串，未能成功建立连接。

计算机 3 为客户机，提供符合规范的地址串 192.168.1.1:8080，成功加入连接，并连接到服务机 1。

计算机 4 为客户机，提供符合规范的地址串 192.168.1.1:80，找不到服务机与其连接。

计算机 5 为客户机，提供的地址串 192.168.1.1:99999 不符合规范。

【样例 2 输入】

```
10
Server 192.168.1.1:80
Client 192.168.1.1:80
Client 192.168.1.1:8080
Server 192.168.1.1:80
Server 192.168.1.1:8080
```

```
Server 192.168.1.999:0
Client 192.168.1.1:8080
Client 192.168.1.1:8080
Client 192.168.1.1:80
Client 192.168.1.999:0
```

【样例 2 输出】

```
OK
1
FAIL
FAIL
OK
ERR
ERR
5
1
ERR
```

【样例 3】

见选手目录下的 network/network3.in 与 network/network3.ans（见 CCF 官方网站）。

【样例 4】

见选手目录下的 network/network4.in 与 network/network4.ans（见 CCF 官方网站）。

【数据范围与提示】

各测试点的附加限制及特殊性质见表 9.5。

表 9.5

测试点编号	n	特殊性质
1	≤ 10	性质 1、2、3
2～3	≤ 100	性质 1、2、3
4～5		
6～8		性质 1、2
9～11		性质 1
12～13	≤ 1000	性质 2
14～15		性质 4
16～17		性质 5
18～20		无特殊性质

性质 1：保证所有的地址串均符合规范。

性质 2：保证对于任意两台不同的计算机，如果它们同为服务机或者同为客户机，则它们提供的地址串一定不同。

性质 3：保证任意一台服务机的编号都小于所有的客户机。

性质 4：保证所有的地址串均形如 **a.b.c.d:e** 的格式，其中 a、b、c、d、e 均为不超过 10^9 且不含有多余前导 0 的非负整数。

性质 5：保证所有的地址串均形如 **a.b.c.d:e** 的格式，其中 a、b、c、d、e 均为只含有数字的非空字符串。

对于 100% 的数据，保证 $1 \leq n \leq 1000$。

【分析】

这是一道模拟题，需要判断地址串是否合法，并按题目要求模拟连接的过程。

由于 n 小于等于 1000，因此直接暴力枚举去模拟连接就好，对时间复杂度的要求较低。这道题的主要难点在于判断地址串是否合法。观察数据范围后会发现，如果直接默认所有地址串都合法，就可以拿到 55 分了。如果默认所有地址串都不合法，那么可能会导致得分为 0。因此你可以根据自己是否擅长字符串处理来决定是否进行地址串合法性的判断。

【参考代码】

```cpp
#include <bits/stdc++.h>
using namespace std;
int n;
int typ[1005];              //地址串类型 0:无效 1:服务机 2:客户机
long long adr[1005];        //地址串转换为整数加速比较
string s, t;
long long tNum[10];
bool num(char x)
{
    return x >= '0' && x <= '9';
}
int check(int pos, int now)
{
    if (t.length() < 9)
        return 0; //至少为9位: 0.0.0.0:0
    //检查结构
    int cnt1 = 0, cnt2 = 0; //点的数量、冒号的数量
    for (int i = 0; i < t.length(); i++)
    {
        if (t[i] == '.')
        {
            cnt1++;
            if (i == 0 || i == t.length() - 1 || cnt2 > 0 || !num(t[i - 1]) || !num(t[i + 1]))
                return 0;
        }
        else if (t[i] == ':')
        {
            cnt2++;
            if (i == 0 || i == t.length() - 1 || cnt1 != 3 || !num(t[i - 1]) || !num(t[i + 1]))
                return 0;
        }
        else if (num(t[i]))
        {
            if (t[i] == '0' &&
                (i == 0 && num(t[i + 1]) ||
                 i != t.length() - 1 && !num(t[i - 1]) && num(t[i + 1])))
                return 0;
        }
    }
    if (cnt1 != 3 || cnt2 != 1)
        return 0;
    //检查每个数的范围
    for (int i = 1; i <= 5; i++)
        tNum[i] = 0;
    for (int i = 0, j = 1; i < t.length(); i++)
        if (num(t[i]))
            tNum[j] = tNum[j] * 10 + (t[i] - '0');
```

```
            else
                j++;
    for (int i = 1; i <= 4; i++)
        if (tNum[i] > 255)
            return 0;
    if (tNum[5] > 65535)
        return 0;
    //转换为整数加速比较的过程
    adr[pos] = 0;
    for (int i = 1; i <= 4; i++)
        adr[pos] = adr[pos] * 256 + tNum[i];
    adr[pos] = adr[pos] * 65536 + tNum[5];
    return now;
}
int main()
{
    ios::sync_with_stdio(false);
    cin.tie(0);
    cin >> n;
    for (int i = 1; i <= n; i++)
    {
        cin >> s >> t;
        if (s == "Server")
        {
            typ[i] = check(i, 1);
            if (typ[i] == 0)
            {
                cout << "ERR"<<endl;
                continue;
            }
            bool flag = true;
            for (int j = 1; j < i; j++)
                if (typ[j] == 1 && adr[j] == adr[i])
                {
                    typ[i] = 0;
                    cout << "FAIL"<<endl;
                    flag = false;
                    break;
                }
            if (flag)
                cout << "OK"<<endl;
        }
        else if (s == "Client")
        {
            typ[i] = check(i, 2);
            if (typ[i] == 0)
            {
                cout << "ERR"<<endl;
                continue;
            }
            bool flag = true;
            for (int j = 1; j < i; j++)
                if (typ[j] == 1 && adr[j] == adr[i])
                {
                    cout << j << endl;
                    flag = false;
                    break;
                }
            if (flag)
                cout << "FAIL"<<endl;
        }
    }
    return 0;
}
```

小熊的果篮（fruit）

【题目描述】

小熊的水果店里摆放着一排 n 个水果。每个水果只可能是苹果或橘子，从左到右依次用正整数 1，2，⋯，n 编号。连续排在一起的同一种水果称为一个"块"。小熊要把这一排水果挑到若干个果篮里，具体方法是：每次都把每一个"块"中最左边的水果同时挑出，组成一个果篮。重复这一操作，直至水果用完。注意，每次挑完一个果篮后，"块"可能会发生变化。比如，两个苹果"块"之间唯一的那个橘子被挑走后，两个苹果"块"就变成了一个"块"。请帮小熊计算每个果篮里包含的水果。

【输入格式】

从文件 fruit.in 中读入数据。

输入的第一行包含一个正整数 n，表示水果的数量。

输入的第二行包含 n 个空格分隔的整数，其中第 i 个数表示编号为 i 的水果的种类，1 代表苹果，0 代表橘子。

【输出格式】

输出到文件 fruit.out 中。

输出若干行。

第 i 行表示第 i 次挑出的水果组成的果篮。从小到大排序输出该果篮中所有水果的编号，每两个编号之间用一个空格分隔。

【样例 1 输入】

```
12
1 1 0 0 1 1 1 0 1 1 0 0
```

【样例 1 输出】

```
1 3 5 8 9 11
2 4 6 12
7
10
```

【样例 1 解释】

这是第一组数据的样例说明。

所有水果一开始的情况是 1 1 0 0 1 1 1 0 1 1 0 0，共有 6 个"块"。

在第一次挑水果组成果篮的过程中，编号为 1、3、5、8、9、11 的水果被挑了出来。

之后剩下的水果是 1 0 1 1 1 0，共有 4 个"块"。

在第二次挑水果组成果篮的过程中，编号为 2、4、6、12 的水果被挑了出来。

之后剩下的水果是 1 1，只有 1 个"块"。

在第三次挑水果组成果篮的过程中，编号为 7 的水果被挑了出来。

最后剩下的水果是 1，只有 1 个"块"。

在第四次挑水果组成果篮的过程中，编号为 10 的水果被挑了出来。

【样例 2 输入】

```
20
1 1 1 1 0 0 0 1 1 1 0 0 1 0 1 1 0 0 0 0
```

【样例 2 输出】

```
1 5 8 11 13 14 15 17
2 6 9 12 16 18
3 7 10 19
4 20
```

【样例 3】

见选手目录下的 fruit/fruit.3.in 与 fruit/fruit3.ans（见 CCF 官方网站）。

【数据范围与提示】

对于 10% 的数据，$n \leq 5$。

对于 30% 的数据，$n \leq 1000$。

对于 70% 的数据，$n \leq 50000$。

对于 100% 的数据，$1 \leq n \leq 2 \times 10^5$。

由于数据规模较大，建议 C/C++ 选手使用 scanf 和 printf 语句进行输入、输出。

【分析】

这也是一道模拟题，需要找到每个块连续 0 与连续 1 的起点，输出位置后删除。难点在于删除某个元素后，元素前后两个连续块可能会合并在一起。

如果顺序地找到每个块的起点位置，再标记待删除位置，然后删除这些位置，那么可以拿到 30 分。如果想拿到满分，就必须快速完成对每个块的起点的查询与删除，并在删除后检查是否有需要合并块的情况。很容易想到可以使用链表来优化删除的过程，而如果要优化起点的查询与块的合并操作，则需要记录每个块的起点和终点。

【参考代码】

```cpp
#include <bits/stdc++.h>
using namespace std;
const int MAXN = 200005;
int n;
int a[MAXN];
int tot;            //水果数量
int nxt[MAXN];      //下一个水果
int pre[MAXN];      //上一个水果
int tott;           //连续块的数量
int firt;           //第一块的块编号
int head[MAXN];     //当前块的第一个水果
int tail[MAXN];     //当前块的最后一个水果
int pret[MAXN];     //上一块的编号
int nxtt[MAXN];     //下一块的编号
int main()
{
    ios::sync_with_stdio(false);
    cin.tie(0);
    cin >> n;
    for (int i = 1; i <= n; i++)
    {
        cin >> a[i];
        nxt[i] = i + 1;
        pre[i] = i - 1;
    }
    nxt[n] = 0;
    pre[1] = 0;
    tot = n;
```

```cpp
    //初始化分块
    firt = 1;
    tott = 1;
    head[1] = 1;
    tail[1] = 1;
    nxtt[1] = 0;
    pret[1] = 0;
    for (int i = 2; i <= n; i++)
    {
        if (a[i] == a[i - 1])
        {
            tail[tott]++;
        }
        else
        {
            nxtt[tott] = tott + 1;
            pret[tott + 1] = tott;
            tott++;
            head[tott] = i;
            tail[tott] = i;
            nxtt[tott] = 0;
        }
    }
    while (tot > 0)
    {
        //输出每个块的第一个水果，修改水果数量
        for (int i = firt; i != 0; i = nxtt[i])
        {
            cout << head[i] << " ";
            tot--;
        }
        cout << endl;
        //修改水果连接关系，删除大小为1的块
        for (int i = firt; i != 0; i = nxtt[i])
        {
            pre[nxt[head[i]]] = pre[head[i]];
            nxt[pre[head[i]]] = nxt[head[i]];
            if (head[i] == tail[i])
            {
                if (i == firt)
                    firt = nxtt[i];
                pret[nxtt[i]] = pret[i];
                nxtt[pret[i]] = nxtt[i];
            }
            else
                head[i] = nxt[head[i]];
        }
        //合并同类块
        for (int i = nxtt[firt]; i != 0; i = nxtt[i])
        {
            int j = pret[i];
            if (a[head[i]] == a[head[j]])
            {
                tail[j] = tail[i];
                pret[nxtt[i]] = pret[i];
                nxtt[pret[i]] = nxtt[i];
            }
        }
    }
    return 0;
}
```

9.4 2022 年真题讲解

乘方（pow）

【题目描述】

小文同学刚刚接触了信息学竞赛，有一天她遇到了这样一个题：给定正整数 a 和 b，求 a^b 的值是多少。

a^b 即 b 个 a 相乘的值，例如 2^3 即为 3 个 2 相乘，结果为 $2 \times 2 \times 2 = 8$。

"简单！"小文心想，同时很快就写出了一份程序，可是测试时却出现了错误。

小文很快意识到，她的程序里的变量都是 int 类型的。在大多数机器上，int 类型能表示的最大数为 $2^{31}-1$，因此只要计算结果超过这个数，她的程序就会出现错误。

小文刚刚学会编程，她担心使用 int 类型变量计算会出现问题。因此她希望你在 a^b 的值超过 10^9 时，输出一个 -1 进行警示，否则就输出正确的 a^b 的值。

然而小文还是不知道怎么实现这份程序，因此她想请你帮忙。

【输入格式】

从文件 pow.in 中读入数据。

输入一行，两个正整数 a, b。

【输出格式】

输出到文件 pow.out 中。

输出共一行，如果 a^b 的值不超过 10^9，则输出 a^b 的值，否则输出 -1。

【样例 1 输入】

```
10 9
```

【样例 1 输出】

```
1000000000
```

【样例 2 输入】

```
23333 66666
```

【样例 2 输出】

```
-1
```

【数据范围】

对于 10% 的数据，保证 $b = 1$。

对于 30% 的数据，保证 $b \leq 2$。

对于 60% 的数据，保证 $b \leq 30$，$a^b \leq 10^{18}$。

对于 100% 的数据，保证 $1 \leq a, b \leq 10^9$。

【分析】

根据题意使用循环语句进行模拟即可，数据规模较小，因此不会超时。

【参考代码】

```
#include <bits/stdc++.h>
using namespace std;
const long long INF = 1e9;
int main()
{
    long long a, b, s = 1;
    cin >> a >> b;
    for (int i = 1; i <= b; i++) {
        s *= a;
        if (s > INF) {
            cout << -1;
            return 0;
        }
    }
    cout << s;
    return 0;
}
```

解密（decode）

【题目描述】

给定一个正整数 k，有 k 次询问，每次给定三个正整数 n_i、e_i、d_i，求两个正整数 p_i、q_i，使 $n_i = p_i \times q_i$，$e_i \times d_i = (p_i-1)(q_i-1) + 1$。

【输入格式】

从文件 decode.in 中读入数据。

第一行一个正整数 k，表示有 k 次询问。

接下来 k 行，第 i 行三个正整数 n_i、d_i、e_i。

【输出格式】

输出到文件 decode.out 中。

输出 k 行，每行两个正整数 p_i、q_i 表示答案。

为使输出统一，你应当保证 $p_i \leqslant q_i$。

如果无解，请输出 NO。

【样例 1 输入】

```
10
770 77 5
633 1 211
545 1 499
683 3 227
858 3 257
723 37 13
572 26 11
867 17 17
829 3 263
528 4 109
```

【样例 1 输出】

```
2 385
NO
NO
```

```
NO
11 78
3 241
2 286
NO
NO
6 88
```

【样例 2】

见选手目录下的 decode/decode2.in 与 decode/decode2.ans（见 CCF 官方网站）。

【样例 3】

见选手目录下的 decode/decode3.in 与 decode/decode3.ans（见 CCF 官方网站）。

【样例 4】

见选手目录下的 decode/decode4.in 与 decode/decode4.ans（见 CCF 官方网站）。

【数据范围】

以下记 $m = n - e \times d + 2$。

保证对于 100% 的数据，$1 \leq k \leq 10^5$，对于任意的 $1 \leq i \leq k$，$1 \leq n_i \leq 10^{18}$，$1 \leq e_i \times d_i \leq 10^{18}$，$1 \leq m \leq 10^9$。

各测试点的附加限制及特殊性质见表 9.6。

表 9.6

测试点编号	k	n	m	特殊性质
1	≤ 10³	≤ 10³	≤ 10³	保证有解
2				无
3		≤ 10⁹	≤ 6×10⁴	保证有解
4				无
5				保证有解
6				无
7	≤ 10⁵	≤ 10¹⁸	≤ 10⁹	保证若有解，则 p=q
8				保证有解
9				无
10				

【分析】

根据题意有 e×d=n−(p+q)+2，移项可得 p+q=n+2−e×d，因为 n、e、d 已知，令 m=n+2−e×d，则 p+q=m，推出 q=m−p，又因为 n=p×q，将 q=m−p 代入得 n=p(m−p)，整理得 $p^2 - mp+n=0$。把 p 当作未知数解一元二次方程，将得到的解代入等式中验证一下即可。

【参考代码】

```
#include <bits/stdc++.h>
using namespace std;
typedef long long LL;
```

```
const int MAXN = 21;
LL k, m, n, e, d, delta, x1, x2;

bool check(LL x)
{
    LL y = m - x;
    return x >= 0 && y >= 0 && x * y == n && (x - 1) * (y - 1) + 1 == e * d;
}
int main()
{
    cin >> k;
    while (k--) {
        cin >> n >> d >> e;
        m = n - e * d + 2;
        delta = m * m - 4 * n;
        if (delta < 0) {
            cout << "NO" << endl;
            continue;
        }
        x1 = (m + sqrt(delta)) / 2;
        x2 = (m - sqrt(delta)) / 2;
        if (check(x1)) {
            cout << min(x1, m - x1) << " " << max(x1, m - x1) << endl;
        }
        else if (check(x2)) {
            cout << min(x2, m - x2) << " " << max(x2, m - x2) << endl;
        } else {
            cout << "NO" << endl;
        }
    }
    return 0;
}
```

逻辑表达式（expr）

【题目描述】

逻辑表达式是计算机科学中的重要概念和工具，包含逻辑值、逻辑运算、逻辑运算优先级等内容。

在一个逻辑表达式中，元素的值只有两种可能：0（表示假）和 1（表示真）。元素之间有多种可能的逻辑运算，本题中只需考虑如下两种："与"（符号为&）和"或"（符号为|）。其运算规则如下：

0&0 = 0&1 = 1&0 = 0,1&1 = 1
0|0 = 0,0|1 = 1|0 = 1|1 = 1

在一个逻辑表达式中还可能有括号。规定在运算时，括号内的部分先运算；两种运算并列时，& 运算优先于 | 运算；同种运算并列时，从左向右运算。

比如，表达式 0|1&0 的运算顺序等同于 0|(1&0)；表达式 0&1&0|1 的运算顺序等同于 ((0&1)&0)|1。

此外，在 C++ 等语言的有些编译器中，对逻辑表达式的计算会采用一种"短路"的策略：在形如 a&b 的逻辑表达式中，会先计算 a 部分的值，如果 a=0，那么整个逻辑表达式的值就一定为 0，故无须再计算 b 部分的值；同理，在形如 a|b 的逻辑表达式中，会先计算 a 部分的值，如果 a=1，那么整个逻辑表达式的值就一定为 1，无须再计算 b 部分的值。

现在给你一个逻辑表达式，你需要计算出它的值，并且统计出在计算过程中，两种类型的"短路"各出现了多少次。需要注意的是，如果某处"短路"包含在更外层被"短

路"的部分内则不被统计，如表达式 1|(0&1) 中，尽管 0&1 是一处"短路"，但由于外层的 1|(0&1) 本身就是一处"短路"，无须再计算 0&1 部分的值，因此不应当把这里的 0&1 计入一处"短路"。

【输入格式】

从文件 expr.in 中读入数据。

输入共一行，一个非空字符串 s 表示待计算的逻辑表达式。

【输出格式】

输出到文件 expr.out 中。

输出共两行，第一行输出一个字符 0 或 1，表示这个逻辑表达式的值；第二行输出两个非负整数，分别表示计算上述逻辑表达式的过程中，形如 a&b 和 a|b 的"短路"各出现了多少次。

【样例 1 输入】

```
0&(1|0)|(1|1|1&0)
```

【样例 1 输出】

```
1
1 2
```

【样例 1 解释】

该逻辑表达式的计算过程如下，每一行的注释表示上一行计算的过程。

```
0&(1|0)|(1|1|1&0)
=(0&(1|0))|((1|1)|(1&0))    //用括号标明计算顺序
=0|((1|1)|(1&0))    //先计算最左侧的 &，是一次形如 a&b 的"短路"
=0|(1|(1&0))        //再计算中间的 |，是一次形如 a|b 的"短路"
=0|1                //再计算中间的 |，是一次形如 a|b 的"短路"
=1
```

【样例 2 输入】

```
(0|1&0|1|1|(1|1))&(0&1&(1|0)|0|1|0)&0
```

【样例 2 输出】

```
0
2 3
```

【样例 3】

见选手目录下的 expr/expr3.in 与 expr/expr3.ans（见 CCF 官方网站）。

【样例 4】

见选手目录下的 expr/epxr4.in 与 expr/expr4.ans（见 CCF 官方网站）。

【数据范围】

设 |s| 为字符串 s 的长度。

对于所有数据，$1 \leq |s| \leq 10^6$。保证 s 中仅含有字符 0、1、&、|、(、) 且是一个符合规范的逻辑表达式。保证输入字符串的开头、中间和结尾均无额外的空格。保证 s 中没有重复的括号嵌套（没有形如 ((a)) 的子串，其中 a 是符合规范的逻辑表达式）。

各测试点的附加限制及特殊性质见表 9.7。

表 9.7

测试点编号	|s|	特殊性质
1～2	≤ 3	无
3～4	≤ 5	无
5	≤ 2000	性质 1
6	≤ 2000	性质 2
7	≤ 2000	性质 3
8～10	≤ 2000	无
11～12	≤ 10^6	性质 1
13～14	≤ 10^6	性质 2
15～17	≤ 10^6	性质 3
18～20	≤ 10^6	无

性质 1：保证 s 中没有字符 &。
性质 2：保证 s 中没有字符 |。
性质 3：保证 s 中没有字符 (和)。

【提示】

以下给出一个"符合规范的逻辑表达式"的形式化定义。

（1）字符串 0 和 1 是符合规范的。

（2）如果字符串 s 是符合规范的，且 s 不是形如 (t) 的字符串（其中 t 是符合规范的），那么字符串 (s) 也是符合规范的。

（3）如果字符串 a 和 b 均是符合规范的，那么字符串 a&b、a|b 均是符合规范的。

（4）所有符合规范的逻辑表达式均可由以上方法生成。

【分析】

对于这道题，先考虑没有括号的情况，即只有 | 和 &，如果遇到 & 就马上进行计算，处理完所有的 & 运算之后再计算剩下的 | 运算即可。对于有括号的情况，可以用栈来处理，具体的处理规则如下。

（1）遇到左括号 (，将 (入栈。

（2）遇到 &，将 & 入栈。

（3）遇到数字，检查栈顶元素，如果是 &，则把当前数字和栈顶元素做 & 运算，把结果存到栈顶。

（4）遇到右括号)，不断弹出栈顶元素，将元素保存在数组中，直至遇到左括号，然后按顺序对数组中的数字进行 | 运算。

两种运算符遇到的短路次数将在计算的过程中分别记录。

【参考代码】

```
#include <bits/stdc++.h>
using namespace std;
const int MAXN = 1e6 + 100;

struct A {
    char c;        //读取的字符内容
```

```
            int s1, s2; //分别记录&和|的短路次数
    };

    string s;
    stack<A> stk;
    A a[MAXN];

    void put(A x)
    {//先处理&运算
        if (!stk.empty() && stk.top().c == '&') {
            stk.pop();
            if (stk.top().c == '1') {
                stk.top().c = x.c;
                stk.top().s1 += x.s1;
                stk.top().s2 += x.s2;
            }
            else //&的左边是0，短路次数加1
                stk.top().s1++;
        }
        else {
            stk.push(x);
        }
    }
    int main()
    {
        cin >> s;
        s = "(" + s + ")";
        for (int i = 0, sz = s.size(); i < sz; i++) {
            if (s[i] == '(' || s[i] == '&') {
                stk.push({s[i], 0, 0});
            }
            else if (isdigit(s[i])) {
                put({s[i], 0, 0});
            }
            else if (s[i] == ')') {
                int cnt = 0;
                while (stk.top().c != '(') {
                    a[cnt++] = stk.top();
                    stk.pop();
                }
                stk.pop();
                A cur = {'0', 0, 0};
                for (int j = cnt - 1; j >= 0; j--) {
                    if (cur.c == '0') {
                        cur.c = a[j].c;
                        cur.s1 += a[j].s1;
                        cur.s2 += a[j].s2;
                    }
                    else {// |的左边是1，短路次数加1
                        cur.s2++;
                    }
                }
                put(cur);
            }
        }
        cout << stk.top().c << endl << stk.top().s1 << " " << stk.top().s2;
        return 0;
    }
```

上升点列（point）

【题目描述】

在一个二维平面内，给定 n 个整数点 (x_i, y_i)，此外你还可以自由添加 k 个整数点。

你在自由添加 k 个点后，还需要从 n + k 个点中选出若干个整数点并组成一个序列，使得序列中任意相邻两点间的欧几里得距离恰好为 1，而且横坐标、纵坐标值均单调不减，即 $x_{i+1}-x_i = 1, y_{i+1} = y_i$ 或 $y_{i+1} -y_i = 1, x_{i+1} = x_i$。请给出满足条件的序列的最大长度。

【输入格式】

从文件 point.in 中读入数据。

第一行两个正整数 n、k 分别表示给定的整数点个数、可自由添加的整数点个数。

接下来 n 行，第 i 行两个正整数 x_i、y_i 表示给定的第 i 个点的横坐标、纵坐标。

【输出格式】

输出到文件 point.out 中。

输出一个整数，表示满足要求的序列的最大长度。

【样例 1 输入】

```
8 2
3 1
3 2
3 3
3 6
1 2
2 2
5 5
5 3
```

【样例 1 输出】

```
8
```

【样例 2 输入】

```
4 100
10 10
15 25
20 20
30 30
```

【样例 2 输出】

```
103
```

【样例 3】

见选手目录下的 point/point3.in 与 point/point3.ans（见 CCF 官方网站）。

第三个样例满足 k=0。

【样例 4】

见选手目录下的 point/point4.in 与 point/point4.ans（见 CCF 官方网站）。

【数据范围】

保证对于所有数据满足：$1 \leq n \leq 500$，$0 \leq k \leq 100$。对于所有给定的整数点，其横坐标与纵坐标满足 $1 \leq x_i, y_i \leq 10^9$，且保证所有给定的点互不重合。对于自由添加的整数点，其横坐标与纵坐标不受限制。

各测试点的附加限制见表 9.8。

表 9.8

测试点编号	n	k	x_i, y_i
1～2	≤ 10	0	≤ 10
3～4	≤ 10	≤ 100	≤ 100
5～7	≤ 500	0	≤ 100
8～10	≤ 500	0	≤ 10^9
11～14	≤ 500	≤ 100	≤ 100
15～20	≤ 500	≤ 100	≤ 10^9

【分析】

这道题将 n 个点视为固定点，k 个点视为自由点，可以利用 k 个自由点为这 n 个固定点建立一张图：如果固定点 i 可以通过若干个自由点到达 j，并满足这些点中任意相邻两点间的欧几里得距离恰好为 1，就连一条从 i 到 j 的边，边的权值是从 i 到 j 经过的自由点数量。最终得到一个有向无环图，对这个图按照拓扑序进行动态规划：f[i][j] 表示走到固定点 i，已经走过 k−j 个自由点，还剩 j 个自由点时，能够得到的最大序列长度。枚举每个状态，并将状态转移给它指向的下一个点即可。

【参考代码】

```cpp
#include <bits/stdc++.h>
using namespace std;

const int MAXN = 510;
const int MAXK = 110;

int n, k, x[MAXN], y[MAXN], dis[MAXN][MAXN], deg[MAXN], f[MAXN][MAXK], ans;
vector<int> g[MAXN];
queue<int> que;

void upmax(int &x, int y)
{
    x = max(x, y);
}

int main()
{
    cin >> n >> k;
    for (int i = 1; i <= n; i++) {
        cin >> x[i] >> y[i];
        for (int j = 1; j < i; j++) {
            dis[i][j] = dis[j][i] = abs(x[i] - x[j]) + abs(y[i] - y[j]) - 1;
            if (dis[i][j] <= k) {
                if (x[i] <= x[j] && y[i] <= y[j]) {
                    g[i].push_back(j);
                    deg[j]++;
                }
                if (x[j] <= x[i] && y[j] <= y[i]) {
                    g[j].push_back(i);
                    deg[i]++;
                }
            }
        }
    }
    for (int i = 1; i <= n; i++) {
        for (int j = 0; j <= k; j++)
```

```
            f[i][j] = k + 1;
        if (deg[i] == 0)
            que.push(i);
    }
    while (!que.empty()) {
        int cur = que.front();
        que.pop();
        for (int i = 0, sz = g[cur].size(); i < sz; i++) {
            int tar = g[cur][i];
            for (int j = dis[cur][tar]; j <= k; j++)
                upmax(f[tar][j - dis[cur][tar]], f[cur][j] + 1);
            if (--deg[tar] == 0)
                que.push(tar);
        }
    }
    for (int i = 1; i <= n; i++)
        for (int j = 0; j <= k; j++)
            ans = max(ans, f[i][j]);
    cout << ans;
    return 0;
}
```

9.5　2023 年真题讲解

小苹果（apple）

【题目描述】

小 Y 的桌子上放着 n 个苹果，从左到右排成一列，编号为从 1 到 n。

小苞是小 Y 的好朋友，每天她都会从中拿走一些苹果。

每天在拿的时候，小苞都是从左侧第 1 个苹果开始、每隔 2 个苹果拿走 1 个苹果。随后小苞会将剩下的苹果按原先的顺序重新排成一列。

小苞想知道，多少天能拿完所有的苹果，而编号为 n 的苹果是在第几天被拿走的？

【输入格式】

从文件 apple.in 中读入数据。

输入的第一行包含一个正整数 n，表示苹果的总数。

【输出格式】

输出到文件 apple.out 中。

输出文件只有一行，包含两个正整数，两个整数之间由一个空格隔开，分别表示小苞拿走所有苹果所需的天数以及拿走编号为 n 的苹果是在第几天。

【样例 1 输入】

8

【样例 1 输出】

5 5

【样例 1 解释】

小 Y 的桌子上一共放了 8 个苹果。小苞第一天拿走了编号为 1、4、7 的苹果。小苞第二天拿走了编号为 2、6 的苹果。小苞第三天拿走了编号为 3 的苹果。小苞第四天拿走了编号为 5 的苹果。小苞第五天拿走了编号为 8 的苹果。

【样例 2】

见选手目录下的 apple/apple2.in 和 apple/apple2.ans（见 CCF 官方网站）。

【数据范围】

对于所有测试数据有：$1 < n \leq 10^9$。

各测试点的附加限制及特殊性质见表 9.9。

表 9.9

测试点编号	n	特殊性质
1～2	≤ 10	无
3～5	$\leq 10^3$	无
6～7	$\leq 10^6$	有
8～9	$\leq 10^6$	无
10	$\leq 10^9$	无

特殊性质：小苞第一天就取走编号为 n 的苹果。

【分析】

题目大意：有 n 个苹果，每次会拿走左边第一个，之后每隔两个拿走一个苹果，直到不能拿为止。剩下的苹果又排成一列，按照上述操作继续拿苹果。求拿走 n 个苹果需要拿几次，第 n 个苹果是第几次被拿走的。

对于第 x 个苹果，如果 x%3 等于 1，那么它就可以在本次被拿走。

如果不能被拿走，我们可以用 x 减去它前面被拿走的苹果数量，算出它在下一次是排名第几的苹果，即下一次是第 x-ceil(x / 3) 个苹果。

对于最初的第 n 个苹果，可以通过这样递推的方式得到它在第几次被拿走。

如何求 n 个苹果什么时候被拿完呢？如果第 n 个苹果在本次被拿走，那么最后一个苹果就变成第 n-1 个，我们就计算第 n-1 个苹果什么时候被拿走，以此类推，直到最后一个苹果为 0，此时一定是所有的苹果被拿走了。

【参考代码】

```cpp
#include <bits/stdc++.h>
typedef long long LL;

using namespace std;

int n;

int main()
{
    scanf("%d", &n);
    int cnt = 0, ans = 0;
    bool flag = false;
    while(n)
    {
        cnt++;
        if(n % 3 == 1)
        {
```

```
            if(!flag) ans = cnt;
            flag = true;
            n = n - 1;
        }
        n -= ceil(n / 3.0);
    }
    printf("%d %d\n",cnt, ans);
    return 0;
}
```

公路（road）

【题目描述】

小苞准备开着车沿着公路自驾。

公路上一共有 n 个站点，编号为从 1 到 n。其中站点 i 与站点 i+1 的距离为 v_i 公里。

公路上每个站点都可以加油，编号为 i 的站点一升油的价格为 a_i 元，且每个站点只出售整数升的油。

小苞想从站点 1 开车到站点 n，一开始小苞在站点 1 且车的油箱是空的。已知车的油箱足够大，可以装下任意多的油，且每升油可以让车前进 d 公里。问小苞从站点 1 开到站点 n，至少要花多少钱加油？

【输入格式】

输入文件名为 road.in。

输入的第一行包含两个正整数 n 和 d，分别表示公路上站点的数量和每升油可以让车前进的距离。

输入的第二行包含 n-1 个正整数 $v_1,v_2,\cdots,v_{n-1}$，分别表示站点间的距离。

输入的第三行包含 n 个正整数 $a_1,a_2,\cdots,a_n$，分别表示在不同站点加油的价格。

【输出格式】

输出文件名为 road.out。

输出一行，仅包含一个正整数，表示从站点 1 开到站点 n，小苞至少要花多少钱加油。

【样例 1 输入】

```
5 4
10 10 10 10
9 8 9 6 5
```

【样例 1 输出】

```
79
```

【样例 1 解释】

最优方案下：小苞在站点 1 购买了 3 升油，在站点 2 购买了 5 升油，在站点 4 购买了 2 升油。

【样例 2】

见选手目录下的 road/road2.in 和 road/road2.ans（见 CCF 官方网站）。

【数据范围】

对于所有测试数据，有 $1 \leq n \leq 10^5$，$1 \leq d \leq 10^5$，$1 \leq v_i \leq 10^5$，$1 \leq a_i \leq 10^5$。

各测试点的附加限制及特殊性质见表 9.10。

表 9.10

测试点编号	n	特殊性质
1～5	≤ 8	无
6～10	≤ 10^3	无
11～13	≤ 10^5	A
14～16	≤ 10^5	B
17～20	≤ 10^5	无

特殊性质 A：站点 1 的油价最低。

特殊性质 B：对于所有 $1 \leq i < n$，v_i 为 d 的倍数。

【分析】

题目大意：公路上有 n 个加油站，已知站点之间的距离、每个加油站每升油的价格、一升油车子可以行进的距离，注意每个加油站只出售整数升的油，求从第一个站点到第 n 个站点最少花费多少钱加油。

很容易看出一个贪心，如果 i 是第 i～n 号加油站最便宜的站点，那么在第 i 号站点加够能到达第 n 号站点的油一定是最优的。

对于 i 之前的站点呢，如果 j 是第 1～i-1 号加油站最便宜的站点，那么对于 j 和 i 之间的路程，一定是在第 j 号站点加油最优。可以看出，我们其实就是维护了一个当前最便宜的加油站。设当前最便宜的加油站为 pos，如果 i 号可以更新当前最便宜的加油站，那么 pos 和 i 之间的路程，肯定是在 pos 号加油站中加油最优。

直至找到第 n 号加油站，当前最便宜的加油站 pos 和 n 之间，肯定是在 pos 号加油最优，记得统计进去。

注意，由于油不一定是按照整数消耗的，直接用 double 变量记录从上一个节点留下的油量，可能会卡进度。由于路程是整数，因此可以记录从上一个节点留下的油量还可以继续行驶的里程。

【参考代码】

```cpp
#include <bits/stdc++.h>
typedef long long LL;

using namespace std;

int n, d;
int a[100005];
LL sum[100005], ans;

LL dis(LL x, LL y)
{
    return sum[y] - sum[x];
}

int main()
{
    scanf("%d%d", &n, &d);
    for(int i = 2; i <= n; i++)
    {
        scanf("%lld", sum + i);
```

```
        sum[i] += sum[i - 1];
    }
    int pos = 0, mn = 100001;
    LL s = 0, dd, oil;
    for(int i = 1; i <= n; i++)
    {
        scanf("%d", a + i);
        if(a[i] < mn || i == n)
        {
            dd = dis(pos, i);
            if(s >= dd) s -= dd;
            else
            {
                dd -= s;
                oil = dd / d + (dd % d != 0);
                ans += oil * mn;
                s = oil * d - dd;
            }
            mn = a[i], pos = i;
        }
    }
    printf("%lld\n", ans);
    return 0;
}
```

一元二次方程 (uqe)

【题目背景】

众所周知，对一元二次方程 $ax^2 + bx + c = 0$（$a \neq 0$），可以先计算 $\Delta = b^2 - 4ac$，然后用以下方式求实数解。

（1）若 $\Delta < 0$，则该一元二次方程无实数解。

（2）若 $\Delta \geq 0$，此时该一元二次方程有两个实数解 $x_{1,2} = \dfrac{-b \pm \sqrt{b^2 - 4ac}}{2a}$。

例如：

- $x^2+x+1=0$ 无实数解，因为 $\Delta = 1^2 - 4 \times 1 \times 1 = -3 < 0$。
- $x^2-2x+1=0$ 有两相等实数解 $x_{1,2}=1$。
- $x^2-3x+2=0$ 有两互异实数解 $x_1=1$，$x_2=2$。

在题目描述中 a 和 b 的最大公因数使用 gcd(a,b) 表示。例如，12 和 18 的最大公因数是 6，即 gcd(12,18)=6。

【题目描述】

现在给定一个一元二次方程的系数 a,b,c，其中 a, b, c 均为整数且 $a \neq 0$。你需要判断一元二次方程 $ax^2+bx+c=0$ 是否有实数解，并按要求的格式输出。

在本题中输出有理数 v 时须遵循以下规则。

- 由有理数的定义，存在唯一的两个整数 p 和 q，满足 q > 0，gcd(p, q) = 1 且 $v = \dfrac{p}{q}$。
- 若 q = 1，则输出 {p}，否则输出 {p}/{q}，其中 {n} 代表整数 n 的值。

例如：

- v=-0.5 时，p 和 q 的值分别为 -1 和 2，则应输出 -1/2；
- v=0 时，p 和 q 的值分别为 0 和 1，则应输出 0。

对于方程的求解，分以下两种情况讨论。

（1）若 $\Delta = b^2 - 4ac < 0$，则表明方程无实数解，此时你应当输出 NO。
（2）否则 $\Delta \geq 0$，此时方程有两解（可能相等），记其中较大者为 x。
　①若 x 为有理数，则按有理数的格式输出 x。
　②否则根据上文公式，x 可以被唯一表示为 $x = q_1 + q_2\sqrt{r}$ 的形式，其中：
- q_1, q_2 为有理数，且 $q_2 > 0$；
- r 为正整数，r > 1，且不存在正整数 d > 1，使 $d^2 | r$（即 r 不应是 d^2 的倍数）。

此时：
（1）若 $q_1 \neq 0$，则按有理数的格式输出 q_1，并再输出一个加号 +；
（2）否则跳过这一步输出。

随后：
（1）若 $q_2 = 1$，则输出 sqrt({r})；
（2）否则若 q_2 为整数，则输出 {q2}*sqrt({r})；
（3）若 $q_3 = \dfrac{1}{q_2}$ 为整数，则输出 sqrt({r})/{q3}；
（4）否则可以证明存在唯一整数 c，d 满足 c，d > 1，gcd(c,d) = 1，且 $q_2 = \dfrac{c}{d}$，此时输出 {c}*sqrt({r})/{d}。

上述表示中 {n} 代表整数 n 的值，详见样例。

如果方程有实数解，则按要求的格式输出两个实数解中的较大者。若方程没有实数解，则输出 NO。

【输入格式】

输入文件名为 uqe.in。

输入的第一行包含两个正整数 T,M，分别表示方程数和系数绝对值的上界。

接下来 T 行，每行包含 3 个整数 a,b,c。

【输出格式】

输出文件名为 uqe.out。

输出 T 行，每行包含一个字符串，表示对应询问的答案，格式如题面所述。

每行输出的字符串中间不应包含任何空格。

【样例 1 输入】

```
9 1000
1 -1 0
-1 -1 -1
1 -2 1
1 5 4
4 4 1
1 0 -432
1 -3 1
2 -4 1
1 7 1
```

【样例 1 输出】

```
1
NO
1
-1
```

```
-1/2
12*sqrt(3)
3/2+sqrt(5)/2
1+sqrt(2)/2
-7/2+3*sqrt(5)/2
```

【样例 2】

见选手目录下的 uqe/uqe2.in 和 uqe/uqe2.ans（见 CCF 官方网站）。

【数据范围】

对于所有测试数据，有 $1 \leq T \leq 5000$，$1 \leq M \leq 10^3$，$|a|,|b|,|c| \leq M$，$a \neq 0$。

各测试点的附加限制及特殊性质见表 9.11。

表 9.11

测试点编号	M	特殊性质 A	特殊性质 B	特殊性质 C
1	≤ 1	是	是	是
2	≤ 20	否	否	否
3	$\leq 10^3$	是	否	是
4	$\leq 10^3$	是	否	否
5	$\leq 10^3$	否	是	是
6	$\leq 10^3$	否	是	否
7,8	$\leq 10^3$	否	否	是
9,10	$\leq 10^3$	否	否	否

其中，

- 特殊性质 A：保证 $b = 0$；
- 特殊性质 B：保证 $c = 0$；
- 特殊性质 C：如果方程有解，那么方程的两个解都是整数。

【分析】

题目大意：对于一元二次方程 $ax^2 + bx + c = 0$（$a \neq 0$），给出 a、b、c，求这个一元二次方程的解。

若无解，则输出 NO。

有解的情况下，输出较大的那个解。

① 如果可以用 p（p 为整数）的形式表示，就输出 p。

② 如果可以用 p/q（约分约到最简）的形式表示，就按照这样的格式输出。

如果较大的那个解可以用 $q_1 + q_2\sqrt{r}$（也需化到最简）的形式表示，则按以下方法处理。

对于 q_1 部分，按照①②的规则输出。注意，如果 $q_1 = 0$，那么 q_1 及加号都不需要输出。

对于 q_2 部分：

当满足①时，如果 q_2 部分等于 1，不需要单独输出 1。

当满足②时，p 如果等于 1，不需要单独输出，"/q" 部分需要放在 $\sqrt{r}$ 之后。

按照上述规则模拟即可，注意一些小细节问题，比如什么时候不需要输出，较大的那个解和 a 的正负有关。化简分数可以使用 gcd() 函数，化简 $\sqrt{r}$ 可以直接用 for 循环语句枚举。

【参考代码】

```cpp
#include <bits/stdc++.h>
typedef long long LL;

using namespace std;

int T, a, b, c, deta, M;

int gcd(int a, int b)
{
    if(!b) return a;
    return gcd(b, a % b);
}

int sqrrt(int num)
{
    int re = 1;
    for(int i = sqrt(num); i > 1; i--)
    {
        if(num % (i * i) == 0)
        {
            re *= i;
            num /= i * i;
        }
    }
    return re;
}

void frac(int x, int y, int flag)   //分数与整数如何输出
{
    int d = gcd(abs(x), abs(y));
    x /= d, y /= d;
    if(x * y < 0) x = -abs(x), y = abs(y);
    else x = abs(x), y = abs(y);
    if(flag && !x) return;
    if(y == 1) printf("%d", x);
    else printf("%d/%d", x, y);
    if(flag) printf("+");
}

void deta_(int dt, int y) // q1sqrt(r) 部分如何输出
{
    int x = sqrrt(dt);
    dt = dt / x / x;
    int d = gcd(x, y);
    x /= d, y /= d;
    if(x != 1) printf("%d*", x);
    printf("sqrt(%d)", dt);
    if(y != 1) printf("/%d", y);
}

int main()
{
    scanf("%d%d", &T, &M);
    while(T--)
    {
        scanf("%d%d%d", &a, &b, &c);
        deta = b * b - 4 * a * c;
        if(deta < 0) printf("NO");
```

```
      else if(!deta) frac(-b, a << 1, 0);
      else
      {
         int t = sqrt(deta);
         if(t * t == deta)
         {
            if(a < 0) frac( 0 - b - t, a << 1, 0);
            else frac(0 - b + t, a << 1, 0);
         }
         else
         {
            frac(-b, a << 1, 1);
            if(a < 0)  deta_(deta, -a << 1);
            else deta_(deta, a << 1);
         }
      }
      puts("");
   }
   return 0;
}
```

旅游巴士（bus）

【题目描述】

小 Z 打算在国庆假期期间搭乘旅游巴士去一处他向往已久的景点旅游。

旅游景点的地图共有 n 处地点，在这些地点之间连有 m 条道路。其中 1 号地点为景区入口，n 号地点为景区出口。我们把一天当中景区开门营业的时间记为 0 时刻，则从 0 时刻起，每间隔 k 单位时间便有一辆旅游巴士到达景区入口，同时有一辆旅游巴士从景区出口驶离景区。

所有道路均只能单向通行。对于每条道路，游客步行通过的用时均为恰好 1 单位时间。

小 Z 希望乘坐旅游巴士到达景区入口，并沿着自己选择的任意路径走到景区出口，再乘坐旅游巴士离开，这意味着他到达和离开景区的时间都必须是 k 的非负整数倍。由于节假日客流众多，小 Z 在坐旅游巴士离开景区前只想一直沿着景区道路移动，而不想在任何地点（包括景区入口和出口）或者道路上停留。

出发前，小 Z 忽然得知：景区采取了限制客流的方法，对于每条道路均设置了一个"开放时间" a_i，游客只有不早于 a_i 时刻才能通过这条道路。

请帮助小 Z 设计一个旅游方案，使得他乘坐旅游巴士离开景区的时间尽量地早。

【输入格式】

输入文件名为 bus.in。

输入的第一行包含 3 个正整数 n,m,k，分别表示旅游景点的地点数、道路数以及旅游巴士的发车间隔。

输入的接下来 m 行，每行包含 3 个非负整数 u_i、v_i 和 a_i，表示第 i 条道路从地点 u_i 出发，到达地点 v_i，道路的"开放时间"为 a_i。

【输出格式】

输出文件名为 bus.out。

输出一行，仅包含一个整数，表示小 Z 最早乘坐旅游巴士离开景区的时刻。如果不存在符合要求的旅游方案，输出 -1。

【样例 1 输入】

```
5 5 3
1 2 0
2 5 1
1 3 0
3 4 3
4 5 1
```

【样例 1 输出】

```
6
```

【样例 1 解释】

小 Z 可以在 3 时刻到达景区入口，沿 $1 \to 3 \to 4 \to 5$ 的顺序走到景区出口，并在 6 时刻离开，如图 9.6 所示。

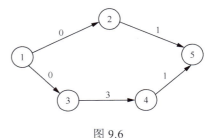

图 9.6

【样例 2】

见选手目录下的 bus/bus2.in 和 bus/bus2.ans（见 CCF 官方网站）。

【数据范围】

对于所有测试数据有：$2 \leq n \leq 10^4$，$1 \leq m \leq 2 \times 10^4$，$1 \leq k \leq 100$，$1 \leq u_i, v_i \leq n$，$0 \leq a_i \leq 10^6$。

各测试点的附加限制及特殊性质见表 9.12。

表 9.12

测试点编号	n	m	k	特殊性质
1～2	≤ 10	≤ 15	≤ 100	$a_i=0$
3～5	≤ 10	≤ 15	≤ 100	无
6～7	≤ 10^4	≤ 2×10^4	≤ 1	$a_i=0$
8～10	≤ 10^4	≤ 2×10^4	≤ 1	无
11～13	≤ 10^4	≤ 2×10^4	≤ 100	$a_i=0$
14～15	≤ 10^4	≤ 2×10^4	≤ 100	$u_i < v_i$
15～20	≤ 10^4	≤ 2×10^4	≤ 100	无

【分析】

题目大意：给出一个 n 个点 m 条边的有向图，要从 1 到 n，要求到达 1 和 n 的时刻都必须是 k 的非负整数倍数，每条路有通过的时间限制 a_i，必须在 a_i 时刻或者晚于 a_i 时刻到达路的入口，才能通过这条路。在每个点不允许做任何停留。求这种情况下，从 1 到达 n 的最早时刻为多少。

很容易想到最短路，比起最短路多记录一个状态，我们可以定义 t(u,j) 表示到达 i 点时刻对 k 取余，余数为 j 时最早的时刻。如果没有时间的限制，那么转移到的下一个点就是 t(v,(j+1)%k)。至于怎么处理 a_i，由于不允许停留，如果到达这条道路时，时间早于 a_i，那么只能在起点晚点出发，只需要加上在起点时多增加的时间就可以了。由于到达起点的时间是 k 的非负整数倍，所以多增加的时间是 xk，其中 x 是使得 t(u,j)+xk ≥ a 最小的正整数。此时 t(v,(j+1)%k) = t(u,j)+1+xk。参考代码用了 SPFA 算法，如果用 Dijkstra 算法也可以。

【参考代码】

```cpp
#include <bits/stdc++.h>
typedef long long LL;

using namespace std;

int n, m, k;
vector <int> to[20004], ai[20004];
bool inq[20003][103];
int ti[20003][103];
struct node
{
    int x, k;
};
queue <node> Q;

void bfs()
{
    ti[1][0] = 0;
    node u, v;
    u = (node){1, 0};
    Q.push(u);
    inq[1][0] = true;
    int tt;
    while(!Q.empty())
    {
        u = Q.front();
        Q.pop();
        inq[u.x][u.k] = false;
        for(int i = 0; i < to[u.x].size(); i++)
        {
            v.x = to[u.x][i];
            tt = ti[u.x][u.k] + 1;
            v.k = tt % k;
            if(ti[u.x][u.k] < ai[u.x][i])
                tt += ceil((ai[u.x][i] - ti[u.x][u.k]) / (double)k) * k;

            if(ti[v.x][v.k] == -1 || ti[v.x][v.k] > tt)
            {
                ti[v.x][v.k] = tt;
                if(!inq[v.x][v.k])
                {
                    Q.push(v);
                    inq[v.x][v.k] = 1;
                }
            }
        }
    }
}

int main()
{
    scanf("%d%d%d", &n, &m, &k);
    int u, v, a;
    for(int i = 1; i <= m; i++)
    {
        scanf("%d%d%d", &u, &v, &a);
```

```
        to[u].push_back(v);
        ai[u].push_back(a);
    }
    memset(ti, -1, sizeof(ti));
    bfs();
    printf("%d\n", ti[n][0]);

    return 0;
}
```

9.6 2024 年真题讲解

扑克牌（poker）

【题目描述】

小 P 从同学小 Q 那儿借来一副 n 张牌的扑克牌。

本题中我们不考虑大小王，此时每张牌具有两个属性：花色和点数。花色共有 4 种：方片、草花、红桃和黑桃。点数共有 13 种，从小到大分别为 A23456789TJQK。注意：点数 10 在本题中记为 T。

我们称一副扑克牌是完整的，当且仅当对于每一种花色和每一种点数，都恰好有一张牌具有对应的花色和点数。由此，一副完整的扑克牌恰好有 4×13=52 张牌。图 9.7 展示了一副完整的扑克牌里所有的 52 张牌。

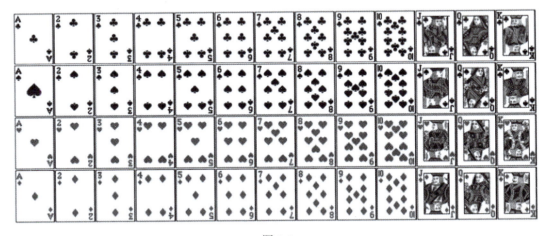

图 9.7

小 P 借来的牌可能不是完整的，为此小 P 准备再向同学小 S 借若干张牌。可以认为小 S 每种牌都有无限张，因此小 P 可以任意选择借来的牌。小 P 想知道他至少得向小 S 借多少张牌，才能让从小 S 和小 Q 借来的牌中，可以选出 52 张牌构成一副完整的扑克牌。

为了方便你的输入，我们使用字符 D 代表方片，字符 C 代表草花，字符 H 代表红桃，字符 S 代表黑桃，这样每张牌可以通过一个长度为 2 的字符串表示，其中第一个字符表示这张牌的花色，第二个字符表示这张牌的点数，例如 CA 表示草花 A，ST 表示黑桃 T

（黑桃 10）。

【输入格式】

输入文件名为 poker.in。

输入的第一行包含一个整数 n 表示牌数。

接下来 n 行，每行包含一个长度为 2 的字符串描述一张牌，其中第一个字符描述其花色，第二个字符描述其点数。

【输出格式】

输出文件名为 poker.out。

输出一行一个整数，表示最少还需要向小 S 借几张牌才能凑成一副完整的扑克牌。

【样例 1 输入】

```
1
SA
```

【样例 1 输出】

```
51
```

【样例 1 解释】

这副牌中有一张黑桃 A，小 P 还需要借除黑桃 A 以外的 51 张牌，才能凑成一副完整的扑克牌。

【样例 2 输入】

```
4
DQ
H3
DQ
DT
```

【样例 2 输出】

```
49
```

【样例 2 解释】

这副牌中有两张方片 Q、一张方片 T（方片 10）以及一张红桃 3，要凑成一副完整的扑克牌，小 P 还需要借除红桃 3、方片 T 和方片 Q 以外的 49 张牌。

【样例 3】

见选手目录下的 poker/poker3.in 和 poker/poker3.ans（见 CCF 官方网站）。

【样例 3 解释】

这副扑克牌是完整的，故不需要再借任何牌。

该样例满足所有牌按照点数从小到大依次输入，点数相同时按照方片、草花、红桃、黑桃的顺序依次输入。

【数据范围】

对于所有测试数据，保证 $1 \leq n \leq 52$，输入的 n 个字符串每个都代表一张合法的扑克牌，即字符串长度为 2，且第一个字符为 DCHS 中的某个字符，第二个字符为 A23456789TJQK 中的某个字符。

各测试点的附加限制及特殊性质见表 9.13。

表 9.13

测试点编号	n	特殊性质
1	≤1	A
2～4	≤52	A
5～7	≤52	B
8～10	≤52	无

特殊性质 A：保证输入的 n 张牌两两不同。

特殊性质 B：保证所有牌按照点数从小到大依次输入，点数相同时按照方片、草花、红桃、黑桃的顺序依次输入。

【分析】

本题需要在输入小 P 拥有的扑克牌后，求出最少还差多少张可以凑够 52 张不同花色不同点数的牌。一种方法是将输入的牌转化为 [1,52] 中的一个数字，然后计算有多少个数字没出现过；也可以直接从字符串入手，统计有几个本质不同的字符串，即可得到小 P 有几张不同的扑克牌，用 52 减去结果即可。

【参考代码】

```cpp
#include <bits/stdc++.h>
using namespace std;
int main()
{
    int n;
    cin >> n;
    set<string> pokers;
    while (n--)
    {
        string s;
        cin >> s;
        pokers.insert(s);
    }
    cout << 52 - pokers.size() << '\n';
    return 0;
}
```

地图探险（explore）

【题目描述】

小 A 打算前往一片丛林去探险。丛林的地理环境十分复杂，为了防止迷路，他先派遣了一个机器人前去探路。

丛林的地图可以用一个 n 行 m 列的字符表来表示。我们将第 i 行第 j 列的位置的坐标记作 (i,j)（$1 \leq i \leq n, 1 \leq j \leq m$）。如果这个位置的字符为 ×，即代表这个位置上有障碍，不可通过。反之，若这个位置的字符为 .，即代表这个位置是一片空地，可以通过。

这个机器人的状态由位置和朝向两部分组成。其中位置由坐标 (x,y)（$1 \leq x \leq n$, $1 \leq y \leq m$）刻画，表示机器人位于地图上第 x 行第 y 列的位置。朝向用一个 0～3 的整数 d 表示，其中 d=0 代表向东，d=1 代表向南，d=2 代表向西，d=3 代表向北。

初始时，机器人的位置为 (x_0, y_0)，朝向为 d_0。保证初始时机器人所在的位置为空地。接下来机器人将要进行 k 次操作。每一步，机器人将按照如下模式操作。

（1）假设机器人当前的位置为 (x,y)，朝向为 d，则它的方向上的下一步的位置 (x′,y′)

定义如下：
- 若 d=0，则 (x′,y′)=(x,y+1)
- 若 d=1，则 (x′,y′)=(x+1,y)
- 若 d=2，则 (x′,y′)=(x,y−1)
- 若 d=3，则 (x′,y′)=(x−1,y)

（2）接下来，机器人判断它下一步的位置是否在地图内，且是否为空地。具体来说，它判断 (x′,y′) 是否满足 $1 \leq x' \leq n, 1 \leq y' \leq m$，且 (x′,y′) 位置上是空地。如果条件成立，则机器人会向前走一步。它新的位置变为 (x′,y′)，且朝向不变。如果条件不成立，则它会执行"向右转"操作，即 d′=(d+1)mod4，位置保持不变，但朝向由 d 变为 d′。

小 A 想要知道，在机器人执行完 k 步操作之后，地图上所有被机器人经过的位置（包括起始位置）有几个。

【输入格式】

输入文件名为 explore.in。

输入的第一行包含一个正整数 T，表示数据组数。

接下来包含 T 组数据，每组数据的格式如下：第一行包含 3 个正整数 n、m 和 k，其中 n 和 m 分别表示地图的行数和列数，k 表示机器人执行操作的次数；第二行包含两个正整数 x_0, y_0 和一个非负整数 d_0。

接下来 n 行，每行包含一个长度为 m 的字符串。保证字符串中只包含 × 和 . 两个字符。第 x 行的字符串的第 y 个字符代表的位置为 (x,y)。这个位置是 × 即代表它是障碍，否则代表它是空地。数据保证机器人初始时所在的位置为空地。

【输出格式】

输出文件名为 explore.out。

对于每组数据，输出一行包含一个正整数，表示地图上所有被机器人经过的位置（包括起始位置）的个数。

【样例 1 输入】

```
2
1 5 4
1 1 2
....x
5 5 20
1 1 0
.....
.xxx.
.x.x.
..xx.
x....
```

【样例 1 输出】

```
3
13
```

【样例 1 解释】

样例 1 包含两组数据。对第一组数据，机器人的状态变化如下。

初始时，机器人位于位置 (1,1)，方向朝西（用数字 2 表示）。

第一步，机器人发现下一步的位置 (1,0) 不在地图内，因此执行"向右转"操作，方向朝北（3）。

第二步，机器人发现下一步的位置 (0,1) 不在地图内，再次"向右转"，方向朝东（0）。

第三步，机器人下一步位置 (1,2) 在地图内且为空地，向东走一步到 (1,2)。

第四步，机器人再次向东走到 (1,3)。

四步之后，机器人经过的位置为 (1,1),(1,2),(1,3)，共 3 个位置。

对于第二组数据，机器人依次执行的操作指令为：向东走到 (1,2)，向东走到 (1,3)，向东走到 (1,4)，向东走到 (1,5)，向右转，向南走到 (2,5)，向南走到 (3,5)，向南走到 (4,5)，向南走到 (5,5)，向右转，向西走到 (5,4)，向西走到 (5,3)，向西走到 (5,2)，向右转，向北走到（4,2)，向右转，向右转，向南走到（5,2)，向右转，向右转。

【样例 2】

见选手目录下的 explore/explore2.in 与 explore/explore2.ans（见 CCF 官方网站）。

该样例满足第 3～4 个测试点的限制条件。

【样例 3】

见选手目录下的 explore/explore3.in 与 explore/explore3.ans（见 CCF 官方网站）。

该样例满足第 5 个测试点的限制条件。

【样例 4】

见选手目录下的 explore/explore4.in 与 explore/explore4.ans（见 CCF 官方网站）。

该样例满足第 6 个测试点的限制条件。

【样例 5】

见选手目录下的 explore/explore5.in 与 explore/explore5.ans（见 CCF 官方网站）。

该样例满足第 8~10 个测试点的限制条件。

【数据范围】

对于所有测试数据，保证 $1 \leq T \leq 5$，$1 \leq n, m \leq 10^3$，$1 \leq k \leq 10^6$，$1 \leq x_0 \leq n$，$1 \leq y_0 \leq m$，$0 \leq d_0 \leq 3$，且机器人的起始位置为空地。

各测试点的附加限制及特殊性质见表 9.14。

表 9.14

测试点编号	n	m	k	特殊性质
1	$=1$	≤ 2	$=1$	无
2	$=1$	≤ 2	$=1$	无
3	$\leq 10^2$	$\leq 10^2$	$=1$	无
4	$\leq 10^2$	$\leq 10^2$	$=1$	无
5	$=1$	$\leq 10^3$	$\leq 2 \times 10^3$	地图上所有位置均为空地
6	$=1$	$\leq 10^3$	$\leq 2 \times 10^3$	无
7	$\leq 10^3$	$\leq 10^3$	$\leq 10^6$	地图上所有位置均为空地
8	$\leq 10^3$	$\leq 10^3$	$\leq 10^6$	无
9	$\leq 10^3$	$\leq 10^3$	$\leq 10^6$	无
10	$\leq 10^3$	$\leq 10^3$	$\leq 10^6$	无

【分析】

本题考查的是模拟算法。选手需要根据题中描述，记录下机器人的实时位置与朝向后，执行 k 次题中操作：①根据朝向判断出机器人移动的目标位置；②判断机器人移动的目标位置是否超出地图或是否有障碍。若目标位置合法，则向目标位置移动；反之，改变机器人的朝向。在移动的同时，可以用一个数组记录机器人到过哪些位置，最后遍历每个位置，统计机器人去过多少个点即可。

【参考代码】

```cpp
#include <bits/stdc++.h>
#define N 1010
using namespace std;

int T, m, n, K, x, y, d;
int dir[4][2] = {0, 1, 1, 0, 0, -1, -1, 0};
char mm[N][N];
bool vis[N][N];

bool ok(int u, int v) // 判断位置(u,v)是否合法
{
    if (u < 1 || u > m || v < 1 || v > n)
        return 0;
    if (mm[u][v] != '.')
        return 0;
    return 1;
}

int main()
{
    cin >> T;
    while (T--)
    {
        memset(vis, 0, sizeof(vis));
        scanf("%d%d%d", &m, &n, &K);
        scanf("%d%d%d", &x, &y, &d);
        for (int i = 1; i <= m; i++)
            scanf("%s", mm[i] + 1);
        vis[x][y] = 1;
        while (K--)
        {
            int nx, ny;
            nx = x + dir[d][0];
            ny = y + dir[d][1];
            if (!ok(nx, ny))
            {
                d = (d + 1) % 4;
                continue;
            }
            x = nx, y = ny;
            vis[x][y] = 1;
        }
        int ans = 0;
        for (int i = 1; i <= m; i++)
            for (int j = 1; j <= n; j++)
                if (vis[i][j])
                    ans++;
        printf("%d\n", ans);
    }
}
```

小木棍（sticks）

【题目描述】

小 S 喜欢收集小木棍。在收集了 n 根长度相等的小木棍之后，他闲来无事，便用它们拼起了数字。用小木棍拼每种数字的方法如图 9.8 所示。

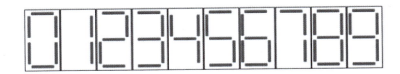

图 9.8

现在小 S 希望拼出一个正整数，满足如下条件：
- 拼出这个数恰好使用 n 根小木棍；
- 拼出的数没有前导 0；
- 在满足以上两个条件的前提下，这个数尽可能小。

小 S 想知道这个数是多少，可 n 很大，把木棍整理清楚就把小 S 折腾坏了，所以你需要帮他解决这个问题。如果不存在正整数满足以上条件，你需要输出 -1 进行报告。

【输入格式】

输入文件名为 sticks.in。

本题有多组测试数据。

输入的第一行包含一个正整数 T，表示数据组数。

接下来包含 T 组数据，每组数据的格式如下：

一行包含一个整数 n，表示木棍数。

【输出格式】

输出文件名为 sticks.out。

对于每组数据：输出一行，如果存在满足题意的正整数，输出这个数；否则输出 -1。

【样例 1 输入】

```
5
1
2
3
6
18
```

【样例 1 输出】

```
-1
1
7
6
208
```

【样例 1 解释】

- 对于第一组测试数据，不存在任何一个正整数可以使用恰好一根小木棍摆出，故输出 -1。
- 对于第四组测试数据，注意 0 并不是一个满足要求的方案。摆出 9、41 以及 111 都恰好需要 6 根小木棍，但它们不是摆出的数最小的方案。
- 对于第五组测试数据，摆出 208 需要 5+6+7=18 根小木棍。可以证明摆出任何一个小于 208 的正整数需要的小木棍数都不是 18。注意尽管拼出 006 也需要 18 根小木棍，但因为这个数有前导零，因此并不是一个满足要求的方案。

【数据范围】

对于所有测试数据，保证 $1 \leq T \leq 50$，$1 \leq n \leq 10^5$。

各测试点的附加限制及特殊性质见表 9.15。

表 9.15

测试点编号	n	特殊性质
1	≤ 20	无
2	≤ 50	无
3	$\leq 10^3$	A
4，5	$\leq 10^5$	A
6	$\leq 10^3$	B
7，8	$\leq 10^5$	B
9	$\leq 10^3$	无
10	$\leq 10^5$	无

特殊性质 A：保证 n 是 7 的倍数且 $n \geq 100$。

特殊性质 B：保证存在整数 k 使得 $n = 7k + 1$，且 $n \geq 100$。

【分析】

本题需要用贪心算法的思路来逐位确定答案。观察发现，拼出 0～9 这 10 个数字分别需要 6,2,5,5,4,5,6,3,7,6 根小木棍，也就意味着拼出一个数字需要 2～7 根小木棍。因此，只有在 n=1 时无解，输出 -1。对于其他情况，为让拼出的数字尽可能小，首先需要这个数字的长度（位数）尽可能短，这个长度可以直接计算。除此之外，我们还需要让数位高的数尽可能小，因而可以采用逐位确定的方法，从大到小依次遍历各个数位，每个数位从小到大（注意最高位不能是 0），依次尝试填入数字。若此时还剩下 n 根小木棍，需要组成 len 个数位，当且仅当满足 2(len-1) $\leq$ n-cnt[x] $\leq$ 7(len-1) 时，最高位才可以填入数字 x。式中的 cnt[x] 表示拼成数字 x 需要的小木棍数。只需贪心地让数位高的数字尽可能小即可。

【参考代码】

```
#include <bits/stdc++.h>
using namespace std;

int T, n, len;
int cnt[10] = {6, 2, 5, 5, 4, 5, 6, 3, 7, 6};
bool judge(int u, int v) // 判断用v根小木棍拼成u个数位是否合法
{
    if (v > u * 7)
        return 0;
    if (v < u * 2)
        return 0;
    return 1;
}
void work(int now, int sum) // 目前在填第now位，小木棍还有sum根
{
    if (!now)
        return;
    int st = 0;
    if (now == len) // 注意不能有前导零
```

```
            st = 1;
        for (int i = st; i <= 9; i++) // 尝试将i填到第now位
        {
            if (judge(now - 1, sum - cnt[i]))
            {
                printf("%d", i);
                work(now - 1, sum - cnt[i]);
                break;
            }
        }
}

int main()
{
    cin >> T;
    while (T--)
    {
        scanf("%d", &n);
        if (n == 1)
        {
            puts("-1");
            continue;
        }
        len = (n + 6) / 7; // 计算最终的数位个数
        work(len, n);
        puts("");
    }
    return 0;
}
```

接龙（chain）

【题目描述】

在玩腻了成语接龙游戏之后，小 J 和他的朋友们发明了一个新的接龙游戏。

总共有 n 个人参与这个接龙游戏，第 i 个人会获得一个整数序列 S_i 作为他的词库。

一次游戏分为若干轮，每一轮规则如下。

- n 个人中的某个人 p 带着他的词库 S_p 进行接龙。若这不是游戏的第一轮，那么这一轮进行接龙的人不能与上一轮相同，但可以与上上轮或更往前的轮相同。
- 接龙的人选择一个长度在 [2,k] 的 S_p 的连续子序列 A 作为这一轮的接龙序列，其中 k 是给定的常数。若这是游戏的第一轮，那么 A 需要以元素 1 开头，否则 A 需要以上一轮的接龙序列的最后一个元素开头。
- 序列 A 是序列 S 的连续子序列当且仅当可以通过删除 S 的开头和结尾的若干元素（可以不删除）得到 A。

为了强调合作，小 J 给了 n 个参与游戏的人 q 个任务，第 j 个任务需要这 n 个人进行一次游戏，在这次游戏里进行恰好 r_j 轮接龙，且最后一轮的接龙序列的最后一个元素恰好为 c_j。为了保证任务的可行性，小 J 请你来判断这 q 个任务是否可以完成，即是否存在一个可能的游戏过程满足任务条件。

【输入格式】

输入文件名为 chain.in。

本题有多组测试数据。

输入的第一行包含一个正整数 T，表示数据组数。

接下来包含 T 组数据，每组数据的格式如下。

第一行包含 3 个整数 n、k 和 q，它们分别表示参与游戏的人数、接龙序列长度上限以及任务个数。

接下来 n 行：第 i 行包含 l_i+1 个整数，即 $l_i, S_{i,1}, S_{i,2}, \cdots, S_{i,l_i}$，其中第一个整数 l_i 表示序列 S_i 的长度，其后的 l_i 个整数描述序列 S_i。

接下来 q 行：第 j 行包含两个整数 r_j 和 c_j，描述一个任务。

【输出格式】

输出文件名为 chain.out。

对于每个任务，输出一行包含一个整数，若任务可以完成输出 1，否则输出 0。

【样例 1 输入】

```
5
1
2
3
6
18
```

【样例 1 输出】

```
-1
1
7
6
208
```

【样例 1 解释】

我们用 $\{A_i\} = \{A_1, A_2, \cdots, A_r\}$ 表示一轮游戏中的所有接龙序列，用 $\{p_i\} = \{p_1, p_2, \cdots, p_r\}$ 表示对应的接龙的人的编号。由于所有字符均为一位数字，为了方便，我们直接用数字字符串表示序列。

- 对于第一轮游戏，$p_1=1$、$A_1=12$ 是一个满足条件的游戏过程。
- 对于第二轮游戏，任务不可完成。注意，$p_1=1$、$A_1=1234$ 不是合规的游戏过程，因为此时 $|A_1|=4>k$。
- 对于第三轮游戏，$\{p_i\} = \{2,1\}$、$\{A_i\} = \{12, 234\}$ 是一个满足条件的游戏过程。
- 对于第四轮游戏，可以证明任务不可完成。注意，$\{p_i\} = \{2,1,1\}$、$\{A_i\} = \{12, 23, 34\}$ 不是一个合规的游戏过程，这是因为，尽管所有接龙序列的长度均不超过 k，但第二轮和第三轮由同一个人接龙是不符合规则的。
- 对于第五轮游戏，$\{p_i\} = \{1,2,3,1,2,3\}$、$\{A_i\} = \{12, 25, 51, 12, 25, 516\}$ 是一个满足条件的游戏过程。
- 对于第六轮游戏，任务不可完成。注意，每个接龙序列的长度必须大于等于 2，因此 $A_1=1$ 不是一个合规的游戏过程。
- 对于第七轮游戏，所有人的词库均不存在字符 7，因此任务不可完成。

【样例 2】

见选手目录下的 chain/chain2.in 与 chain/chain2.ans（见 CCF 官方网站）。

该样例满足测试点 1 的特殊性质。

【样例 3】

见选手目录下的 chain/chain3.in 与 chain/chain3.ans（见 CCF 官方网站）。

该样例满足测试点 2 的特殊性质。

【样例 4】

见选手目录下的 chain/chain4.in 与 chain/chain4.ans（见 CCF 官方网站）。

该样例满足特殊性质 A，其中前两组测试数据满足 $n \leq 1000$、$r \leq 10$、单组测试数据内所有词库的长度和 ≤ 2000、$q \leq 1000$。

【样例 5】

见选手目录下的 chain/chain5.in 与 chain/chain5.ans（见 CCF 官方网站）。

该样例满足特殊性质 B，其中前两组测试数据满足 $n \leq 1000$、$r \leq 10$、单组测试数据内所有词库的长度和 ≤ 2000、$q \leq 1000$。

【样例 6】

见选手目录下的 chain/chain6.in 与 chain/chain6.ans（见 CCF 官方网站）。

该样例满足特殊性质 C，其中前两组测试数据满足 $n \leq 1000$、$r \leq 10$、单组测试数据内所有词库的长度和 ≤ 2000、$q \leq 1000$。

【数据范围】

对于所有测试数据，保证 $2 \leq T \leq 50$，$1 \leq n \leq 10^5$。

各测试点的附加限制及特殊性质见表 9.16。

表 9.16

测试点	n	r	$\sum l$	q	特殊性质
1	$\leq 10^3$	≤ 1	≤ 2000	$\leq 10^3$	无
2,3	≤ 10	≤ 5	≤ 20	$\leq 10^2$	无
4,5	$\leq 10^3$	≤ 10	≤ 2000	$\leq 10^3$	A
6	$\leq 10^5$	$\leq 10^2$	$\leq 2 \times 10^5$	$\leq 10^5$	A
7,8	$\leq 10^3$	≤ 10	≤ 2000	$\leq 10^3$	B
9,10	$\leq 10^5$	$\leq 10^2$	$\leq 2 \times 10^5$	$\leq 10^5$	B
11,12	$\leq 10^3$	≤ 10	≤ 2000	$\leq 10^3$	C
13,14	$\leq 10^5$	$\leq 10^2$	$\leq 2 \times 10^5$	$\leq 10^5$	C
15~17	$\leq 10^3$	≤ 10	≤ 2000	$\leq 10^3$	无
18~20	$\leq 10^5$	$\leq 10^2$	$\leq 2 \times 10^5$	$\leq 10^5$	无

特殊性质 A：保证 $k = 2 \times 10^5$。

特殊性质 B：保证 $k \leq 5$。

特殊性质 C：保证在单组测试数据中，任意一个字符在词库中出现次数之和均不超过 5。

【分析】

观察数据范围可以发现，接龙的次数非常少，因此我们只需要使用类似广度优先搜索的方式逐级确定每一次接龙有哪些数是可以取得的就好了。同时，题目中有一条相邻两次不能是同一个人的限制，考虑对于每个数，若这个数只有一个人可以取得，那么就存储这个人的信息，若有多于一个人可以取得，则必然存在一种合法的方案可以让下一个人接下去。因此，我们只需要存储能够取得每个数的人数和其中一个取得的人的下标即可。对于一次扩展，我们考虑当前已知每个数的人数和下标信息，要如何得知新一轮接龙中有哪些人的哪些数可以取得呢？容易发现，每个人可以独立考虑，对于一个人，我们先将他所有能作为接龙头的位置 x 找出来，那么 x+1 ~ x+k 必然能作为新一轮的接龙尾，使用差分前缀和的方式，区间加 1 后维护一下每个位置是否被覆盖即可。

【参考代码】

```cpp
#include <bits/stdc++.h>
#define N 200100
#define M 110
using namespace std;

int T, n, K, Q, ok[M][N];
vector<int> num[N];

int main()
{
    cin >> T;
    while (T--)
    {
        memset(ok, -1, sizeof(ok));
        scanf("%d%d%d", &n, &K, &Q);
        for (int i = 1; i <= n; i++)
        {
            num[i].clear();
            int len;
            scanf("%d", &len);
            for (int j = 1; j <= len; j++)
            {
                int t;
                scanf("%d", &t);
                num[i].push_back(t);
            }
        }

        ok[0][1] = 0;
        for (int T = 1; T <= 100; T++)
        {
            for (int i = 1; i <= n; i++)
            {
                int len = 0;
                for (auto t : num[i])
                {
                    len = max(len - 1, 0);
                    if (len)
                    {
                        if (ok[T][t] == -1)
                            ok[T][t] = i;
                        else if (ok[T][t] && ok[T][t] != i)
                            ok[T][t] = 0;
                    }
                    if (ok[T - 1][t] != -1 && ok[T - 1][t] != i)
                        len = K;
                }
            }
        }
        while (Q--)
        {
            int p, q;
            scanf("%d%d", &p, &q);
            puts(ok[p][q] != -1 ? "1" : "0");
        }
    }
}
```

第 10 章　模拟题

10.1　题目

字符提取（words）

【题目描述】

给定一个长度不超过 1000 的字符串 s，字符串 s 中的每个字符均为小写英文字母或数字，请问能否从字符串 s 中取出 8 个字符，并将这 8 个字符拼成字符串 hetao101？（可以交换字符的顺序）

【输入格式】

输入共一行，包含一个长度不超过 1000 的字符串 s。数据保证字符串 s 中仅有小写英文字母和数字。

【输出格式】

如果可以从字符串中取出 8 个字符拼成 hetao101，输出 hetao101；否则，输出 so sad!。

【样例 1 输入】

```
1hemu0taozi1
```

【样例 1 输出】

```
hetao101
```

【样例 1 解释】

可以从字符串 1hemu0taozi1 中提取出一个 h（第 2 个字符）、一个 e（第 3 个字符）、一个 t（第 7 个字符）、一个 a（第 8 个字符）、一个 o（第 9 个字符）、两个 1（第 1、第 12 个字符）、一个 0（第 6 个字符）拼成 hetao101。

【样例 2 输入】

```
hetao012345
```

【样例 2 输出】

```
so sad!
```

【样例 2 解释】

字符串 hetao012345 中只存在一个字符 1，而拼成 hetao101 需要两个字符 1，故而无法拼成字符串 hetao101。

【样例 3】

见选手目录下的 words/words3.in 与 words/words3.ans（见 CCF 官方网站）。

【数据范围与提示】

设 |s| 为字符串 s 的长度，则：

对于 20% 的数据，$1 \leq |s| \leq 10$；

对于 40% 的数据，$1 \leq |s| \leq 100$；

对于 100% 的数据，$1 \leq |s| \leq 1000$。

士兵的生气指数（angry）

【题目描述】

将军在攻占敌军城堡之前许诺每一位士兵将与他们一起瓜分城堡内的金币，将军的部队里一共有 n 位士兵，对于第 i（$1 \leq i \leq n$）位士兵，将军许诺他在攻占城堡之后将会给他 a_i 块金币。

后来将军的部队在没有损失一兵一卒的情况下攻占了城堡，并获得了 m 块金币。但是将军发现这些金币可能是不够分给这些士兵的（也可能够分）。

对于第 i 位士兵来说，如果分配给他的金币的数量没有达到他的期望 a_i，这位士兵就会生气，每差一块金币，士兵的生气指数就会增加，可以认为他生气的程度等于他少得到的金币数量的平方。

举个例子，假如有一位叫禾木的士兵，将军之前允诺他会给他 35 块金币，但是他最终只得到了 32 块金币，少了 3 块金币，则他的生气指数是 $3^2=9$。

请你帮助将军设计一种金币的分配方案，使所有士兵的生气指数之和最小。

【输入格式】

输入的第一行包含两个整数 m 和 n，以一个空格分隔，分别表示总金币数和士兵数。

输入的第二行包含 n 个整数，两两之间以一个空格分隔，依次表示 $a_1, a_2, \cdots, a_n$。

【输出格式】

一个整数，表示所有士兵生气指数之和的最小值。

【样例 1 输入】

```
10 4
4 5 2 3
```

【样例 1 输出】

```
4
```

【样例 1 解释】

共 10 块金币，4 位士兵，给每位士兵的金币为允诺他的数量减 1，也就是依次给 3、4、1、2 块金币，这样的话每位士兵都少 1 块，每位士兵的生气指数都是 $1^2=1$，所有士兵总的生气指数为 $4 \times 1^2=4$，答案 4 是最优结果。

【样例 2 输入】

```
15 4
4 5 2 3
```

【样例 2 输出】

```
0
```

【样例 2 解释】

若共有 15 块金币，4 位士兵，则士兵需要的金币总数为 4+5+2+3=14 块 <15 块，此时每位士兵都能够得到许诺的金币，这样就没有人会生气。

【样例 3】

见选手目录下的 angry/angry3.in 与 angry/angry3.ans（见 CCF 官方网站）。

【数据范围与提示】

对于 20% 的数据，n, a_i ≤ 100, m ≤ 10000。

对于 40% 的数据，n ≤ 1000。

对于 60% 的数据，n ≤ 10000。

对于 100% 的数据，$1 \leq n \leq 10^6$, $1 \leq a_i \leq 10^6$, $1 \leq m \leq 2 \times 10^{12}$。

数列分段（segment）

【题目描述】

给你一个长度为 n（$1 \leq n \leq 10^6$）的整数数列 $a_1, a_2, \cdots, a_n$（$-10^9 \leq a_i \leq 10^9$）。你需要将这个数列分成若干段连续子序列，使得这些连续子序列的价值之和最大。

我们定义一个连续子序列的价值为：这个子序列中最大的数与最小的数之差。

【输入格式】

第一行包含一个整数 n，表示数列的长度（$1 \leq n \leq 10^6$）。

第二行包含 n 个整数，其中第 i 个整数表示数列中的第 i 个元素 a_i（$-10^9 \leq a_i \leq 10^9$），相邻两数之间以一个空格分隔。

【输出格式】

一个整数，表示所有划分方案中，子序列价值之和的最大值。

【样例 1 输入】

```
5
1 2 3 1 2
```

【样例 1 输出】

```
3
```

【样例 1 解释】

一种最优划分方案是将该序列划分为 2 个子序列 [1 2 3] [1 2]，对应的子序列价值和为 (3−1)+(2−1)=3。

【样例 2 输入】

```
3
```

3 3 3

【样例 2 输出】

0

【样例 2 解释】

因为原序列中每个元素均为 3，所以无论如何划分，每个子序列的价值均为 0，对应的价值和也为 0。

【样例 3】

见选手目录下的 segment/segment3.in 与 segment/segment3.ans（见 CCF 官方网站）。

【数据范围与提示】

对于 20% 的数据，$n \leq 100$。

对于 40% 的数据，$n \leq 1000$。

对于 60% 的数据，$n \leq 10000$。

对于 100% 的数据，$1 \leq n \leq 10^6$，$-10^9 \leq a_i \leq 10^9$。

"核战·桃仁杀"（game）

【题目描述】

n 位同学（编号从 1 到 n）在玩一个叫作"核战·桃仁杀"的游戏，游戏规则是这样的：初始时，每人会摸取一张确认自己身份的卡片，身份只有两种类型——"好人"或者"坏人"（初始时只有他们自己知道自己的真实身份）。

接下来玩 m 轮游戏，每一轮都会由系统产生一对数字 i 和 j（$1 \leq i,j \leq n, i \neq j$），编号为 i 的同学可以查看到编号为 j 的同学的真实身份，并汇报同学 j 的身份。汇报规则如下：

若 i 是好人，j 是好人，则 i 会汇报 j 是好人；

若 i 是好人，j 是坏人，则 i 会汇报 j 是坏人；

若 i 是坏人，j 是好人，则 i 会汇报 j 是坏人；

若 i 是坏人，j 是坏人，则 i 会汇报 j 是好人。

当他们在玩这个游戏的时候，一旁的禾木记录下了上述 m 轮信息。禾木想知道，根据这 m 轮信息，可以推测这 n 位同学中"坏人"最多有多少人？请你帮他解决这个问题。

【输入格式】

第一行，输入两个整数 n 和 m，以一个空格分隔，分别表示玩游戏的人数和游戏轮数（$1 \leq n \leq 2 \times 10^5, 0 \leq m \leq 5 \times 10^5$）。

接下来 m 行，每行包含一轮信息"i j c"，其中 i 和 j 是两个各不相同的整数，c 是一个字符串，表示编号为 i 的同学汇报了编号为 j 的同学的信息（$1 \leq i,j \leq n, i \neq j$，c 为 good 或 bad，当 c 为 good 时，表示 i 汇报 j 是好人；当 c 为 bad 时，表示 i 汇报 j 是坏人）。

【输出格式】

如果这 m 轮汇报信息无法得到一种合法的情况（有可能是因为有的同学没有按照游戏规则汇报信息），那么输出整数 −1；否则，输出一个整数，表示满足 m 轮要求的情况下，"坏人"的最多人数。

【样例 1 输入】

5 4
1 3 good

```
2 5 good
2 4 bad
3 4 bad
```

【样例 1 输出】

```
4
```

【样例 1 解释】

坏人人数最多的一种情况是：1、2、3 和 5 是坏人，4 是好人。

【样例 2 输入】

```
2 2
1 2 bad
2 1 good
```

【样例 2 输出】

```
-1
```

【样例 2 解释】

若 1 汇报了 2 是坏人，则以下两种情况中必然有一个是成立的：

① 1 是好人，2 是坏人；

② 1 是坏人，2 是好人。

这两种情况下，2 都不可能会汇报 1 是好人，因此这是一种不合法的情况。

【样例 3】

见选手目录下的 game/game3.in 与 game/game3.ans（见 CCF 官方网站）。

【数据范围与提示】

共 20 组测试数据，其中：

第 1 至第 4 组测试数据，n,m ≤ 10；

第 5 至第 10 组测试数据，n,m ≤ 1000；

第 11 组测试数据，n=10000, m=0；

第 12 组测试数据，n=10000, m=9999，所有轮中的 i 都为 1；

第 13 至第 20 组测试数据，$1 \leq n \leq 2 \times 10^5, 0 \leq m \leq 5 \times 10^5$。

10.2 参考答案

字符提取（words）

【分析】

在本题目中，拼成字符串 hetao101 需要字符 h、e、t、a、o、0 各一个，需要字符 1 两个，因此我们可以统计一下这些所需的字符在输入的字符串 s 中出现的次数。只要每个字符出现的次数均达到我们的需求（字符 h、e、t、a、o、0 的出现次数均大于等于 1，字符 1 的出现次数大于等于 2），就视为可以拼成 hetao101；否则，就无法拼成。

【参考代码】

```cpp
#include <bits/stdc++.h>
using namespace std;
string s;
int h, e, t, a, o, c1, c0;
int main()
{
    ios::sync_with_stdio(0);
    cin.tie(0);
    cin >> s;
    for (int i = 0; i < s.length(); i++)
    {
        if (s[i] == 'h')
            h++;      // 变量h记录字符h的出现次数
        else if (s[i] == 'e')
            e++;      // 变量e记录字符e的出现次数
        else if (s[i] == 't')
            t++;      // 变量t记录字符t的出现次数
        else if (s[i] == 'a')
            a++;      // 变量a记录字符a的出现次数
        else if (s[i] == 'o')
            o++;      // 变量o记录字符o的出现次数
        else if (s[i] == '1')
            c1++;     // 变量c1记录字符1的出现次数
        else if (s[i] == '0')
            c0++;     // 变量c0记录字符0的出现次数
    }
    if (h>=1 && e>=1 && t>=1 && a>=1 && o>=1 && c1>=2 && c0>=1)
        cout << "hetao101" << endl;
    else
        cout << "so sad!" << endl;
    return 0;
}
```

士兵的生气指数（angry）

【分析】

对于一位少得到 a 块金币的士兵来说，他的生气指数为 a^2，若再给他一枚金币，他的生气指数会变为 $(a-1)^2$，下降了 $a^2-(a-1)^2=2a-1$，可以发现，将金币优先派发给生气指数大的士兵能够最快地降低整体的生气指数。基于这个规律，我们可以设计一个贪心策略：优先将金币发给少得到金币数量大的士兵。但是由于 m 最大能达到 $2×10^{12}$，一个一个派发金币的操作必然超时，所以考虑整体派发金币。

有很多解法可以实现"整体派发金币"的效果，这里采用排序的方法，先将 a_1 到 a_n 从大到小排序（$a_1 \geq a_2 \geq \cdots \geq a_n$）。然后，我们循环 i 从 1 到 n，目的是尝试将 a_1 至 a_i 都减小为 a_{i+1}。特别地，当 i=n 时，我们的目的是尝试将 a_1 至 a_n 都减小为 0（所以这里可以设存在一个 $a_{n+1}=0$）。当 $(a_i-a_{i+1})×i \leq m$ 时，可以将 a_1 至 a_i 都减小为 a_{i+1}，消耗的金币数（m 减小的值）为 $(a_i-a_{i+1})×i$；否则，说明无法将 a_1 至 a_i 全部减小到 a_{i+1}，此时要求使用剩下的 m 块金币将 a_1 至 a_i 减小得尽量平均，即其中 m%i 个数减小 m/i+1，另外 i−m%i 个数减小 m/i（此时金币恰好分完）。最终计算每一个 a_i 的平方和即为最小的生气指数之和。

【参考代码】

```cpp
#include <bits/stdc++.h>
using namespace std;
const int MAXN = 1000005;
long long m, a[MAXN], sum, ans;
int n;
int main()
{
    ios::sync_with_stdio(false);
    cin.tie(0);
    cin >> m >> n;
    for (int i = 1; i <= n; i++)
    {
        cin >> a[i];
        sum += a[i];     // sum表示所有a[i]之和
    }
    if (sum <= m)          // 如果金币足够（sum<=m），直接输出0
    {
        cout << 0 << endl;
        return 0;
    }
    sort(a+1, a+1+n, greater<int>()); // 将a[1]到a[n]从大到小排序
    for (int i = 1; i <= n; i++)
    {
        long long need = (a[i] - a[i+1]) * i; // need表示将a[1]至a[i]降至a[i+1]所需金币数
        if (need <= m)
            m -= need;
        else
        {
            long long tmp = a[i];    // tmp保存a[i]的值，在此之前a[1]到a[i]全部降为了a[i]
            for (int j = 1; j <= m%i; j++)
                a[j] = tmp - m / i - 1;
            for (int j = m%i+1; j <= i; j++)
                a[j] = tmp - m / i;
            break;
        }
    }
    for (int i = 1; i <= n; i++)
        ans += a[i] * a[i];
    cout << ans << endl;
    return 0;
}
```

数列分段（segment）

【分析】

设 val(l,r) 表示从 a_l 到 a_r 这段连续子序列对应的价值。

首先，若数列本身是单调递增（$a_1 \leq a_2 \leq \cdots \leq a_n$）或单调递减（$a_1 \geq a_2 \geq \cdots \geq a_n$）的，则不需要对其进行划分，其对应的价值之和为 val(1,n)=$|a_1-a_n|$，其中任意两对相邻元素 a_i 和 a_{i+1} 恰好贡献了 $|a_i-a_{i+1}|$ 的价值，价值和可以表示为 $|a_1-a_2|+|a_2-a_3|+\cdots+|a_{n-1}-a_n|$。此时，如果在

a_i 和 a_{i+1} 之间进行了划分，则将会损失 $|a_i-a_{i+1}|$ 的价值。因此，对于本身就单调递增或者单调递减的数列，不需要进行划分就能够得到最大价值。

其次，我们分析数列中只存在一个极值（假设为 a_k）的情况，此时可能有如下两种不同的情况。

（1） $a_1 \leqslant a_2 \leqslant \cdots \leqslant a_k \geqslant a_{k+1} \geqslant \cdots \geqslant a_n$。

（2） $a_1 \geqslant a_2 \geqslant \cdots \geqslant a_k \leqslant a_{k+1} \leqslant \cdots \leqslant a_n$。

针对第一种情况（a_k 是极大值），我们可以得出如下结论。

（1）若不对这个数列进行划分，其对应的价值和为 val(1,n)=max{$|a_1-a_k|$, $|a_k-a_n|$}。

（2）若在 a_{k-1} 和 a_k 之间进行划分，其对应的价值和为 val(1,k-1)+val(k,n)=$|a_1-a_{k-1}|$+$|a_k-a_n|$ $\geqslant$ val(1,n)，而当 i<k 时，在 a_{i-1} 和 a_i 之间进行划分的价值和为 val(1, i-1)+val(i, n)=$|a_1-a_{i-1}|$+$|a_k-a_n|$ $\leqslant$ val(1, k-1)+val(k, n)。

（3）若在 a_k 和 a_{k+1} 之间进行划分，其对应的价值和为 val(1,k)+val(k+1,n)=$|a_1-a_k|$+$|a_{k+1}-a_n|$ $\geqslant$ val(1,n)，而当 i>k 时，在 a_{i-1} 和 a_i 之间进行划分的价值和为 val(1, i-1)+val(i, n)= $|a_1-a_k|$+$|a_i-a_n|$ $\leqslant$ val(1,k)+val(k+1, n)。

因此此时的最优方案是选择在 a_{k-1} 和 a_k 之间进行一次划分，或者在 a_k 和 a_{k+1} 之间进行一次划分。

第二种情况（a_k 是极小值）的最优划分方案同第一种情况。

由更一般的分析可得，使价值和最大的划分方案中必然存在一种方案，使得划分出来的每一个连续子序列都是单调递增或者单调递减的。此时我们需要考虑的是，对于序列中存在的若干个极值（假设为 a_k），我们是在其与 a_{k-1} 之间进行一次划分，还是在其与 a_{k+1} 之间进行一次划分。

针对这个问题，我们可以使用动态规划算法求解，定义状态 f_i 表示 a_1 到 a_i 这段连续子序列能够得到的最大价值和。

（1）若 $a_{i-2} \leqslant a_{i-1} \leqslant a_i$ 或 $a_{i-2} \geqslant a_{i-1} \geqslant a_i$，说明 a_{i-1} 必然不是极值点，此时 a_{i-2} 和 a_{i-1} 之间及 a_{i-1} 和 a_i 之间都不会有划分，前 i 个数能够获得的最大价值和等于前 i-1 个数能够获得的最大价值和加上 a_{i-1} 和 a_i 这一对数单独贡献的价值 $|a_{i-1}-a_i|$，即 $f_i=f_{i-1}+|a_{i-1}-a_i|$；否则，说明 a_{i-1} 是一个极值，此时需要在 a_{i-2} 和 a_{i-1} 之间或者在 a_{i-1} 和 a_i 之间进行一次划分。

（2）若在 a_{i-2} 和 a_{i-1} 之间进行一次划分，则 $f_i=f_{i-2}+|a_{i-1}-a_i|$。

（3）若在 a_{i-1} 和 a_i 之间进行一次划分，则 $f_i=f_{i-1}$。

即 $f_i=\max\{f_{i-2}+|a_{i-1}-a_i|, f_{i-1}\}$，最大价值和为 f_n。

【参考代码】

```
#include <bits/stdc++.h>
using namespace std;
const int MAXN = 1000005;
long long a[MAXN], f[MAXN];
int n;
int main()
{
    ios::sync_with_stdio(false);
    cin.tie(0);
    cin >> n;
    for (int i = 1; i <= n; i++)
```

```
        cin >> a[i];
    f[2] = abs(a[1] - a[2]);
    for (int i = 3; i <= n; i++)
    {
        if (a[i-2] <= a[i-1] && a[i-1] <= a[i] || a[i-2] >= a[i-1] && a[i-1] >= a[i])
            f[i] = f[i-1] + abs(a[i-1] - a[i]);
        else
            f[i] = max(f[i-2] + abs(a[i-1]-a[i]), f[i-1]);
    }
    cout << f[n] << endl;
    return 0;
}
```

"核战·桃仁杀"（game）

【分析】

将问题转换成图论模型。若 i 汇报 j 是好人，则在节点 i 和 j 之间连一条权值为 0 的双向边；若 i 汇报 j 是坏人，则在节点 i 和 j 之间连一条权值为 1 的双向边。然后对图中的 n 个节点进行"染色"操作，染色共需两种颜色，设为"黑色"（用 1 表示）和"白色"（用 0 表示）。

对于当前节点 u，设与其邻接的一条边的权值为 w，对应的另一个节点编号为 v，则依次进行如下判断。

（1）若节点 v 没有访问过，则分为如下两种情况。
- 若 w=1，则节点 v 染与节点 u 相反的颜色。
- 若 w=0，则节点 v 染与节点 u 相同的颜色。

（2）若节点 v 已访问过，则分为如下两种情况。
- 若 w=1 且节点 u 和节点 v 的颜色相同，说明是不合法的情况，直接退出。
- 若 w=0 且节点 u 和节点 v 的颜色不同，说明是不合法的情况，直接退出。

我们可以使用 dfs() 函数进行染色操作。

对于同一个连通块，运行一遍 dfs() 函数能够得到连通块内黑色的节点个数和白色的节点个数，两者的较大值就是该连通块内对应的"坏人"的最大数量。对每一个连通块中计算出来的"坏人"最大数量进行累加，就能够得到"坏人"的最大人数了。

【参考代码】

```
#include <bits/stdc++.h>
using namespace std;
const int MAXN = 200005;
struct Edge
{
    int v, w;
};
vector<Edge>  g[MAXN];
int n, m, cnt1, cnt2;      // cnt1和cnt2记录当前连通块黑色节点和白色节点数量
int ans;                   // ans表示答案，即坏人的最大人数
int color[MAXN];           // color[u]表示节点染的颜色：1 黑色；0白色
bool vis[MAXN];            // vis[u]表示节点u有没有访问过
bool flag = true;          // flag标记当前情况是否合法
string word;
void dfs(int u, int c)     // 将节点u染成颜色 c
{
    if (!flag)             // 如果已存在不合法的情况，则直接返回
```

```cpp
            return;
        color[u] = c;
        vis[u] = true;
        if (c == 1)
            cnt1++;
        else
            cnt2++;
        for (int i = 0; i < g[u].size(); i++)
        {
            int v = g[u][i].v, w = g[u][i].w;
            if (!vis[v])
            {
                if (w == 0)
                    dfs(v, c);
                else
                    dfs(v, 1-c);
            }
            else
            {
                if (w==0 && color[v]!=color[u] || w==1 && color[v]==color[u])
                {
                    flag = false;
                    return;
                }
            }
        }
    }
    int main()
    {
        ios::sync_with_stdio(false);
        cin.tie(0);
        cin >> n >> m;
        while (m--)
        {
            int i, j;
            cin >> i >> j >> word;
            if (word[0] == 'g')  // i j good，建一条权值为0的双向边
            {
                g[i].push_back({j, 0});
                g[j].push_back({i, 0});
            }
            else     // i j bad，建一条权值为1的双向边
            {
                g[i].push_back({j, 1});
                g[j].push_back({i, 1});
            }
        }
        for (int i = 1; i <= n; i++)
        {
            if (!vis[i])
            {
                cnt1 = cnt2 = 0;     // 每个连通块计数器都要先清零
                dfs(i, 1);
                if (!flag)
                {
                    cout << -1 << endl;
                    return 0;
                }
                ans += max(cnt1, cnt2);
            }
        }
        cout << ans << endl;
        return 0;
    }
```

本书资源配置说明

环境配置和使用

CSP-J 第二轮环境配置及使用详见网址：
http://oj.hetao101.com/discuss/615563efed8d6ea3c2b2a493#1638322003169
二维码：